参数变化下的小天体动力学特性研究

姜 宇 倪彦硕 宝音贺西 李俊峰 刘永杰 著

国防工業出版社

·北京·

内 容 简 介

参数变化下的小天体动力学特性是小天体附近轨道动力学研究的重要内容，对小天体探测轨道设计具有重要意义。全书共9章，大致分为2个部分：第1部分（第1～4章）聚焦动力学参数变化情形，如周期轨道的周期、雅可比常数等；第2部分（第5～9章）主要研究物理参数，如形状、质量、密度、转速变化下的动力学特性。

本书可供高等院校航天器轨道动力学与控制，天体力学专业的本科生或研究生阅读，也可供感兴趣的研究人员或工程人员参考。

图书在版编目（CIP）数据

参数变化下的小天体动力学特性研究/姜宇等著.—北京：国防工业出版社，2024.4

ISBN 978-7-118-13205-2

Ⅰ.①参… Ⅱ.①姜… Ⅲ.①天体动力学-特性-研究 Ⅳ.①P13

中国国家版本馆CIP数据核字（2024）第065384号

※

国防工业出版社出版发行

（北京市海淀区紫竹院南路23号 邮政编码100048）

雅迪云印（天津）科技有限公司印刷

新华书店经售

*

开本 710×1000 1/16 **插页** 10 **印张** 15 **字数** 276千字

2024年4月第1版第1次印刷 **印数** 1—1200册 **定价** 128.00元

国防书店：(010)88540777　　书店传真：(010)88540776

发行业务：(010)88540717　　发行传真：(010)88540762

PREFACE 前言

小天体在太阳系中广泛存在,数量占已知天体的绝大多数,兼具科学研究与工程探测价值。小天体的复杂引力场,使其附近的轨道运动具有丰富的非线性动力学特征,对于轨道设计与分析都很有挑战性。关于小天体的科学研究和工程探测已成为国际上的热点问题,是衡量一个国家科技水平的重要标志。《2016 中国的航天》白皮书提出开展火星采样返回、小行星探测、木星系及行星穿越探测等的方案深化论证和关键技术攻关,适时启动工程实施,研究太阳系起源与演化、地外生命信息探寻等重大科学问题。

本书立足于未来我国小行星探测背景,重点讨论参数变化下的小天体附近的动力学问题,有助于小天体探测任务的轨道设计和小天体自身长期的演化过程中引力场、平衡点、轨道的变化研究。这里变化的参数主要包括两类:一类是动力学参数,如周期轨道的周期、雅可比常数、轨道频率熵等;另一类是小天体的物理参数,如小天体的形状质量密度、转速分布等。对于第一类参数变化,本书主要研究了小天体引力场中的周期轨道在延拓过程中的分岔现象,拟周期轨道的定量分析,以及表面跃迁的动力学特征。对于第二类参数变化,本书主要研究了小天体形状质量密度、转速和质量瘤的变化对小行星平衡点的位置、特征值、拓扑类型、稳定性等的影响,以及引起的平衡点的分岔。

小天体的不规则形状是导致引力场复杂的主要因素之一,在本书中,作者引入了形状熵来定量描述小天体形状的规则程度,提出了用频率熵对小天体附近的拟周期轨道进行定量分析的方法。另外,还对太阳引力摄动影响下小天体附近周期轨道搜索,周期轨道延拓中的多重分岔及轨道稳定性突变现象进行了研究,发现了爱神星 433 Eros 附近 12 个周期轨道族并分析其稳定性与拓扑结构;应用偶极子模型辅助初值筛选,提升了周期轨道的搜索速度。在轨道延拓中发现,轨道形态突变在雅可比积分—轨道周期关系图上对应着斜率突变,同时给出了延拓过程中的收敛规律。根据文献仿真结果,艾女星 243 Ida 附近轨道也存在稳定性交替变化,利用艾卫 Dactyl 围绕艾女星运动的轨道根数进行计算和分析,推测出艾卫应该在轨道稳定区域内做拟周期运动。本书提出了轨道频率熵指标,给出了不同轨道频率熵之差的理论公式,可以定量分析轨道周期性强弱,并分别应用于艾女星、格勒夫卡星 6489 Golevka 附近轨道的定量计算分析。在 Hénon – Heiles 系统与圆限制性三体系统中的仿真表明,在区分动力系统中周期、拟周期、混沌等不同运动上,相比于正交快速李雅普诺夫指标,频率熵可以给出更多信息。作者在考虑碰撞与黏滑效应的情况下,针对小天体表面软着陆过程进行了研究,指出小天体表面软着陆的核心问题则是碰撞弹跳与黏滑效应。如果软着陆初始条件选取不佳,着陆器可能在弹跳后继续形成环绕轨道运动,或者未弹跳直接形成平衡点附近的拟周期轨道,或者最终着陆区域远离预定软着陆区域而导致任务失败。小天体表面软着陆应尽量选择非赤道面、平坦区域或凹区域进行软着陆。

本书采用同伦法生成了从小天体当前外部形状至球体外部形状之间的连续变化形状,研究了小行星外形变化情况下,平衡点的位置、特征值等的变化及 Hopf 分岔,分析了拥有 5 个、7 个或 9 个平衡点的小天体平衡点的湮灭机制,给出了双叶状小行星在拥有 5 个平衡点时的化生过程。发现双叶状小行星 1996HW1 在转速变化下平衡点的化生过程对应的分岔为鞍结分岔,3 次平衡点的湮灭过程对应的分岔依次为鞍结分岔、鞍结分岔、鞍鞍分岔;发现相比于无质量瘤情形,质量瘤的出现可能会引起小行星平衡点稳定性和拓扑类型的变化;此外,还发现在质量瘤位置、密度和体积基本相同的情况下,质量瘤的形状对平衡点位置的影响可以忽略不计,同时质量瘤的形状对平衡点的拓扑类型和稳定性没有影响。

本书可以作为从事航天动力学、天体力学、深空探测等相关专业研究人员的参考书,也可以供相关领域的高校教师和学生学习研究。由于作者水平有限,书中不足之处在所难免,敬请读者批评指正。

本书获得国家自然科学基金(11772356)和航天系统重点扶持拔尖创新团队项目资助,在此表示感谢。

作者

2021 年 9 月

CONTENTS 目录

第 3 章　周期轨道延拓中的多重分岔

第 4 章　拟周期轨道的周期性定量分析

第 5 章　不规则小天体表面跃迁动力学与毛细作用

第8章　不规则小天体转速变化下平衡点的化生与湮灭

第9章　质量瘤对小天体引力场中平衡点的影响

第1章 绪论

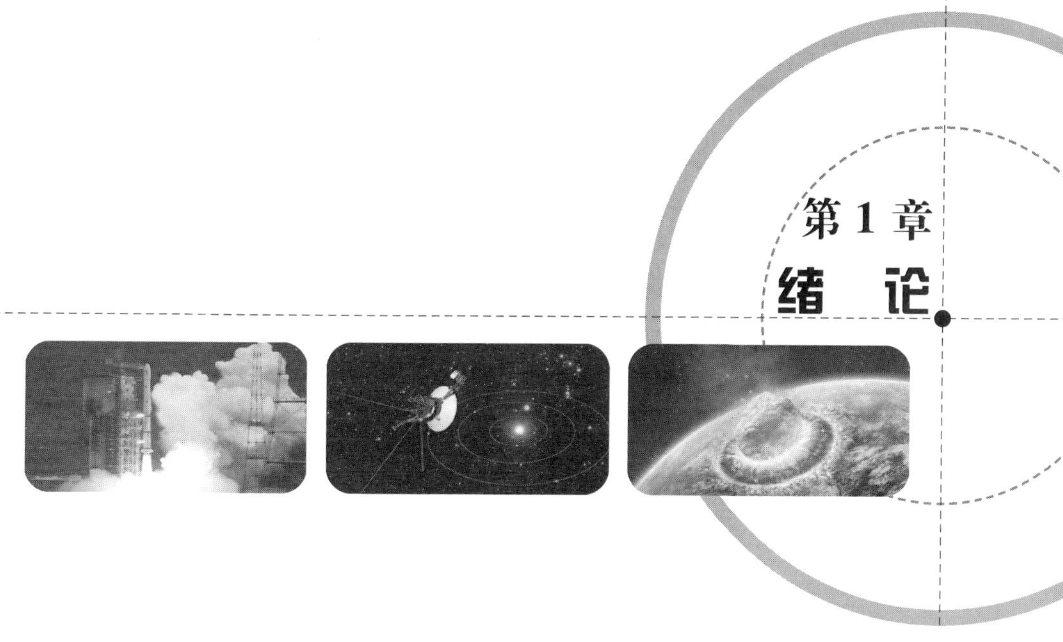

1.1 研究背景与意义

探索、理解并试图征服自身所处的环境，是人类进步最基本的驱动力。纵观人类文明史，人类对未知世界的好奇、渴望以及随之而来的探索、理解与征服贯穿始终。人类探索未知，通过实践为认识的产生提出了需要，在逐渐认识理解未知的过程中，发现了新的知识，创造了新的技术，通过实践发现真理。认识指导了实践，这些新的知识与技术从感性认识能动地发展到理性认识，从而能动地指导实践，又反过来指导人类改造世界[1]，促进人类进一步开疆拓土。从亚历山大东征、张骞出使西域，到郑和七下西洋、地理大发现，再到横亘20世纪中叶的太空竞赛，取得的优势文明因探索确立了科技优势，从而在整个时代中笑傲群雄。曾经强大的文明则因为放弃探索而落后，难免被淘汰。

尽管一直到近代旅行者们的探索都由于技术被限制在陆地和海洋上，但是先哲们从未放弃仰望星空，而对浩瀚的宇宙的一次次观察认识也不断改造着人类的世界观。约翰内斯·开普勒(Johannes Kepler)利用第谷·布拉赫(Tycho Brahe)详尽的观测数据推导了开普勒定律，使尼古拉·哥白尼(Nicholas Copernicus)的日心说得到世人承认;艾萨克·牛顿(Issac Newton)提出的万有引力定律则解释了天体运动的数学规律。在牛顿和开普勒之后的3个世纪中,世界上伟大的数学家们把天体力学研究得相当透彻,以至于在苏联于1957年成功发射人造卫星斯普特尼克(Sputnik)之前的几十年内,天体力学几乎不必出现在大学课程中。不过在人类开展航天任务以前,天体力学对于古代的数学家、力学家和天文学家们而言,仅限于预测太阳系中自然存在天体的轨道。直到近几十年才出现在复杂约束条件下对目标行星进行精密探测的探测器轨道设计问题[2]。

随着科技的进步,人类在200余年中所认识到的世界范围也达到了前所未有的地步。威廉·赫歇尔(William Herschel)于1781年借助望远镜发现了天王星,这是人类第一次利用望远镜发现行星,在此之前的六大行星早在古代就已被人类所熟知。20年后,朱塞佩·皮亚齐(Giuseppe Piazzi)于1801年1月1日发现了第一颗小行星谷神星1 Ceres,谷神星最早被认为是一个新的行星,现在是当前定义下海王星轨道内唯一一颗矮行星。皮亚齐因病于2月11日中断了观测,人们当时只有谷神星41天走过约3°轨道的观测数据,之后便失去了这颗小行星的轨迹。卡尔·弗里德里希·高斯(Carl Friedrich Gauss)利用自己创立的定轨方法,在谷神星失踪近1年后里利用短期观测数据确定了它的轨道,让弗朗兹·克萨维尔·冯·扎克(Franz Xaver von Zach)重新找到了谷神星。高斯对谷神星的计算清楚地证明无须任何假设,只要几天良好的观测数据就可以相当准确地确定天体的轨道,随后相继发现并定轨智神星2 Pallas、婚神星3 Juno和灶神星4 Vesta的过程进一步验证了这个方法的效率。这也是人类基于小天体所得到的第一个科学进步。

19世纪初到20世纪中叶,人类逐渐发现了更多太阳系小天体,但由于它们质量很小,与其相关的研究一度并不被人们重视。在20世纪50年代早期,洲际火箭的发展使人类得以利用人造航天器进行太空飞行,人类逐渐开始真正规划太空任务。自苏联于1959年成功发射月球1号后,各个大国在近60年航天探测历史中先后突破近地对月球进行了探测研究,并以此为基础展望深空,对水星、金星、火星、主带小行星、木星系统、土星系统、冥王星以及柯伊伯带等太阳系天体进行了全方位的探测[2-11]。特别是自20世纪70年代以来,人类陆续针对小天体开展了许多天文观测与深空探测任务,从理论与实践上对小天体进行了深入全面的研究。通过研究各天体的地质特性,以及它们所处的空间环境,探索太阳系的形成和演化历史,初步确定了小天体的化学组成和内部结构。通过光学观测、雷达观测与飞越环绕任务的拍照,获得了许多小天体的外形。而其中由于小天体外形不规则,其附近动力学行为的复杂性以及其重要的研究意义,又使小天体探测成为深空探测中的重要部分,各国纷纷开展了与小天体有关的航天任务,吸引了大批的学者对小天体动力学情况进行研究[7,12-15]。

作为与太阳系同期形成,但没有参与太阳系行星演化保留至今的物质,小天体相对完整地保留了太阳系形成的早期信息,通过对小行星的深入研究,可以获取并了解其中所蕴含的丰富信息,加深对自然科学中大量基本问题的认识[16-17]。一些小天体中可能还蕴含丰富的人类所需的稀有金属与其他资源,具有潜在的太空采矿价值[18]。考虑到近地小天体受到空间中各种摄动力的长期作用以及相互间可能的碰撞有可能使得小天体改变原有运行轨道而陨落地球,给生命带来毁灭性的灾难。例如,6500 万年前白垩纪晚期的生物大灭绝,1909 年俄国通古斯大爆炸,以及 2013 年 2 月俄罗斯车里宾雅斯克的陨石撞击事件等。对近地小天体的观测与防御也是一项备受重视的研究课题[19]。因此近 50 年来有关太阳系小天体的研究早已突破过去天文学的内容,涉及了包括航天工程在内的非线性动力学,地质、生物、武器研究等领域的发展[20]。

无论是过去已经实施的探测任务,还是未来进一步探测小天体,都离不开近距离飞越、成像、着陆采样返回等内容。这些实地探测与单纯的雷达观测相比可以为小天体的科学问题研究和近地小天体防御提供更加直观丰富的细节与证据。而对于小天体的资源开采则更离不开实际的实地探测。我国为在 2030 年左右跻身航天强国前列所制定的标志性成果之一便是实现小天体采样返回[21]。对小天体形状、附近周期轨道运动规律的深入研究与对拟周期轨道定量分析方法是完成上述任务的科学基础,对探测器的轨道设计具有重要的理论价值。尽管在近距离探测过程中探测器在小天体附近的运动轨道同在大行星附近相比有显著的不同,而且内在机理与规律迄今并未梳理完全,但可以确定的是小天体几何外形的规则度很大程度上决定了小天体附近引力场和人们所熟悉的大行星附近球形引力场的差别,从而带来了一系列有别于大行星引力场中的动力学与控制问题。因此,探索科学描述小天体几何外形的指标对于未来初步分析陌生小天体附近的引力场、寻找引力场之间的共性有指导意义。此外,考虑到小天体普遍质量较小,包括太阳引力在内的诸多空间摄动力对探测器的运动也可能有比较大的影响。因此有必要在考虑轨道运动在有无太阳引力摄动的情况下的区别,并对以往轨道搜索的方法进行推广。由于小天体附近的轨道动力学行为十分丰富,为在真实系统中发现、研究非线性动力学现象并使其产生应用价值提供了良好的基础。丰富的轨道动力学行为再加上受到测量手段的局限,使探测器在接近目标小天体前所获得的数据参数与真实情况还存在一定的误差,这些因素和小天体附近复杂的力学环境共同对探测器在小天体附近的轨道设计与控制提出了巨大的挑战。即便是考虑各种引力和摄动影响设计出的周期轨道,也可能会受到扰动变成拟周期轨道或产生混沌运动。对这些轨道进行全面准确的分析,将有助于探测任务中的轨道设计。

尽管人类现在已经如齐奥尔科夫斯基所言开始探索太阳系,但是占太阳系天体中绝大多数的小天体目前只有极少数探测器访问过。人类未来对浩瀚宇宙的继续探索离不开对小天体的深入探测研究。本书通过对小天体形状规则度、附近周期轨道进行研究,可以在真实系统中验证理论中的动力学现象[22],丰富现代天体力学与非线性动力学的科学内涵在工程上可以为小天体附近的探测任务提供轨道设计与评估方法,夯实基础。

1.2 国内外研究现状

自 20 世纪 80 年代以来,国内外开展了许多与小天体有关的深空探测任务,由此激发了大量针对小天体相关问题的研究,包括对小天体探测器动力学环境分析、轨道设计与控制、天体形成演化、非线性动力学特性等方面。本节将介绍小天体的概况、小天体的探测、引力场模型研究、小天体附近动力学问题研究。

1.2.1 小天体的概况

小天体是指在太阳系中除去大行星及其卫星、矮行星的天体,主要包括小行星和彗星[23-24]。小天体环绕太阳运动,但体积和质量远小于大行星。根据国际天文联合会(International Astronomical Union,IAU)小行星中心(Minor Planet Center,MPC)的数据,截止到 2021 年 7 月 10 日,在太阳系内一共发现了 1091253 个小天体,其中有 4603 颗彗星,其余为小行星[25]。在这些小行星中已获永久编号(已计算出轨道)的有 567132 颗(其中 90% 以上是近 20 年新发现的)[26],已获命名的小行星有 22568 颗[27](图 1-1)。

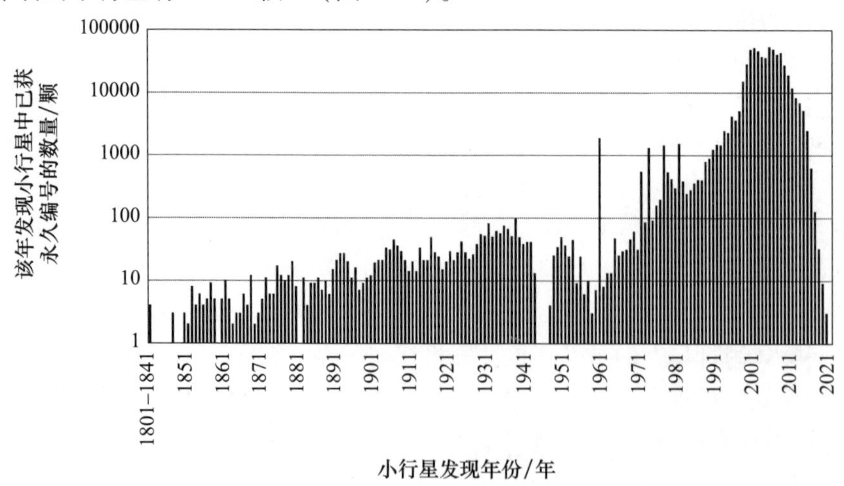

图 1-1 获永久编号的小行星发现年份统计图

小行星主要分布在火星与木星轨道之间的小行星带、火星轨道内侧、木星共轨轨道、海王星轨道之外等。国际天文联合会根据小行星轨道的不同，将其分为近地小行星、近火小行星、中太阳系（middle solar system）小行星和外太阳系（outer solar system）小行星。

近地小行星半长轴与地球相近，目前有26351颗，其中直径大于1km的有940颗，是太阳系小天体中对地球威胁最大的一类。科学家们认为6500万年前的生物大灭绝就是因为一颗直径10km左右的小行星撞击地球[14]，因此近地小行星防御也是深空探测领域一项重要内容。根据焦维新[28]以及马鹏斌[29]的统计，近地小行星轨道倾角为0.02°～154°，轨道偏心率为0.062～0.999。根据其轨道半长轴a、近日点距离q以及远日点距离Q与地球的关系可以分为阿迪娜（Atira）型、阿登（Aten）型、阿波罗（Apollo）型和阿莫尔（Amor）型。分类标准见表1－1近地小行星分类表。

表1－1 近地小行星分类表

近地小行星分类	半长轴	近日点距离	远日点距离
阿迪娜型	$a<1$ AU	—	$Q<0.983$ AU
阿 登 型	$a<1$ AU	—	$Q>0.983$ AU
阿波罗型	$a>1$ AU	$q<1.017$ AU	—
阿莫尔型	$a>1$ AU	1.017 AU $<q<1.3$ AU	—

阿迪娜型与阿莫尔型小行星由于轨道和地球轨道分别内离和外离，因此对地球危险较小。阿登型和阿波罗型小行星由于轨道和地球轨道分别内掠和外掠，因此对地球危险较大。

近火小行星分为匈牙利型小行星和火星轨道穿越小行星。匈牙利型小行星半长轴a介于1.78～2.00AU，位于和木星成1：4共振的柯克伍德空隙（Kirkwood gap）内侧，以匈牙利星（434 Hungaria）命名，目前共发现26505颗。它们的轨道周期约2.5年，和火星大致成3：2共振，和木星大致成2：9共振，轨道偏心率$e<0.18$，轨道倾角i介于16°～34°。火星轨道穿越小行星轨道的近日点距离介于火星近日点与远日点距离之间，即1.381 AU $<q<$ 1.666 AU，近日点距离$q<1.3$ AU的小行星被划入近地小行星。按照这个划分标准目前共发现了18043颗火星轨道穿越小行星。

中太阳系小行星分为主带小行星、木星特洛伊（Jupiter Trojan）型小行星和希尔达（Hilda）型小行星。主带小行星位于火星和木星轨道之间，轨道半长轴a介于2.1～3.3AU，绝大部分主带小行星的轨道偏心率$e<0.4$，轨道倾角$i<30°$。主带是小行星分布最密集的区域，目前在主带中共观测到1022771颗小行星。

一般认为主带小行星是由于在太阳系演化过程中受到木星巨大引力摄动而未能形成大行星的原始星盘残留物。按照现在的定义，目前主带内最大的 3 颗小行星依次是灶神星、智神星和健神星(10 Hygiea)。木星特洛伊型小行星位于以太阳和木星为两个大天体的圆限制性三体系统的 L_4 和 L_5 点附近，运动周期和木星周期基本一致，有大约 60°的相位差。目前，已观测到 10470 颗木星“特洛伊”型小行星。除了日 – 木系统外，日 – 火和日 – 海系统也分别存在 4 颗和 6 颗特洛伊小行星，迄今为止日 – 地系统仅于 2010 年发现了一颗特洛伊小行星 2010 TK_7，该小行星位于日 – 地系统 L_4 点附近。目前共观测到 4978 颗希尔达型小行星，它们的半长轴 a 介于 3.7 ~ 4.2AU，轨道偏心率 $e<0.3$，轨道倾角 $i<20°$，以 153 Hilda 命名。希尔达型小行星与木星轨道形成 2 : 3 共振，在 3 个轨道周期内依次接近日 – 木系统 L_3、L_5 和 L_4 点。

外太阳系小行星包括半人马(Centaur)类小行星和海王星外小行星。半人马类小行星是近日点位于木星轨道外，半长轴 a 小于海王星半长轴 30 AU 的小天体。由于此处的小天体兼有小行星和彗星的特点，故多以希腊神话中半人马神祇命名，从而获此分类。例如，凯龙星(2060 Chiron)和厄开克洛斯星(60588 Echeclus)由于有彗发活动而同时具有彗星编号 95P/Chiron 和 174P/Echeclus。海王星外小行星是指太阳系中半长轴 a 大于海王星的半长轴 30AU 的天体中，除去目前发现的冥王星(134340 Pluto)、妊神星(136108 Haumea)、鸟神星(136472 Makemake)和阋神星(136199 Eris) 4 颗矮行星以外的其他天体，目前共发现了 4053 颗海王星外小行星，这些天体组分中多包含甲烷、氨和水，具有挥发性。海王星外距离太阳 30 ~ 50AU 的区域称为柯伊伯带。和主带小行星类似，柯伊伯带天体也是未能形成大行星的原始遗留物质，对太阳系起源的研究有重要意义。此外，对柯伊伯带天体轨道动力学的研究是目前人类寻找太阳系第九大行星过程中的重要研究手段：Batygin[30] 以及 Brown[31] 根据 6 颗柯伊伯带天体轨道偏心率矢量与角动量矢量锁定，推断可能存在 1 颗半长轴 $a \approx 700$ AU，偏心率 $e \approx 0.6$ 的未知行星，促使各国学者针对此开展深入研究和巡天观测寻找这颗潜在的太阳系第九大行星[32-34]。

根据光谱特征，小行星主要有 A、B、C、D、E、F、G、K、L、M、O、P、Q、R、S、T、V 这 17 种类型，主要分为 C、S、X 这 3 种大群[35-36]，另有少数类型没有划入这 3 种大群。C 群小行星含有大量的碳元素，约占太阳系小行星总数的 75%；S 群小行星含有大量的硅酸盐，约占太阳系小行星总数的 17%；M 群小行星含有大量铁、镍等金属元素，被认为是小行星受撞击后核心的碎片以及铁陨石的来源[37-39]。小行星光谱分类见表 1 – 2。

表1-2 小行星光谱分类

群型		分类依据	主要代表
C	B	一般的性质与C型相同,但是在低于0.5μm以下的紫外线吸收较小,并且在光谱上轻微的蓝化比红化明显。反照率也往往大于颜色较深的C型	智神星
	C	在0.4~0.5μm的紫外线波长上有中等强度的吸收,而在较长的波长上没有明显的特征,但是有轻微的红化。在3μm的波长附近有被称为水吸收的指示水化矿物特征	健神星
	F	与B型小行星相似,但是在3μm的波长附近缺乏指示水化矿物的水吸收特征,并且在低于0.4μm的低波长紫外线部分与B型不同	泰拉莫星 (704 Interamnia)
	G	与C型小行星相似,但是对0.5μm以下波长的紫外线有强烈的吸收特征。在波长0.7μm附近可能也有吸收的特性,意味着存在类似黏土和云母层状矽酸盐矿物	谷神星
S	A	在1μm波长处有显著的橄榄石特征,在0.7μm以下波长有强烈的红化	恒神星 (446 Aeternitas)
	K	在0.75μm以下波长有中等程度红化,在0.75μm以上波长有轻微蓝化	曙神星 (221 Eos)
	L	在0.75μm以下波长有强烈的红化,在0.75μm以上波长光谱平缓。与K型相比在可见波段红化更明显,在红外波段光谱更平缓	欣女星 (83 Beatrix)
	Q	在1μm的波段上有显著的橄榄石和辉石的特征,其光谱变化表明可能存在金属物质。在0.7μm处有吸收光谱	阿波罗星 (1862 Apollo)
	R	在1μm和2μm处有明显的橄榄石和辉石特征。光谱在0.7μm以下波长有强烈红化	邓鲍斯基星 (349 Dembowska)
C	S	在短于0.7μm处有中度的光谱变化,并且在1μm和2μm处有中度的光谱吸收。在0.63μm附近也有较浅但宽阔的光谱吸收	婚神星
X	E	反照率大于0.3,光谱平坦红化,没有太明显的特征	侍神星 (44 Nysa)
	M	反照率在0.1~0.2,在0.75μm以上和0.55μm以下波段有细微的光谱吸收线,总体光谱平坦有轻微红化,缺乏明显特征	灵神星 (16 Psyche)
	P	反照率小于0.1,颜色比S型小行星偏红,但没有反映在光谱特性上	林神星 (87 Sylvia)
未分群	D	非常低的反照率和无特征的浅红色电磁频谱	赫克特星 (624 Hektor)
	O	在0.75μm以上波段有强烈的光谱吸收	鲍日娜·聂姆曹娃星 (3628 Božněmcová)
	T	光谱有中度的红化,偏暗,在0.85μm以下波段有中度的光谱吸收	见神星 (114 Kassandra)
	V	在0.75μm以上波段和1μm波段有强烈的光谱吸收,在0.7μm以下波段有较强的红化	灶神星

彗星可以分为彗核、彗发和彗尾。彗核由松散的水冰、碎石堆和固态的二氧化碳、甲烷、氨等融合在一起，长度数百米到数十千米[40]。彗星通常具有长周期大偏心率轨道。因此，当彗星向太阳接近时，彗核中的水冰和可挥发物质会受热变成气体，形成可以被观测到的大气层，称为彗发。彗发受到太阳风和太阳光压作用产生背向太阳的长尾，称为彗尾。彗星在运行过程中受到木星等大行星的引力摄动，可能会导致轨道发生剧烈变化或者自身形态发生剧烈变化甚至解体。例如，1994 年苏梅克 - 列维 9 号彗星（Shoemaker - Levy 9）被木星引力撕裂成 21 块碎片并撞向木星。过去人们常以是否存在可挥发性气体作为区分小行星和彗星的标准，但是随着活跃的半人马类小行星被发现，特别是发现谷神星也具有水汽存在后[41]，小行星和彗星之间的区别变得不再那么清晰。

1.2.2 小天体的探测

小天体的探测随着科学技术的发展，从 19 世纪依靠望远镜的光学观测，逐渐发展到雷达观测和通过探测器进行航天探测。这 3 种探测方法相辅相成，为小天体的研究与探测提供了不同种类的信息。

自皮亚齐发现谷神星以来，绝大多数小天体都是通过光学观测发现的。天文照相术和闪视比较仪的引入使光学观测摆脱了依靠肉眼识别小行星的阶段。利用先进的在轨运行望远镜和观测站，已经可以通过光学观测获取较大尺寸小天体的基本图像，Merline 等还因此发现了香女星（45 Eugenia）双小行星系统[42]。利用轨道信息还可以通过观测视星等推算小天体尺寸，通过小天体的光变信息可以推算其自转周期和自转轴的空间指向，通过对可见光以及红外波段的光学观测还可以推算小行星的温度以及光谱信息[39]。与光学观测的被动观测方法不同，雷达观测是主动观测，并且雷达观测可以提供精度相对更高的小天体轨道数据以及小天体形状、自转速度、自转轴指向、反照率等信息。通过雷达观测还可以重构出更高精度的小天体模型（10m 量级）。自 1994 年首次通过雷达观测重构出小行星 4769 Castalia 的高精度形状模型后，已经有越来越多的小天体模型由这种方法得到。本书中用到的多面体模型也多由这种方法生成。不过受到雷达回波衰减的影响，比较理想的雷达观测结果需要小天体与地球的距离足够近，因此雷达观测大多集中应用在近地小行星中。

随着深空探测活动的深入，美国、苏联和欧洲自 20 世纪 80 年代起开展了针对小天体的航天探测活动，随后日本和中国相继加入深空探测的队伍中。表 1 - 3列出了已经发生和未来可能开展的小天体探测任务。通过这些探测任务，人类对小天体的地质特性、小天体的空间环境、太阳系的形成与演化有了进一步的认识，同时也带动了对小天体附近动力学行为的研究。

表1-3 迄今为止小天体探测活动

任务名称	机构	年份/年	探测的小天体	任务类型
国际彗星探索者	NASA ESA	1982	贾比可尼-秦诺彗星	飞越
维加1号 维加2号	IKI	1984	哈雷彗星	飞越
先锋号 彗星号	JAXA	1985	哈雷彗星	飞越
乔托号	ESA	1985	哈雷彗星 葛里格-斯克杰利厄普彗星	飞越
伽利略号	NASA	1989	加斯普拉星 艾女星	飞越
会合-舒梅克号	NASA	1996	梅西尔德星 爱神星	飞越/环绕/ 着陆
卡西尼-惠更斯号	NASA	1997	马瑟斯基星	飞越
深空1号	NASA	1998	布莱叶星 包瑞利彗星	飞越/环绕
星尘号	NASA	1999	安妮·法兰克星 维尔特2号彗星 坦普尔1号彗星	飞越
彗核巡回者号 （失败）	NASA	2002	恩克彗星 施瓦斯曼-瓦赫曼3号彗星 德亚瑞司特彗星	飞越
隼鸟号	JAXA	2003	糸川星 斯坦斯星	环绕/着陆/返回
罗塞塔号	ESA	2004	司琴星 丘留莫夫-格拉西缅科彗星	环绕/着陆/返回
深度撞击/EPOXI	NASA	2005	坦普尔1号彗星/ 哈特雷2号彗星	撞击/飞越
新视野号	NASA	2006	132524 APL 冥王星 2014 MU_{69}	飞越
黎明号	NASA	2007	灶神星 谷神星	环绕

续表

任务名称	机构	年份/年	探测的小天体	任务类型
嫦娥二号	CNSA	2010	图塔蒂斯星	飞越
隼鸟2号	JAXA	2014	龙宫星	环绕/着陆/返回
OSIRIS - REx	NASA	2016	贝努星	环绕/着陆/返回
唐吉诃德号（计划中）	ESA	—	2003 SM_{84} 毁神星	飞越/撞击
双小行星重定向测试	NASA	2021	双子星	撞击
露西号	NASA	2021	唐纳德·约翰逊星 欧律巴忒斯星 15094 Polymele 琉卡斯星 21900 Orus 帕特罗克洛斯星	飞越
灵神星号	NASA	2022	灵神星	环绕
小天体探测（计划中，未正式命名）	CNSA	2025	振荡星 泛星彗星	环绕/附着/返回 环绕

早期的小天体探测活动主要受到1986年哈雷彗星（1P/Halley）回归的影响，以飞越彗星为主。人类第一次小天体进行探测是1982年欧洲航天局（ESA）与美国国家航空航天局（NASA）联合进行的国际彗星探索者（International Cometary Explorer，ICE）。ICE的前身是首个位于日－地L_1点的国际日地探测器3号（International Sun－Earth Explorer－3，ISEE－3），1982年被美国戈达德太空飞行中心的鲍勃·法夸尔博士重命名为国际彗星探索者，进行彗星的探测活动。在1983年12月22日低空飞越月球进行引力辅助后，国际彗星探索者于1985年以距离彗核7800km的距离穿过贾比可尼－秦诺彗星（21P/Giacobini－Zinner）的彗尾，同时还在地月引力辅助过程中探测了被太阳风吹成长尾的地磁场下游，并于1986年从哈雷彗星尾部穿过[43-45]。1984—1985年，在哈雷彗星回归之际，苏联先后发射维加1号（Vega－1）和维加2号（Vega－2），在探测金星的过程中让两颗探测器分别在10000km和3000km的距离飞掠哈雷彗星。日本也发射了先锋（Sakigake）号和彗星（Suisei）号两颗探测器，以7000000km和150000km的距离对哈雷彗星进行了飞越探测。1985年，ESA发射了乔托（Giotto）号探测器，对哈雷彗星进行观测。乔托号探测器在1986年3月以596km距离飞越了哈雷彗星，是第一个近距离观测彗星的探测器[46-48]。乔托号探测器在1990年进行地球

引力辅助后于1992年以200km的距离飞越了葛里格–斯克杰利厄普彗星(26P/Grigg–Skjellerup)。维加1号、维加2号、先锋号、彗星号和乔托号探测器因为对哈雷彗星的连续探索被称为哈雷舰队。1989年,NASA发射的伽利略探测器在飞往木星途中,分别于1991年和1993年飞越了加斯普拉星(951 Gaspra)和艾女星(243 Ida),并发现了艾女星的卫星艾卫(Dactyl),这是人类首次探测小行星,首次发现小行星的卫星和双小行星系统[49–52]。

20世纪90年代,对小天体的探测有了环绕、撞击、着陆和采样返回等多种形式。1996年,NASA发射了会合–舒梅克(Near Earth Asteroid Rendezvous–Shoemaker)号探测器,舒梅克号探测器于1997年6月飞越了梅西尔德星(253 Mathilde),之后进入环绕爱神星的轨道。舒梅克号探测器原本仅规划了环绕任务,但是鲍勃·法夸尔博士经过计算在没有软着陆装置的情况下让舒梅克号探测器成功降落到爱神星南部表面一个鞍形区域。舒梅克号探测器着陆后并没有损坏,又继续工作了16天,使其成为首个软着陆小行星的探测器[53–57]。1997年,NASA发射探测土星的卡西尼–惠更斯(Cassini–Huygens)号探测器,卡西尼号探测器在飞往土星途中于2000年飞越了马瑟斯基星(2685 Masursky),确认其直径在15~20km[58]。1998年,NASA发射的深空1号(Deep Space 1)探测器,先在1999年7月飞越了布莱叶星(9969 Braille),然后又在2001年9月与包瑞利彗星(19P/Borrelly)交会进行观测[59–62]。1999年,NASA发射了星尘(Stardust)号探测器,在2002年11月飞越了安妮·法兰克星(5535 Annefrank),2004年1月飞越了维尔特2号(81P/Wild 2)彗星,对彗发的尘埃进行采样返回,2011年2月又造访了坦普尔1号(9P/Tempel 1)彗星[63–71]。

2002年,NASA发射彗核巡回者(CONTOUR)号探测器,计划飞越恩克(2P/Encke)彗星、施瓦斯曼–瓦赫曼3号(73P/Schwassmann–Wachmann 3)彗星和德亚瑞司特彗星(6P/d'Arrest)这3颗短周期彗星。该任务由于发射失败而成为迄今为止人类唯一一次完全失败的小天体探测任务。2003年,日本宇宙航空研究开发机构(JAXA)发射隼鸟号探测器对糸川星进行探测,并于2005年11月着陆小行星,采集了部分小行星样品后返回地球,这是第一个对小行星进行采样返回的深空探测任务[72–76]。2004年,ESA发射罗塞塔号彗星探测器,探测丘留莫夫–格拉西缅科彗星(67P/Churyumov–Gerasimenko),并在途中于2008年以800km距离飞越斯坦斯星(2867 Steins),于2010年以3160km距离飞越司琴星(21 Lutetia)[77]。2014年11月12日,罗塞塔号探测器搭载的登陆器菲莱在该彗星上事先选定的J区域降落,成为第一个登陆彗核表面的探测器[78–81]。2005年,NASA启动深度撞击计划(deep impact),用于研究坦普尔1号彗星的彗核成分,同年7月释放了撞击器,完成了对坦普尔1号彗星的撞击任务,在深空探测历史上第一次对彗星表面喷出物质进行测量[82–84]。之后深度撞击被扩展为

EPOXI 任务，在利用地球引力辅助后于 2010 年 11 月对哈特雷 2 号彗星(103P/Hartley 2)进行了飞越[85-86]。2006 年，NASA 发射新视野号探测器(New Horizon)，新视野号于 2006 年以 100000km 距离飞掠 132524 APL，于 2015 年 1 月接近矮行星冥王星及其 5 颗卫星，成为历史上第一个探测矮行星的探测器，并在同年 7 月以 12500km 的距离飞越冥王星，NASA 在此之后将飞越柯伊伯带小天体 2014MU$_{69}$设为新视野号的扩展任务[87]。2007 年，NASA 发射黎明(Dawn)号探测器探测主带小行星灶神星和矮行星谷神星，黎明号于 2011 年 7 月到达灶神星，进行了一年零一个月的环绕探测之后，飞往谷神星，并于 2015 年 3 月到达谷神星，这是人类历史上第一次对主带小行星和矮行星进行环绕探测，也是第一次在一个任务中对两个小天体分别进行环绕[88-91]。2010 年，中国国家航天局(CNSA)发射了嫦娥二号(Chang'E-2)探测器，对月球进行环绕探测，嫦娥二号在地月 L_2点扩展任务结束后于 2012 年 4 月前往探测图塔蒂斯星(4179 Toutatis)，于 2012 年 12 月以 3.2km 的距离完成了飞越图塔蒂斯的任务，该任务首次获取了图塔蒂斯星表面的清晰图像[92-94]。中国通过此扩展任务首次探测小行星，成为继美国、ESA 和日本后，世界上第四个探测小行星的国家或组织。2014 年，JAXA 继隼鸟号任务后又发射隼鸟 2 号探测器，对龙宫星(162173 Ryugu)进行探测并采用爆破方法采集其深层样本后返回。2016 年，NASA 发射冥王号探测器(OSIRIS-REx)对贝努星(101955 Bennu)开展采样返回任务。

ESA 于 2006 年开展对唐吉诃德(Don Quijote)计划的预研，计划在未来以 2003 SM84 或毁神星(99942 Apophis)为目标验证小行星防御技术。NASA 计划在 2021 年执行双小行星重定向测试(double asteroid redirection test，DART)，以双子星(65803 Didymos)这个双星系统为目标测试小行星撞击与防御。除了行星防御，有关太阳系演化的研究也是小天体探测的一个重点。NASA 于 2021 年发射露西号探测器(Lucy)，计划 2025 年至 2032 年相继飞越一颗主带内侧小行星唐纳德·约翰逊星(52246 Donaldjohanson)和欧律巴忒斯星(3548 Eurybates)、波吕墨勒星(15094 Polymele)、琉卡斯星(11351 Leucus)、欧罗斯星(21900 Orus)、帕特罗克洛斯星(617 Patroclus)5 颗木星特洛伊小行星。NASA 于 2022 年发射灵神星号探测器，通过环绕探测灵神星演化有关的一系列问题。中国计划于 2025 年前后发射小天体探测器，探测振荡星(469219 Kamooalewa)和泛星彗星(311P/PANSTARRS)。

1.2.3 引力场模型研究

对不规则小天体附近的周期与拟周期轨道动力学的研究依赖对小天体系统动力学模型进行恰当描述。Hamilton 等的工作[95]说明，由于小天体附近质点的轨道运动相比于小天体自身的长期轨道演化时间较短，行星引力摄动的影响与

太阳引力摄动相比非常小，其影响可以忽略。因此本书中把质点在小天体附近运动的动力学方程近似表示为

$$\ddot{\boldsymbol{r}} = \boldsymbol{a} + \boldsymbol{a}_S \tag{1-1}$$

式中：$\boldsymbol{r}$ 为质点在小天体坐标系中的位置；$\boldsymbol{a}$ 为质点受小天体引力所获得的加速度；$\boldsymbol{a}_S$为质点受太阳引力摄动所获得的加速度。

由于考虑的是质点运动，本书忽略了太阳光压摄动影响。对于小天体动力学模型适用的距离范围，一般考虑小天体引力相对太阳引力影响球的半径：

$$\frac{R_1}{D} = \left(\frac{M_A}{M_S}\right)^{\frac{2}{5}} \tag{1-2}$$

式中：R_1为影响球半径；D 为小天体绕太阳公转的距离；M_A为小天体的质量；M_S为太阳质量。

在小天体影响球半径 R_1的范围内可以把小天体引力看作影响质点运动的主动力，把太阳引力看作摄动力。如果更加严格地估计，则可以考虑小天体和太阳引力中和点处的半径：

$$\frac{R_2}{D} = \left(\frac{M_A}{M_S}\right)^{\frac{1}{2}} \tag{1-3}$$

式中：R_2为引力中和点处半径，易见 $R_1 > R_2$。

于洋[96]给出了23颗小天体的引力作用半径。表1-4列出了根据式(1-2)和式(1-3)计算的本书研究中出现的小天体引力作用半径范围。从中不难看出引力影响球半径 R_1约比引力中和点处半径 R_2大2个数量级。

表1-4 本书所研究小天体的引力作用半径

小天体	M_A/M_S	D/AU	R_1/km	R_2/km
艳后星	2.33×10^{-12}	[2.09,3.49]	$[6.97\times10^3, 1.16\times10^4]$	$[4.78\times10^2, 7.99\times10^2]$
艾女星	2.11×10^{-14}	[2.74,2.98]	$[1.39\times10^3, 1.51\times10^3]$	$[9-97\times10^1, 6.50\times10^1]$
爱神星	3.36×10^{-15}	[1.13,1.78]	$[2.75\times10^2, 4.34\times10^2]$	$[9.83\times10^0, 1.55\times10^1]$
地理星	1.30×10^{-17}	[0.83,1.66]	$[2.19\times10^1, 4.38\times10^1]$	$[4.49\times10^{-1}, 8.98\times10^{-1}]$
格勒夫卡星	1.06×10^{-19}	[0.99,4.02]	$[3.81\times10^0, 1.55\times10^1]$	$[4.83\times10^{-2}, 1.96\times10^{-1}]$

小天体的形状不规则，与一般的大行星相比自转速度较快、质量较小，因此与大天体周围引力场有很大不同，呈现出非对称、不规则的特点。因此，对不规则小天体进行动力学研究首先需要用适当的模型近似其引力场。常见的引力场近似模型有简单几何体模型、球谐与椭球谐函数模型、质点群模型、多面体模型。

运用简单几何体模拟不规则小天体附近的引力场具有结构简单、形状参数少、计算方便等特点，容易得到解析结果和有关形状参数的定性结论，便于理论分析。目前研究中常用于模拟的简单几何体有均质细直棒模型[97]、均质圆环模

型[98]、三轴椭球模型[99]、偶极子模型[100]等。早期的简单几何体模型只能反映小天体的基本特征，并不能精确地模拟其周围引力场环境。随着用简单几何体的模型模拟不规则引力场的研究不断发展，Zeng 等[100]提出的偶极子模型能够较好地反映不规则小天体平衡点附近的引力场，在提高运算速度的同时兼顾了准确性。

球谐函数模型的主要思想是用无穷级数来逼近天体的引力势函数，首先在高精度近地卫星轨道动力学中得到应用，随后引入小天体引力场建模的研究，用来描述小天体附近引力场的非球形摄动。利用球谐函数法，单位质量质点的引力势可以展开为

$$U(\boldsymbol{r}) = \frac{GM_{\mathrm{A}}}{r}\left\{1 + \sum_{l=1}^{\infty}\sum_{m=0}^{l}\left(\frac{r_{\mathrm{e}}}{r}\right)^{l}\mathrm{P}_{lm}(\sin\varphi)\left[C_{lm}\cos m\lambda + S_{lm}\sin m\lambda\right]\right\} \tag{1-4}$$

式中：G 为万有引力常数，$G = 6.67428\times10^{-11}\,\mathrm{m}^3/(\mathrm{kg}\cdot\mathrm{s}^2)$；$\boldsymbol{r}$ 为质点的位置矢量；r、φ、λ 为矢量在球坐标下的 3 个分量；M_{A}为小天体的质量；P_{lm} 为关联勒让德多项式；r_{e}为布里渊球（Brillouin sphere）半径，反映级数收敛范围，即式（1－4）的适用范围；C_{lm} 和 S_{lm} 为球谐系数，反映形状不规则性和内部质量分布的不均匀性[101]。

可以看出，球谐函数的一大优点是引力势可以解析给出，方便通过解析分析得到理论解。此外，球谐函数系数一旦求出，便可在之后的数值计算中直接代入，使用方便，特别是便于通过飞行数据反演计算[102]。在黎明号探测器对谷神星进行环绕探测的过程中，Takahashi 等就利用球谐函数模型估计谷神星的精确引力场，并通过已知球谐函数反复迭代，给出了其主轴方向[103-104]。球谐函数模型在应用中的主要局限性有，位于布里渊球内部的区域由于级数不收敛而无法应用该模型[105]，以及在实际计算中取有限项级数同理论上无穷级数的截断误差。不规则小天体的球谐函数级数截断误差在某些情况下可能会导致得到的引力场模型存在较大误差[106]。

针对球谐函数的收敛域问题，Hobson 采用 Lamé 多项式来逼近中心天体引力势函数的椭球谐函数模型，从而对球谐函数模型进行了推广和改进，加强了其对扁长或不规则体引力场的适应性[107]。Pick 在此基础上建立了椭球谐函数理论[108]。利用椭球谐函数法，单位质量质点的引力势可以展开为

$$U(\boldsymbol{r}) = GM_{\mathrm{A}}\sum_{l=0}^{\infty}\sum_{m=1}^{2l+1}\alpha_{lm}\frac{F_{lm}(\lambda_1)}{F_{lm}(\lambda_{\mathrm{e}})}F_{lm}(\lambda_2)F_{lm}(\lambda_3) \tag{1-5}$$

式中：λ_1、λ_2、λ_3为矢量 $\boldsymbol{r}$ 的椭球坐标分量；λ_{e}为布里渊椭球（Brillouin ellipsoid）的参数，反映级数收敛范围，即式（1－5）的使用范围；F_{lm} 为 Lamé 方程正则解；α_{lm} 为椭球谐系数[105]。

针对椭球谐函数不易求解的问题，Dechambre 等[109]提出的一种球谐系数与椭球谐系数的转换方法简化了椭球谐系数的求解过程，使得椭球谐函数的应用更加简便。椭球谐函数模型拓展了扁长型小天体的收敛域，同时依然保留了球谐函数模型便于计算的特性，在根据舒梅克探测器所传回的爱神星引力数据构建的引力场中发挥了重要作用[110]。

由于式(1-4)和式(1-5)的收敛速度与到小天体的距离有关，这两个模型在收敛域边界附近的收敛速度随质点到小天体的距离减少而迅速下降。此外，球谐函数与椭球谐函数模型缺少判断质点位于不规则小天体内外的信息，因此在研究不规则小天体附近动力学的应用中不能很好地满足全局引力场计算要求。

质点群模型常用于在小行星演化和近地小行星的轨道规避与碰撞问题中建立动力学环境模型。该模型通过把小天体所在的空间离散为一系列质点，分别计算这些质点的引力或引力势并求和，得到小天体整体的引力或引力势，这是一种十分直观的方法。假设小天体共划分为 N 个体元，第 i 个体元的位置坐标为 $\boldsymbol{r}_i$，质量为 M_i，那么单位质量质点的引力势可以表示为

$$U(\boldsymbol{r}) = \sum_{i=1}^{N} \frac{GM_i}{|\boldsymbol{r} - \boldsymbol{r}_i|} \tag{1-6}$$

质点群法的优点在于，其算法简单易于实现，且一定能保证计算收敛，通过适当规则增加体元个数与分布可以提高小天体引力场精度，对碎石堆小行星以及非均匀质量分布等现实问题有良好的拓展性[111-112]。不过就本书所要研究的问题，质点群法也存在一些缺陷：体元个数随精度要求上升很快，由此导致计算量急剧增加，计算速度大大降低；无法为质点运动轨道是否与不规则小天体相交提供直接有效的判据。

多面体模型是一种常用于不规则小天体的引力场数值建模方法。从 19 世纪开始为了在地质学中描述崎岖的地形，就有学者研究了简单多面体的引力场。MacMillan 和 Waldvogel 给出了长方体引力势能的解析形式和一般均质多面体周围引力场的解析表达式，但是计算量大[113-114]。20 世纪 90 年代，Werner 用每个平面都是三角形的多面体，近似不规则小天体的形状，并利用高斯定理和格林公式简化三重积分，用棱边和顶点表示了多面体附近的引力和引力势[115-116]。Werner 在其中还研究了正四面体周围的轨道行为，经过比较认为与受到球谐函数模型中 J_3 和 J_{33} 项影响的轨道类似。随后 Werner 等将之前工作进行了整理，以 4769 Castalia 为例，详细地介绍了多面体引力场建模方法[117]。Mirtich 基于多面体模型，同样利用高斯定理和格林公式，通过求和代替了积分，并通过恰当选择投影方向，给出了一种快速精确地计算均质多面体质心、惯性矩、惯性积等物理量的数值方法[118]。

均质多面体外任意一点的多面体引力势能、引力和引力梯度张量可以表示为[117]

$$U(\boldsymbol{r}) = \frac{1}{2}G\sigma\sum_{e\in E}L_e(\boldsymbol{r}_e\cdot\boldsymbol{E}_e\cdot\boldsymbol{r}_e) - \frac{1}{2}G\sigma\sum_{f\in F}\theta_f(\boldsymbol{r}_f\cdot\boldsymbol{F}_f\cdot\boldsymbol{r}_f) \tag{1-7}$$

$$\nabla U(\boldsymbol{r}) = -G\sigma\sum_{e\in E}L_e(\boldsymbol{E}_e\cdot\boldsymbol{r}_e) + G\sigma\sum_{f\in F}\theta_f(\boldsymbol{F}_f\cdot\boldsymbol{r}_f) \tag{1-8}$$

$$\nabla\nabla U(\boldsymbol{r}) = G\sigma\sum_{e\in E}L_e\boldsymbol{E}_e - G\sigma\sum_{f\in F}\theta_f\boldsymbol{F}_f \tag{1-9}$$

式中:σ 为均质多面体 P 的密度;集合 E 为侧面 f 上的所有棱;集合 F 为多面体 P 的所有面;$\boldsymbol{r}_e$为 $\boldsymbol{r}$ 处到棱边 e 上任意一点的矢量;$\boldsymbol{r}_f$为 $\boldsymbol{r}$ 处到侧面 f 上任意一点的矢量;L_e、$\boldsymbol{E}_e$、$\boldsymbol{F}_f$为与棱边和侧面有关的量;θ_f为侧面 f 与 $\boldsymbol{r}$ 处的点张成的立体角,其具体计算公式为

$$\theta_f = 2\arctan\frac{\boldsymbol{r}_1\cdot(\boldsymbol{r}_2\times\boldsymbol{r}_3)}{r_1r_2r_3 + r_3(\boldsymbol{r}_1\cdot\boldsymbol{r}_2) + r_1(\boldsymbol{r}_2\cdot\boldsymbol{r}_3) + r_2(\boldsymbol{r}_3\cdot\boldsymbol{r}_1)} \tag{1-10}$$

式中:$\boldsymbol{r}_1$、$\boldsymbol{r}_2$、$\boldsymbol{r}_3$为 $\boldsymbol{r}$ 处的点到三角形侧面 3 个顶点的矢径。

令

$$\Omega = \sum_{f\in F}\theta_f \tag{1-11}$$

则当点位于多面体 P 内部时,$\Omega=4\pi$;当点位于多面体 P 外部时,$\Omega=0$。由此可以判断点与多面体的位置关系。

多面体模型没有截断误差,其误差仅来自模型与真实天体的形状误差和数值计算误差,计算精度高;多面体并不一定是凸多面体,它可以有坑,有突出的悬崖,有内部的空洞或者贯穿多面体的隧道,极大地丰富了研究的范围;在小行星附近、表面,甚至是内部都可以进行很好的模拟,能够达到全局计算的要求;在进行轨道动力学分析时,多面体方法很容易判断质点是否在小行星外部,从而实现碰撞检测;由于多面体模型是根据小天体外形来建立的,在探测器导引段所获得光学以及雷达观测信息可以用于建模估算,为后续环绕着陆任务提供参考。多面体模型的主要不足是计算量较大,每次引力计算都需要对全部棱边和顶点进行运算,因此当棱边和顶点数量增加时计算速度会大大降低。

上述几种方法各有优劣,需要根据具体问题所关注的特点进行适当选择。就本书研究内容而言,因为更加关注不规则小天体附近引力场几何特征描述的准确性,所以更适用于选择多面体模型作为不规则小天体附近质点运动的引力场模型。

1.2.4 小天体附近动力学问题研究

基于 1.2.3 节所述的各种动力学模型,研究人员针对不规则小天体附近的动力学研究主要包括平衡点及其附近的流形结构与局部运动、大范围周期轨道

及其分岔与共振、拟周期轨道、混沌等。

与平衡点有关的研究在小天体附近动力学问题里开始最早，到目前为止也是数量最多的相关研究。早期研究主要集中在特殊几何体附近的平衡点存在性、数量以及稳定性等方面。Zhuravlev 首先研究了三轴旋转椭球附近的平衡点稳定性，利用哈密顿函数和李雅普诺夫稳定性判据计算了椭球参数空间中的稳定与不稳定区域，并以此为依据对三轴椭球进行了分类[119-120]；Scheeres 通过研究与分析，将三轴椭球模型附近引力场中的平衡点分为中心平衡点（有稳定平衡或不稳定平衡两种情况）和鞍平衡点（均为不稳定平衡）两种类型[121]。Scheere 依据小天体对应三轴椭球模型的中心平衡点稳定性进一步把小天体分为两类：一是中心平衡点稳定的小天体（Ⅰ型小天体），该型小天体中心平衡点附近有 2 族局部周期轨道，鞍平衡点附近有 1 族局部周期轨道，共 6 族周期轨道；二是中心平衡点不稳定的小天体（Ⅱ型小天体），该型小天体仅在鞍平衡点附近有 1 族局部周期轨道，共 2 族周期轨道。根据 Scheeres 的分类[121]，灶神星属于Ⅰ型小天体，爱神星属于Ⅱ型小天体。由于三轴椭球与实际小天体引力模型有较大出入，通过第 3 章的研究可以发现爱神星平衡点附近并非只有 2 族周期轨道。

Scheeres 等还利用截断到二阶二次项的球谐引力场模型对 4769 Castalia 的平衡点位置进行了计算，并分析了其稳定性[122]。Elipe 等计算了有限长细直棒引力场中的 4 个平衡点，并对其稳定性进行了分析[123]。Scheeres 等计算了糸川星 4 个平衡点在小行星本体系中的位置[124]。Mondelo 等计算了灶神星 4 个平衡点的位置并分析了稳定性[125]。Liu 等考虑了旋转均质立方体引力场中平衡点附近流形结构和不同平衡点之间的异宿轨道[126]。Yu 等计算了艳后星（216 Kleopatra）引力场中 4 个平衡点的坐标、线性化矩阵特征根并以此分析了稳定性[127]。Scheeres 计算了拜宊利亚星（1580 Betulia）和丘留莫夫－格拉西缅科彗星的平衡点[128]。

Jiang 等给出了旋转不规则小天体引力场中平衡点附近线性化运动方程，推导了平衡点稳定的一个充分条件和充分必要条件，研究了平衡点的特征根分布、稳定性与拓扑类型，根据子流形结构将非退化平衡点分为 8 类，对于科学家正确认识小天体平衡点的有关特征是进一步推进[129]。Jiang 等的理论认为稳定的平衡点附近有 3 族局部周期轨道，不稳定平衡点附近的局部周期轨道族数与特征根分布有关：当不稳定平衡点有 2 对特征根分布在复平面虚轴上时，该平衡点附近有 2 族局部周期轨道；当不稳定平衡点有 1 对特征根分布在复平面虚轴上时，该平衡点附近有 1 族局部周期轨道[129]。Jiang 的工作验证了有关平衡点附近局部周期轨道族数与平衡点稳定性的关系[130]：对于艳后星，其按文献[121]的分类方法属于Ⅱ型小天体，但是其多面体模型下的 4 个平衡点附近均存在局部周期轨道。Wang 等[131]基于 Jiang 等[129]的平衡点拓扑分类方法,用多面体模型计算了 23 个小天体的平衡点位置并分析了其稳定性。特别是在贝努星附近求出 8 个平衡点的结果,说明了实际小天体附近平衡点数量与分布的多样性,并非用简单几何体模型所确定的两大类型就可完全划分。

关于平衡点随小天体密度及转速归一化参数变化的问题,Jiang 等发现平衡点总是成对出现或湮灭,且非退化相对平衡点个数为奇数[132]。Wang 等以贝努星为例总结归纳了平衡点特征根、稳定性,以及数量随归一化参数变化的情况[133]。

20 世纪 90 年代以来,研究人员对旋转不规则小天体引力场中的周期轨道也进行了许多研究,主要关注点是周期轨道的搜索、轨道分类与稳定性分析,以及由于小天体自转速度、质点运动能量积分等参数变化下的动力学分岔行为。Scheeres 等利用三轴椭球模型计算了灶神星和爱神星赤道面内的周期轨道[121,134]。Scheeres 等还利用二阶二次引力场模型,对非主轴转动的图塔蒂斯星附近的冻结轨道和周期轨道进行了计算,分析了 C_{20} 和 C_{30} 项对冻结轨道的影响[135]。Antreasian 等[136]和 Scheeres 等[137]利用二阶二次引力场模型和平均根数法分析爱神星附近的运动,找到一族逆行周期轨道,为舒梅克号任务的轨道设计提供了基础依据。Scheeres 等还研究了二阶二次引力场模型中,C_{20} 和 C_{22} 项对于质点运动的能量和角动量影响,用数值方法计算了参数空间中稳定和不稳定的轨道区域,寻找了 5 族周期轨道[138-142]。Scheeres 进一步研究了在考虑小天体非球形摄动、太阳光压摄动和太阳引力摄动下的小天体附近轨道动力学,利用平均化方法寻找小天体附近的冻结轨道,并通过分析认为其稳定性与探测器面质比、小天体到太阳距离正相关。由于周期轨道的搜索十分复杂,一般需要利用对称性进行分析研究,而真实不规则小天体引力场不具备这个特点[128,143]。Yu 等[144]利用多面体模型、分层网格法并通过延拓提出了一种在不规则小天体附近全局搜索三维周期轨道族的方法,为周期轨道的研究提供了一种强有力的工具,并以艳后星为例给出了 29 族周期轨道,并通过计算周期轨道单值矩阵特征根,把周期轨道按照三维辛流形的轨道分类[145]分为 7 种拓扑类型,研究了周期轨道随能量延拓变化中的分岔现象和周期轨道的稳定性。Jiang 等认为周期轨道在六维辛流形中运动,其流形结构和四维情况不同,并重新把不规则小天体附近的周期轨道分为 13 种拓扑类型[132]。Yu 等应用这个理论,在艾女星附近的周期轨道搜索与延拓中,发现了艾女星附近不同拓扑类型的周期轨道族以及延拓过程中的切分岔行为[146]。Jiang 的理论为后续研究更好地从拓扑结构上认识不规则小天体附近周期轨道的类型与稳定性提供了有力的工具。Ni 等研究了太阳引力摄动对周期轨道搜索与运动的影响[147],研究了周期轨道族在延拓过程中的分岔组合,发现了多重分岔与周期轨道延拓中轨道稳定性交替变化的现象[148]。

由于小天体附近轨道形态复杂,轨道不闭合,王贤宇将共振轨道的定义从轨道周期满足公约关系扩大到质点绕小天体运动的角速度与小天体自传角速度具有整数比,研究了小天体附近不稳定的 1 : 1 共振轨道,以及由于共振发生的逃逸和捕获现象[39]。另外,一些理论上的周期轨道受到各种摄动影响也会出现轨道不闭合的现象。Scheeres 等在二阶二次引力场模型下对图塔蒂斯星附近的拟周期冻结轨道进行了研究[135]。Chanut 等利用多面体模型,对爱神星和艳后星附近质点长期运动与小天体碰撞的情况进行了研究[149-151]。但是对于那些既不逃逸也不和小天体发生碰撞的轨道,如何分析在给定时间内轨道性质变化情况之前缺少足够的研究。尽管李雅普诺夫指数(Lyapunov characteristic exponents, LCE)[151]在理论和数值观点上给出了区分有序与混沌运动并且定量分析混沌强度的方法,但是在实践中为了发现混沌现象所需要的数值计算耗时巨大,对于一些和有序运动十分接近的混沌运动尤为如此。Froeschlé 等[152-153]以及 Fouchard 等[154]针对 LCE 在应用中的缺陷,先后发展了快速李雅普诺夫指标(fast lyapunov indicator, FLI)和正交快速李雅普诺夫指标(orthogonal fast lyapunov indicator, OFLI),为有效地区分有序与混沌运动,判断非线性系统可能出现的周期轨道,从微小扰动变化的角度提供了有效的指标。Ni 等则提出从频域分析的角度定量分析拟周期轨道的指标[155]。

混沌现象的产生与分岔以及共振现象有紧密的联系。针对简单几何体模型所进行的引力场研究已经发现了质点在这些引力场中运动时所表现出的混沌行为。Elipe 等研究发现了细直棒引力场中由 1 : 1 共振引起的分岔以及由于参数变化进而会产生混沌[123]。Lindner 等则发现了绕旋转细直棒运动的质点的混沌现象[156]。Jiang 等通过计算在艳后星附近的轨道模拟了小天体附近质点运动出现的混沌现象[157]。

1.3 本书创新点

本书利用多面体模型模拟真实的小天体,探索研究其形状规则度,太阳引力对轨道的影响,周期轨道的搜索与分析,拟周期轨道的评估等与非线性动力学基础理论研究有关的问题,具体的创新点如下。

(1)在拟周期轨道研究中,提出用傅里叶变换后频域分布的频率熵定量刻画动力系统的轨道周期性,区分周期轨道、拟周期轨道和混沌轨道,可用于定量研究不规则小行星附近的轨道周期性。

(2)在小天体形状规则度研究中,提出了定量描述小天体多面体模型与等体积均质球相似程度的形状熵指标。

(3)在轨道延拓的研究中,给出了多重分岔组合,发现了延拓中轨道稳定性交替变化现象,推广了小天体附近周期轨道延拓分岔理论。

(4)在考虑碰撞与黏滑效应的情况下,针对小天体表面软着陆过程进行了研究。

(5)采用同伦法生成了从小行星当前外部形状至球体外部形状之间的连续变化形状,研究了小行星外形变化情况下,平衡点的位置、特征值等的变化及Hopf分岔。

(6)给出了拥有5个、7个或者9个平衡点小天体平衡点的湮灭和化生机制。

(7)发现相比于无质量瘤情形,质量瘤的出现可能会引起小行星平衡点稳定性和拓扑类型的变化。此外,还发现在质量瘤位置、密度和体积基本相同的情况下,质量瘤的形状对平衡点位置的影响可以忽略不记,同时质量瘤的形状对平衡点的拓扑类型和稳定性没有影响。

参考文献

[1] 毛泽东. 实践论[M]. 毛泽东选集:第一卷. 北京:人民出版社,1991.

[2] BATTIN R H. An introduction to the mathematics and methods of astrodynamics[M]. Revised Edition. Reston:AIAA,1999.

[3] 陈昌亚,方宝东,曹志宇,等. YH-1 火星探测器设计及研制进展[J]. 上海航天,2009,26(3):21-29.

[4] 崔平远,崔祜涛,赵海滨,等. 我国小行星探测方案设想[C]. 哈尔滨:中国宇航学会深空探测技术专业委员会第一届学术会议,2009.

[5] 崔平远,乔栋. 小天体附近轨道动力学与控制研究现状与展望[J]. 力学进展,2013,43(5):526-539.

[6] KUBOTA T,KURODA Y,KUNII Y,et al. Small,light-weight rover "Micro5" for lunar exploration[J]. Acta Astronautica,2003,52(2):447-453.

[7] 李广宇,赵海斌. 近地天体探测现状[J]. 紫金山天文台台刊,2000,19(2):61-68.

[8] 欧阳自远. 李春来. 深空探测的进展与我国深空探测的发展战略[J]. 中国航天,2002(12):28-32.

[9] 欧阳自远. 我国月球探测的总体科学目标与发展战略[J]. 地球科学进展,2004,19(3):351-358.

[10] 张旭辉,刘竹生. 火星探测器轨道设计与优化技术[J]. 导弹与航天运载技术,2008,294:15-23.

[11] 郑永春,胡国平."新视野"号探测冥王星及柯伊伯带综述[J]. 深空探测学报,2015,2(1):3-9.

[12] 胡维多,向开恒. 飞行器近小行星轨道动力学的特点及研究意义[J]. 天文学进展,

2009,27(2):152 - 166.

[13] TAKAHASHI Y. Gravity Field Characterization Around Small Bodies[D]. University of Colorado at Boulder. 2013.

[14] 徐伟彪,赵海斌. 小行星深空探测的科学意义和展望[J]. 地球科学进展,2005,20(11):1183 - 1190.

[15] 赵海斌,徐伟彪,马月华. 小行星深空探测的科学目标与探测计划[C]. 哈尔滨:中国宇航学会深空探测技术专业委员会第一届学术会议,2009.

[16] 胡中为,徐伟彪. 行星科学[M] 北京:科学出版社,2008.

[17] WEIDENSCHILLING S J. Formation of planetesimals and accretion of the terrestrial planets[J]. Space Science Reviews,2000,92(1/2):295 - 310.

[18] 阿尔瑟·M. 外空矿物资源:挑战与机遇的全球评估[M]. 杜勒,张振军,译. 北京:中国宇航出版社,2017.

[19] GALIMOV E M,PILLINGER C T,GREENWOOD R C,et al. The Chelyabinsk fireball and meteorite:implications for asteroid hazard assessment[C]. 76th Annual Meeting of the Meteoritical Society,Edmonton,Canada,2013,29 July - 7 August.

[20] 于洋,宝音贺西. 小天体附近的轨道动力学研究综述[J]. 深空探测学报,2014,1(2):93 - 104.

[21] 吴伟仁. 我国航天事业的发展现状及展望[R]. 北京:政协第十二届全国委员会常务委员会学习讲座,2017:17.

[22] 施尔尼科夫,等. 非线性动力学定性理论方法:第1卷[M]. 金成桴,译. 北京:高等教育出版社,2010.

[23] ARNOLD J R. The origin of meteorites as small bodies. II. The model[J]. The Astrophysical Journal,1965,141:1536 - 1547.

[24] WILSON L,KEIL K,LOVE S J. The internal structures and densities of asteroids [J]. Meteoritics & Planetary Science,1999,34(3):479 - 483.

[25] IAU Minor Planet Center,Latest Published Data [OL],[2021 - 07 - 10]. https://minorplanetcenter. net/mpc/summary.

[26] IAU Minor Planet Center,Discovery Circumstances:Numbered Minor Planets[OL],[2021 - 07 - 10]. http://www. minorplanetcenter. net/iau/lists/Numbered MPs. html.

[27] IAU Minor Planet Center,Minor Planet Names:Alphabetical List [OL],[2021 - 07 - 10]. http://www. minorplanetcenter. net/iau/lists/MPNames. html.

[28] 焦维新,钟俊. 近地小行星探测目标选择[J]. 地球物理学报,2016,59(11):3955 - 3959.

[29] 马鹏斌,宝音贺西. 近地小行星威胁与防御研究现状[J]. 深空探测学报,2016,3(1):10 - 17.

[30] BATYGIN K,BROWN M E. Evidence for a distant giant planet in the solar system[J]. The Astronomical Journal,2016,151(2):22.

[31] BROWN M E,BATYGIN K. Observational constraints on the orbit and location of Planet Nine

in the outer solar system[J]. The Astrophysical Journal Letters,2016,824(2):L23.

[32] BEUST H. Orbital clustering of distant Kuiper belt objects by hypothetical Planet 9. Secular or resonant? [J]. Astronomy & Astrophysics,2016,590:L2.

[33] FUENTE MARCOS C,FUENTE MARCOS R. Finding Planet Nine:a Monte Carlo approach [J]. Monthly Notices of the Royal Astronomical Society:Letters,2016,459(1):L66 – L70.

[34] MALHOTRA R,VOLK K,WANG X. Corralling a distant planet with extreme resonant Kuiper belt objects[J]. The Astrophysical Journal Letters,2016,824(2):L22.

[35] BUS S J,BINZEL R P. Phase II of the small main – belt asteroid spectroscopic survey:A feature – based taxonomy[J]. Icarus,2002,158(1):146 – 177.

[36] THOLEN D J. Asteroid taxonomic classifications[M]. Asteroids II,Tucson:University of Arizona Press,1989.

[37] CHRISTOU A A,WIEGERT P. A population of Main Belt Asteroids co – orbiting with Ceres and Vesta[J]. Icarus,2012,217(1):27 – 42.

[38] GRADIE J C,CHAPMAN C R,TEDESCO E F. Distribution of taxonomic classes and the compositional structure of the asteroid belt[M]. Asteroids Ⅱ, Tucson: University of Arizona Press,1989:316 – 339.

[39] 王贤宇. 不规则小天体平衡点附近动力学研究[D]. 北京:清华大学,2017.

[40] UMBACH R,JOCKERS K,GEYER E H. Spatial distribution of neutral and ionic constituents in comet P/Halley[J]. Astronomy and Astrophysics Supplement Series,1998,127:479 – 499.

[41] KÜPPERS M,O'ROURKE L,BOCKELÉE – MORVAN D,et al. Localized sources of water vapour on the dwarf planet(1)Ceres[J]. Nature,2014,505(7484):529.

[42] MERLINE W J,CLOSE L M,DUMAS C,et al. Discovery of a moon orbiting the asteroid 45 Eugenia[J]. Nature,1999,401(6753):569.

[43] OGILVIE K W,COPLAN M A,BOCHSLER P,et al. Ion composition results during the international cometary explorer encounter with Giacobini – Zinner[J]. Science, 1986, 232 (4748):374.

[44] SMITH E J,TSURUTANI B T,SLVAIN J A,et al. International cometary explorer encounter with giacobini – zinner: magnetic field observations[J]. Science, 1986, 232 (4748): 382 – 389.

[45] VON ROSENVINGE T T,BRANDT J C,FARQUHAR R W. The international cometary explorer mission to comet Giacobini – Zinner[J]. Science,1986,232(4748):353 – 356.

[46] KISSEL J,BROWNLEE D E,BUCHLER K,et al. Composition of comet Halley dust particles from Giotto observations[J]. Nature,1986,321(6067):336 – 337.

[47] LEVASSEUR – REGOURD A C,BERTAUX J L,DUMONT R,et al. Optical probing of comet Halley from the Giotto spacecraft[J]. Nature,1986,321(6067):341 – 344.

[48] MCDONNELL J A M,ALEXANDER W M,BURTON W M,et al. Dust density and mass distribution near comet Halley from Giotto observations[J]. Nature, 1986, 321 (6067): 338 – 341.

[49] BELTON M J,VEVERKA J,THOMAS P,et al. Galileo encounter with 951 Gaspra:First pictures of an asteroid[J]. Science,1992,257(5077):1647 - 1652.

[50] BELTON M J,CHAPMAN C R,THOMAS P C,et al. Bulk - Density of Asteroid 243 Ida from the Orbit of Its Satellite Dactyl[J]. Nature,1995,374(6525):785 - 788.

[51] CHAPMAN C R,VEVERKA J,THOMAS P C,et al. Discovery and Physical - Properties of Dactyl,a Satellite of Asteroid 243 - IDA[J]. Nature,1995,374(6525):783 - 789.

[52] VEVERKA J,BELTON M,KLAASEN K,et al. Galileo's encounter with 951 Gaspra:Overview [J]. Icarus,1994,107(1):2 - 17.

[53] VEVERKA J,THOMAS P,HARCH A,et al. NEAR's flyby of 253 Mathilde:Images of a C asteroid[J]. Science,1997,278(5346):2109 - 2114.

[54] VEVERKA J,ROBINSON M,THOMAS P,et al. NEAR at Eros:Imaging and spectral results [J]. Science,2000,289(5487):2088 - 2097.

[55] YEOMANS D K,BARRIOT J P,DUNHAM D W,et al. Estimating the mass of asteroid 253 Mathilde from tracking data during the NEAR flyby [J]. Science, 1997, 278 (5346): 2106 - 2109.

[56] YEOMANS D K,ANTREASIAN P G,BARRIOT J P,et al. Radio science results during the NEAR - Shoemaker spacecraft rendezvous with Eros [J]. Science, 2000, 289 (5487): 2085 - 2088.

[57] ZUBER M T,SMITH D E,CHENG A F,et al. The shape of 433 Eros from the NEAR - Shoemaker laser rangefinder[J]. Science,2000,289(5487):2097 - 2101.

[58] BURTON M E,BURATTI B,MATSON D L,et al. The Cassini/Huygens Venus and Earth flybys:An overview of operations and results[J]. Journal of Geophysical Research:Space Physics,2001,106(A12):30099 - 30107.

[59] FARNHAM T L,COCHRAN A L. A McDonald Observatory study of Comet 19P/Borrelly:Placing the Deep Space 1 observations into a broader context [J]. Icarus, 2002, 160 (2): 398 - 418.

[60] KERR R A. Deep Space 1 Traces Braille Back to Vesta[J]. Science,1999,285(5430):993 - 994.

[61] SODERBLOM L A,BOICE D C,BRITT D,et al. Deep Space 1 MICAS observations of 9969 Braille[C]//Bulletin of the American Astronomical Society,1999,31(4):1127.

[62] SODERBLOM L A,BECKER T L,BENNETT G,et al. Observations of Comet 19P/Borrelly by the miniature integrated camera and spectrometer aboard Deep Space 1[J]. Science,2002, 296(5570):1087 - 1091.

[63] BELTON M J S,MEECH K J,CHESLEY S,et al. Stardust - NExT,Deep Impact,and the accelerating spin of 9P/Tempel 1[J]. Icarus,2011,213:345 - 368.

[64] BROWNLEE D E,HORZ F,NEWBURN R L,et al. Surface of young Jupiter family comet 81P/Wild 2:View from the Stardust spacecraft[J]. Science,2004,304(5678):1765 - 1769.

[65] DUXBURY T C. The exploration of Asteroid Annefrank by STARDUST[C]//Asteroids,Com-

ets, Meteors, 2002.

[66] DUXBURY T C. The flyby of asteroid Annefrank by STARDUST for Wild 2 testing[C]//Asteroids, Comets, Meteors, 2002.

[67] FARQUHAR R, KAWAGUCHI J, RUSSELL C, et al. Spacecraft exploration of asteroids: The 2001 perspective[M]. Asteroids III, Tucson: University of Arizona Press, 2002: 367 – 376.

[68] ISHIGURO M, KWON S M, SARUGAKU Y, et al. Discovery of the dust trail of the stardust comet sample return mission target: 81P/Wild 2[J]. The Astrophysical Journal Letters, 2003, 589(2): L101.

[69] ISHII H A, BRADLEY J P, DAI Z R, et al. Comparison of comet 81P/Wild 2 dust with interplanetary dust from comets[J]. Science, 2008, 319(5862): 447 – 450.

[70] KISSEL J, KRUEGER F R, SILÉN J, et al. The cometary and interstellar dust analyzer at comet 81P/Wild 2[J]. Science, 2004, 304(5678): 1775 – 1776.

[71] SEKANINA Z, BROWNLEE D E, ECONOMOU T E, et al. Modeling the nucleus and jets of comet 81P/Wild 2 based on the Stardust encounter data[J]. Science, 2004, 304(5678): 1769 – 1774.

[72] ABE S, MUKAI T, HIRATA N, et al. Mass and local topography measurements of Itokawa by Hayabusa[J]. Science, 2006, 312(5778): 1345 – 1347.

[73] FUJIWARA A, KAWAGUCHI J, YEOMANS D K, et al. The rubble – pile asteroid Itokawa as observed by Hayabusa[J]. Science, 2006, 312(5778): 1330 – 1334.

[74] KAASALAINEN M, KWIATKOWSKI T, ABE M, et al. CCD photometry and model of MUSESC target(25143)1998 SF36[J]. Astronomy & Astrophysics, 2003, 405(3): L29 – L32.

[75] SAITO J, MIYAMOTO H, NAKAMURA R, et al. Detailed images of asteroid 25143 Itokawa from Hayabusa[J]. Science, 2006, 312(5778): 1341 – 1344.

[76] YANO H, KUBOTA T, MIYAMOTO H, et al. Touchdown of the Hayabusa spacecraft at the Muses Sea on Itokawa[J]. Science, 2006, 312(5778): 1350 – 1353.

[77] BARUCCI M A, FULCHIGNONI M, ROSSI A. Rosetta asteroid targets: 2867 Steins and 21 Lutetia[J]. Space Science Reviews, 2007, 128(1): 67 – 78.

[78] BARUCCI M A, FULCHIGNONI M, FORNASIER S, et al. Asteroid target selection for the new Rosetta mission baseline: 21 Lutetia and 2867 Steins[J]. Astronomy and Astrophysics, 2005, 430(1): 313 – 317.

[79] GLASSMEIER K H, BOEHNHARDT H, KOSCHNY D, et al. The Rosetta mission: flying towards the origin of the solar system[J]. Space Science Reviews, 2007, 128(1 – 4): 1 – 21.

[80] SCHEERES D J, MARZARI F, TOMASELLA L, et al. ROSETTA mission: satellite orbits around a cometary nucleus[J]. Planetary and Space Science, 1998, 46(6): 649 – 671.

[81] ULAMEC S, ESPINASSE S, FEUERBACHER B, et al. Rosetta Lander – Philae: implications of an alternative mission[J]. Acta Astronautica, 2006, 58(8): 435 – 441.

[82] A'HEARN M F, BELTON M J S, DELAMERE W A, et al. Deep impact: excavating comet tempel 1[J]. Science, 2005, 310(5746): 258 – 264.

[83] HARKER D E,WOODWARD C E,WOODEN D H. The dust grains from 9P/Tempel 1 before and after the encounter with Deep Impact[J]. Science,2005,310(5746):278 - 280.

[84] LISSE C M,VANCLEVE J,ADAMS A C,et al. Spitzer spectral observations of the Deep Impact ejecta[J]. Science,2006,313(5787):635 - 640.

[85] A'HEARN M F,BELTON M J S,DELAMERE W A,et al. EPOXI at comet Hartley 2 [J]. Science,2011,332(6036):1396 - 1400.

[86] MEECH K J,A'HEARN M F,ADAMS J A,et al. EPOXI:Comet 103P/Hartley 2 observations from a worldwide campaign[J]. The Astrophysical Journal Letters,2011,734(1):L1.

[87] 郑永春,胡国平. “新视野”号探测冥王星及柯伊伯带综述[J]. 深空探测学报,2015,2(1):3 - 9.

[88] RAYMAN M D,FRASCHETTI T C,RAYMOND C A,et al. Dawn:A mission in development for exploration of main belt asteroids Vesta and Ceres[J]. Acta Astronautica,2006,58(11):605 - 616.

[89] REDDY V,NATHUES A,LE CORRE L,et al. Color and albedo heterogeneity of Vesta from Dawn[J]. Science,2012,336(6082):700 - 704.

[90] RUSSELL C T,CAPACCIONI F,CORADINI A,et al. Dawn mission to Vesta and Ceres [J]. Earth,Moon,and Planets,2007,101(1 - 2):65 - 91.

[91] RUSSELL C T,RAYMOND C A,CORADINI A,et al. Dawn at Vesta:Testing the protoplanetary paradigm[J]. Science,2012,336(6082):685 - 686.

[92] HUANG J,JI J,YE P,et al. The Ginger - shaped Asteroid 4179 Toutatis:New Observations from a Successful Flyby of Chang'E - 2[J]. Scientific reports,2013,3:3411.

[93] ZHAO Y H,WANG S,HU S C,et al. A Research on Imaging Strategy and Imaging Simulation of Toutatis in the Chang'E 2 Flyby Mission [J]. Acta Astronomica Sinica, 2013, 54:447 - 454.

[94] ZOU X,LI C,LIU J,et al. The preliminary analysis of the 4179 Toutatis snapshots of the Chang'E - 2 flyby[J]. Icarus,2014,229:348 - 354.

[95] HAMILTON D P,BURNS J A. Orbital stability zones about asteroids:II. The destabilizing effects of eccentric orbits and of solar radiation[J]. Icarus,1992,96(1):43 - 64.

[96] 于洋. 小天体引力场中的轨道动力学研究[D]. 北京:清华大学,2014.

[97] RIAGUAS A,ELIPE A,LÓPEZ - MORATALLA T. Non - linear stability of the equilibria in the gravity field of a finite straight segment[J]. Celestial Mechanics and Dynamical Astronomy,2001,81(3):235 - 248.

[98] BROUCKE R A,ELIPE A. The dynamics of orbits in a potential field of a solid circular ring [J]. Regular and Chaotic Dynamics,2005,10(2):129 - 143.

[99] ROMANOV V A,DOEDEL E J. Periodic orbits associated with the libration points of the homogeneous rotating gravitating triaxial ellipsoid [J]. International Journal of Bifurcation and Chaos,2012,22(10).

[100] ZENG X,JIANG F,LI J,et al. Study on the connection between the rotating mass dipole and

natural elongated bodies[J]. Astrophysics and Space Science,2015,356(1):29 – 42.

[101] 刘林. 航天器轨道理论[M]. 北京:国防工业出版社,2000.

[102] 张振江,崔祜涛,任高峰. 不规则形状小行星引力环境建模及球谐系数求取方法[J]. 航天器环境工程,2012,27(3):383 – 388.

[103] TAKAHASHI Y,GREBOW D,KENNEDY B,et al. Forward modeling of Ceres' Gravity Field for Planetary Protection Assessment[C]//AIAA/AAS Astrodynamics Specialist Conference, 2016:5262.

[104] TAKAHASHI Y,BRADLEY N,KENNEDY B. Determination of Celestial Body Principal Axes via Gravity Field Estimation[J]. Journal of Guidance,Control,and Dynamics,2017,40(12): 1 – 11.

[105] ROMAIN G,JEAN – PIERRE B. Ellipsoidal harmonic expansions of the gravitational potential:theory and application[J]. Celestial Mechanics and Dynamical Astronomy,2001,79(4):235 – 279.

[106] ROSSI A,MARZARI F,FARINELLA P. Orbital evolution around irregular bodies[J]. Earth Planets and Space,1999,51(11):1173 – 1180.

[107] HOBSON E W. The theory of spherical and ellipsoidal harmonics[M]. Cambridge: Cambridge University Press,1931.

[108] PICK M,PICHA J,VYSKOCIL V. Theory of the Earth's gravity field[M]. Amsterdam;New York:Elsevier Scientific Pub. Co. ,1973.

[109] DECHAMBRE D,SCHEERES D J. Transformation of spherical harmonic coefficients to ellipsoidal harmonic coefficients[J]. Astronomy and Astrophysics,2002,387:1115 – 1122.

[110] GARMIER R,BARRIOT J,KONOPLIV A S,et al. Modeling of the Eros gravity field as an ellipsoidal harmonic expansion from the NEAR Doppler tracking data[J]. Geophysical Research Letters,2002,29:721 – 723.

[111] BRITT D T,YEOMANS D,HOUSEN K,et al. Asteroid density,porosity,and structure[M]. Asteroids Ⅲ,Tucson:University of Arizona Press,2002.

[112] GEISSLER P,PETIT J M,DURDA D D,et al. Erosion and ejecta reaccretion on 243 Ida and its moon[J]. Icarus,1996,120(1):140 – 157.

[113] MACMILLAN,W D. The Theory of the Potential[M]. New York:McGraw – Hill,1930.

[114] WALDVOGEL J. The Newtonian potential of homogeneous polyhedra[J]. Zeitschrift für angewandte Mathematik und Physik ZAMP,1979,30(2):388 – 398.

[115] WERNER R A. The gravitational potential of a homogeneous polyhedron or don't cut corners[J]. Celestial Mechanics and Dynamical Astronomy,1994,59(3):253 – 278.

[116] WERNER R A. On the Gravity Field of Irregularly Shaped Celestial Bodies[D]. The University of Texas at Austin,1996.

[117] WERNER R A,SCHEERES D J. Exterior gravitation of a polyhedron derived and compared with harmonic and mascon gravitation representations of asteroid 4769 Castalia[J]. Celestial Mechanics and Dynamical Astronomy,1996,65(3):313 – 344.

[118] MIRTICH B. Fast and accurate computation of polyhedral mass properties[J]. Journal of Graphics Tools,1996,1(2):31 -50.

[119] ZHURAVLEV S G. Stability of the libration points of a rotating triaxial ellipsoid[J]. Celestial mechanics,1972,6(3):255 -267.

[120] ZHURAVLEV S G. About the stability of the libration points of a rotating triaxial ellipsoid in a degenerate case[J]. Celestial mechanics,1973,8(1):75 -84.

[121] SCHEERES D J. Dynamics about uniformly rotating triaxial ellipsoids:Applications to asteroids[J]. Icarus,1994,110(2):225 -238.

[122] SCHEERES D J,OSTRO S J,HUDSON R S,et al. Orbits close to asteroid 4769 Castalia [J]. Icarus,1996,121(1):67 -87.

[123] ELIPE A,LARA M. A simple model for the chaotic motion around(433)Eros[J]. Journal of the Astronautical Sciences,2003,51(4):391 -404.

[124] SCHEERES D,BROSCHART S,OSTRO S,et al. The dynamical environment about asteroid 25143 Itokawa,target of the Hayabusa mission[C]//AIAA/AAS Astrodynamics Specialist Conference and Exhibit,2004:4864.

[125] MONDELO J M,BROSCHART S,VILLAC B. Dynamical Analysis of 1:1 Resonances Near Asteroids - Application to Vesta[C]//AIAA/AAS Astrodynamics Specialist Conference, 2010:8373.

[126] LIU X,BAOYIN H,MA X. Equilibria,periodic orbits around equilibria,and heteroclinic connections in the gravity field of a rotating homogeneous cube[J]. Astrophysics and Space Science,2011,333(2):409 -418.

[127] YU Y,BAOYIN H. Orbital dynamics in the vicinity of asteroid 216 Kleopatra[J]. The Astronomical Journal,2012,143(3):62.

[128] SCHEERES D J. Orbit mechanics about asteroids and comets[J]. Journal of Guidance Control and Dynamics,2012,35(3):987.

[129] JIANG Y,BAOYIN H,LI J,et al. Orbits and manifolds near the equilibrium points around a rotating asteroid[J]. Astrophysics and Space Science,2014,349(1):83 -106.

[130] JIANG Y. Equilibrium points and periodic orbits in the vicinity of asteroids with an application to 216 Kleopatra[J]. Earth Moon Planets,2015,115(12/3/4):31 -44.

[131] WANG X,JIANG Y,GONG S. Analysis of the Potential Field and Equilibrium Points of Irregular- shaped Minor Celestial Bodies[J]. Astrophysics and Space Science,2014,353 (1):105 -121.

[132] JIANG Y,YU Y,BAOYIN H. Topological classifications and bifurcations of periodic orbits in the potential field of highly irregular - shaped celestial bodies[J]. Nonlinear Dyn,2015,81 (1/2):119 -140.

[133] WANG X,LI J,GONG S. Bifurcation of equilibrium points in the potential field of asteroid 101955 Bennu[J]. Monthly Notices of the Royal Astronomical Society,2016,455(4): 3725 -3734.

[134] SCHEERES D J. Analysis of orbital motion around 433 Eros[J]. Journal of the Astronautical Sciences,1995,43(4):427 –452.

[135] SCHEERES D J,OSTRO S J,HUDSON R S,et al. Dynamics of orbits close to asteroid 4179 Toutatis[J]. Icarus,1998,132(1):53 –79.

[136] ANTREASIAN P,HELFRICH C,MILLER J,et al. Preliminary considerations for NEAR's low – altitude passes and landing operations at 433 Eros[C]//AIAA/AAS Astrodynamics Specialist Conference and Exhibit,1998:4397.

[137] SCHEERES D J,WILLIAMS B G,MILLER J K. Evaluation of the dynamic environment of an asteroid:Applications to 433 Eros[J]. Journal of Guidance,Control,and Dynamics,2000,23(3):466 –479.

[138] SCHEERES D J,HU W. Secular motion in a 2nd degree and order – gravity field with no rotation[J]. Celestial Mechanics and Dynamical Astronomy,2001,79(3):183 –200.

[139] HU W,SCHEERES D J. Spacecraft motion about slowly rotating asteroids[J]. Journal of guidance,control,and dynamics,2002,25(4):765 –779.

[140] HU W,SCHEERES D J. Numerical determination of stability regions for orbital motion in uniformly rotating second degree and order gravity fields[J]. Planetary and Space science,2004,52(8):685 –692.

[141] HU W D,SCHEERES D J. Periodic orbits in rotating second degree and order gravity fields[J]. Chinese Journal of Astronomy and Astrophysics,2008,8(1):108.

[142] HU W D,SCHEERES D J. Averaging analyses for spacecraft orbital motions around asteroids[J]. Acta Mechanica Sinica,2014,30(3):295 –300.

[143] SCHEERES D J. Orbital mechanics about small bodies[J]. Acta Astronautica,2012,72:1 –14.

[144] YU Y,BAOYIN H. Generating families of 3D periodic orbits about asteroids[J]. Monthly Notices of the Royal Astronomical Society,2012,427(1):872 –881.

[145] MARSDEN J E,RATIU T S. Introduction to mechanics and symmetry[M]. New York:Springer – Verlag,1999.

[146] YU Y,BAOYIN H,JIANG Y. Constructing the natural families of periodic orbits near irregular bodies[J]. Monthly Notices of the Royal Astronomical Society,2015,453(3):3269 –3277.

[147] NI Y,BAOYIN H,LI J. Orbit dynamics in the vicinity of asteroids with solar perturbation[C]//Proceedings of the International Astronautical Congress,2014,7:4610 –4620.

[148] NI Y,JIANG Y,BAOYIN H. Multiple bifurcations in the periodic orbit around Eros[J]. Astrophysics and Space Science,2016,361(5):170.

[149] CHANUT T G G,WINTER O C,TSUCHIDA M. 3D stability orbits close to 433 Eros using an effective polyhedral model method[J]. Monthly Notices of the Royal Astronomical Society,2014,438(3):2672 –2682.

[150] CHANUT T G G,WINTER O C,AMARANTE A,et al. 3D plausible orbital stability close to

asteroid(216)Kleopatra[J]. Monthly Notices of the Royal Astronomical Society,2015,452(2):1316 - 1327.

[151] BENETTIN G, GALGANI L, GIORGILLI A, et al. Lyapunov characteristic exponents for smooth dynamical systems and for Hamiltonian systems; a method for computing all of them. Part 1:Theory;Part 2:Numerical applications[J]. Meccanica,1980,15(1):9 - 30.

[152] FROESCHLÉ C, LEGA E, GONCZI R. Fast Lyapunov indicators. Application to asteroidal motion[J]. Celestial Mechanics and Dynamical Astronomy,1997,67(1):41 - 62.

[153] FROESCHLÉ C,LEGA E. On the structure of symplectic mappings. The fast Lyapunov indicator: a very sensitive tool [M]//New Developments in the Dynamics of Planetary Systems. Dordrecht:Springer,2001:167 - 199.

[154] FOUCHARD M,LEGA E,FROESCHLÉ C,et al. On the relationship between fast Lyapunov indicator and periodic orbits for continuous flows[J]. Celestial Mechanics and Dynamical Astronomy,2002,83:205 - 222.

[155] NI Y,TURITSYN K,BAOYIN H,et al. Entropy Method of Measuring and Evaluating Periodicity of Quasi - periodic Trajectories[J]. Science China Physics,Mechanics & Astronomy,2018,61(6):064511.

[156] LINDNER J F,LYNN J,KING F W,et al. Order and chaos in the rotation and revolution of a line segment and a point mass[J]. Physical Review E,2010,81(3):036208.

[157] JIANG Y,BAOYIN H,WANG X,et al. Order and chaos near equilibrium points in the potential of rotating highly irregular - shaped celestial bodies[J]. Nonlinear Dyn,2016,83(1):231 - 252.

第 2 章
小天体的形状熵与周期轨道的搜索方法

2.1 引言

在许多与小天体动力学有关的研究中都出现了“不规则”的说法，但是对于用单个参数描述多面体模型模拟的小天体的规则程度缺少充分的说明与研究以及定量分析。Hu 和 Scheeres 提出了根据多面体绕 3 个惯量主轴 x、y、z 的转动惯量定义小天体形状特征指标[1]

$$\rho = \frac{I_y - I_x}{I_z - I_x} \tag{2-1}$$

其中，规定小天体的最大惯量主轴为 z 轴，最小惯量主轴为 x 轴，即 $I_x \leqslant I_y \leqslant I_z$。根据式(2-1)，该形状特征指标 $\rho \in [0,1]$。当 $\rho = 0$ 时，小天体形状关于 z 轴对称；当 $\rho = 1$ 时，小天体的形状关于 x 轴对称。这个形状特征指标可以在一定程度上描述小行星的质量分布特性并反映小行星的形状，但当小天体形状接近球体，即三轴惯量很接近时，该指标无法准确描述小天体的形状特征，特别是该小天体与球的近似程度。

虽然可以通过球谐系数描述小天体形状的规则程度，但是需要通过许多球谐系数构成的多维数组才能准确刻画小天体形状与球体的相似程度，不利于通过少数指标直接判断不同小天体的形状相似度。考察 C_{20}、C_{22} 和 S_{22} 可以发现，这 3 个系数所反映的依然是小天体惯量之间的关系。

本章借助统计物理中熵的概念提出一种比较小天体与等体积均质球形状差别的形状特征指标——形状熵。熵主要刻画了数据的集中程度，但与方差有所区别的是熵在描述“多峰”分布数据的集中程度方面有更大优势。当数据集中分布在几个峰值附近时，方差会反映出数据不够集中，而熵仍然能够反映出数据集中，峰值明显，具体情况将在第 4 章更为详尽系统地进行解释。为了说明形状熵的适用性：首先在 2.2 节中推导二维连续情况下，利用形状熵比较正多边形以及不同长宽比的矩形和圆之间的形状差别；然后推导三维连续情况下利用形状熵比较 3 种正多面体，以及不同轴长比的三轴椭球和球之间的形状差别；最后结合多面体模型的特点，在三维离散化情况下用形状熵刻画小天体与等体积均质球的形状差别，并与公式的描述结果进行比较。

周期轨道是不规则小天体附近非线性动力学研究，特别是对大范围运动研究的一个重要方面。通过对周期轨道进行研究，可以认识小天体系统特别是自然卫星的演化，指导探测器近距离探测小天体的接近段环绕轨道设计。

尽管周期轨道的研究非常重要，但是目前搜索周期轨道依然有许多困难。希尔伯特 23 个数学问题中目前尚有 5 个未解决，其中之一是如何确定平面系统的周期轨道数（第 16 个问题第二部分：研究平面动力系统极限环的最大数目及其拓扑）。而不规则小天体附近的周期轨道搜索是在更高维的空间上进行搜索的。尽管一些小天体附近的轨道运动与限制性三体问题有类似的运动方程形式，但是实际的小天体引力场没有任何对称性，因此无法降维，这使人们通过研究三体问题得到的传统网格周期轨道搜索技术由于计算量过于庞大而无法直接使用。于洋和姜宇提出了对周期轨道系统搜索以及进行拓扑分类的方法[1-2]，这构成了本章研究的基础。

近年来，研究人员对基于多面体模型的小天体附近的周期轨道搜索与周期轨道稳定性进行了研究[3-6]，但是太阳引力作为质点在小天体附近运动的主要摄动力，有关它对小天体周期轨道搜索、周期轨道运动以及周期轨道稳定性影响的研究尚不充分。2.3.3 节以爱神星和艳后星为例，分别研究了太阳引力在小天体附近的变化规律，以及太阳引力对于近地与主带小天体周期轨道及其搜索结果的影响，并推广了小天体附近周期轨道搜索方法。鉴于利用多面体引力场进行周期轨道搜索的总体计算量庞大，2.3.4 节利用可以解析表达引力场的偶极子模型提升部分搜索效率，并对这种方法的适用性进行了研究与说明。

2.2 小天体的形状熵

2.2.1 平面几何图形与圆

对于一个平面几何图形(图 2-1),本书主要比较它和圆形的差别。按照定义的极坐标可写为

$$p_s(\theta) = \frac{r_s(\theta)^2/2}{\int_0^{2\pi}(r_s(\theta)^2/2)\mathrm{d}\theta} \tag{2-2}$$

这是一个归一化的量,分母部分刻画了平面几何图形的面积,使得

$$\int_0^{2\pi} p_s \mathrm{d}\theta = 1 \tag{2-3}$$

于是,定义平面几何图形的形状熵为

$$S = -\int_0^{2\pi} p_s \log p_s \mathrm{d}\theta \tag{2-4}$$

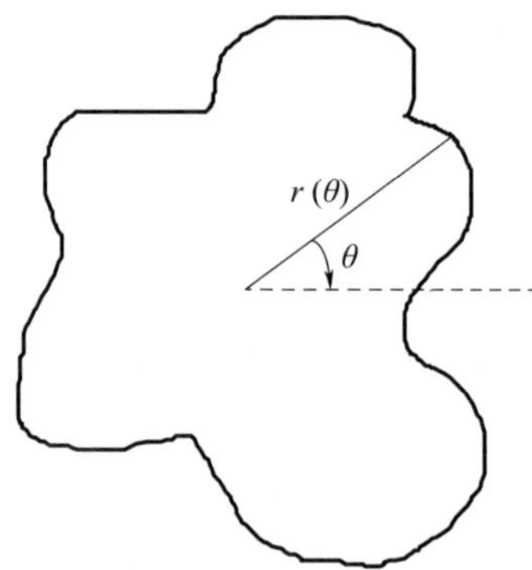

图 2-1 任意平面几何图形描述示意图

对于半径为 a 的圆,因为 $r_s(\theta) = a$,所以

$$p_s(\theta) = \frac{r_s(\theta)^2/2}{\int_0^{2\pi}(r_s(\theta)^2/2)\mathrm{d}\theta} = \frac{a^2/2}{\pi a^2} = \frac{1}{2\pi} \tag{2-5}$$

$$S = -\int_0^{2\pi} p_s \log(p_s)\mathrm{d}\theta = \log(2\pi) = 1.83788\cdots \tag{2-6}$$

按照这个思路,可以正多边形为例分别计算它们的形状熵并与式的结果进行比较。在图 2-2 中可以看到四种正多边形计算形状熵的示意图。

对于内接圆半径为 a 的正三角形,有

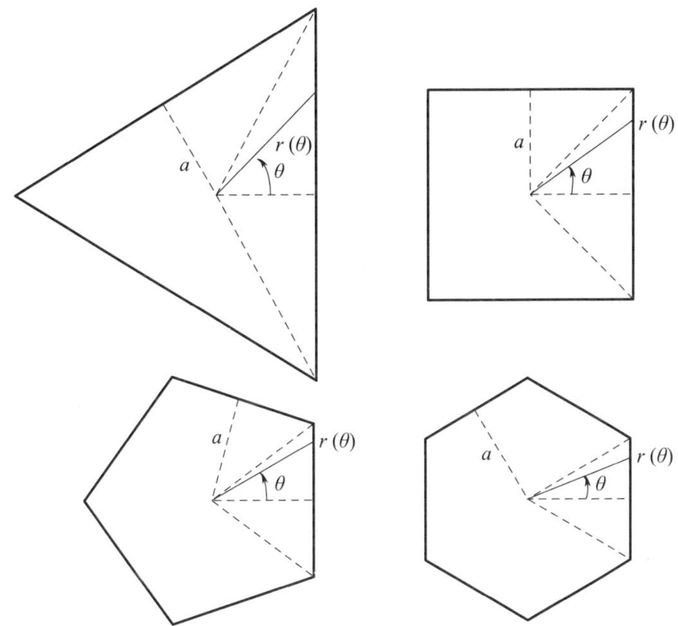

图 2－2　四种正多边形计算形状熵的示意图

$$r_s(\theta) = \frac{a}{\cos\theta}\left(\theta \in \left[-\frac{\pi}{3}, \frac{\pi}{3}\right]\right) \tag{2-7}$$

$$p_s(\theta) = \frac{r_s(\theta)^2/2}{3\int_{-\frac{\pi}{3}}^{\frac{\pi}{3}}(r_s(\theta)^2/2)\mathrm{d}\theta} = \frac{\frac{a^2}{2\cos^2\theta}}{6\sqrt{3}a^2} = \frac{1}{12\sqrt{3}\cos^2\theta} \tag{2-8}$$

$$S = -3\int_{-\frac{\pi}{3}}^{\frac{\pi}{3}} p_s \log p_s \mathrm{d}\theta = 1.74557\cdots \tag{2-9}$$

对于内接圆半径为 a 的正方形，有

$$r_s(\theta) = \frac{a}{\cos\theta}\left(\theta \in \left[-\frac{\pi}{4}, \frac{\pi}{4}\right]\right) \tag{2-10}$$

$$p_s(\theta) = \frac{r_s(\theta)^2/2}{4\int_{-\frac{\pi}{4}}^{\frac{\pi}{4}}(r_s(\theta)^2/2)\mathrm{d}\theta} = \frac{\frac{a^2}{2\cos^2\theta}}{4a^2} = \frac{1}{8\cos^2\theta} \tag{2-11}$$

$$S = -4\int_{-\frac{\pi}{4}}^{\frac{\pi}{4}} p_s \log(p_s)\mathrm{d}\theta = 1.81549\cdots \tag{2-12}$$

对于内接圆半径为 a 的正五边形，有

$$r_s(\theta)=\frac{a}{\cos\theta}\left(\theta\in\left[-\frac{\pi}{5},\frac{\pi}{5}\right]\right) \tag{2-13}$$

$$p_s(\theta)=\frac{r_s(\theta)^2/2}{5\int_{-\frac{\pi}{5}}^{\frac{\pi}{5}}(r_s(\theta)^2/2)\mathrm{d}\theta}=\frac{\dfrac{a^2}{2\cos^2\theta}}{5\times 2\sqrt{5-2\sqrt{5}}a^2} \tag{2-14}$$

$$S=-5\int_{-\frac{\pi}{5}}^{\frac{\pi}{5}}p_s\log p_s\mathrm{d}\theta=1.82964\cdots \tag{2-15}$$

对于内接圆半径为 a 的正六边形，有

$$r_s(\theta)=\frac{a}{\cos\theta}\left(\theta\in\left[-\frac{\pi}{6},\frac{\pi}{6}\right]\right) \tag{2-16}$$

$$p_s(\theta)=\frac{r_s(\theta)^2/2}{6\int_{-\frac{\pi}{6}}^{\frac{\pi}{6}}(r_s(\theta)^2/2)\mathrm{d}\theta}=\frac{\dfrac{a^2}{2\cos^2\theta}}{4\sqrt{3}a^2}=\frac{1}{8\sqrt{3}\cos^2\theta} \tag{2-17}$$

$$S=-6\int_{-\frac{\pi}{6}}^{\frac{\pi}{6}}p_s\log p_s\mathrm{d}\theta=1.83412\cdots \tag{2-18}$$

不难看出，形状熵的大小与描述几何体大小的 a 无关，而仅和形状有关，并且随着正 n 边形 n 的增加，S 的取值也越来越趋近圆形情况下的 $\log(2\pi)=1.83788\cdots$。实际上通过计算可以得到

$$\lim_{n\to+\infty}-n\int_{-\frac{\pi}{n}}^{\frac{\pi}{n}}\frac{\dfrac{a^2}{2\cos^2\theta}}{n\int_{-\frac{\pi}{n}}^{\frac{\pi}{n}}\left(\dfrac{a^2}{2\cos^2\theta}\right)\mathrm{d}\theta}\log\left\{\frac{\dfrac{a^2}{2\cos^2\theta}}{n\int_{-\frac{\pi}{n}}^{\frac{\pi}{n}}\left(\dfrac{a^2}{2\cos^2\theta}\right)\mathrm{d}\theta}\right\}\mathrm{d}\theta=$$

$$\lim_{n\to+\infty}-n\int_{-\frac{\pi}{n}}^{\frac{\pi}{n}}\left\{\frac{\sec^2\theta}{n\int_{-\frac{\pi}{n}}^{\frac{\pi}{n}}\sec^2\theta\mathrm{d}\theta}\log\left(\frac{\sec^2\theta}{n\int_{-\frac{\pi}{n}}^{\frac{\pi}{n}}\sec^2\theta\mathrm{d}\theta}\right)\right\}\mathrm{d}\theta=\log(2\pi) \tag{2-19}$$

从而在数学上可以说明按照式(2-2)、式(2-4)定义正 n 边形的形状熵数列 $\{S_n\}$ 在 n 趋于 $+\infty$ 时趋于 $\log 2\pi=1.83788\cdots$。

除了对正多边形进行推导外，本书对矩形和椭圆形也进行了推导与比较。对于长边为 $2a$、短边为 $2b$ 的矩形，式(2-2)~式(2-4)可以写成

$$r_s(\theta)=\begin{cases}\dfrac{a}{\cos\theta}(\theta\in[0,\arctan(b/a)])\\[2mm]\dfrac{b}{\sin\theta}\left(\theta\in\left[\arctan(b/a),\dfrac{\pi}{2}\right]\right)\end{cases} \tag{2-20}$$

$$p_s(\theta) = \frac{r_s(\theta)^2/2}{4\int_0^{\frac{\pi}{2}}(r_s(\theta)^2/2)\mathrm{d}\theta} = \begin{cases} \dfrac{a}{8b\cos^2\theta}(\theta \in [0, \arctan(1/a)]) \\ \dfrac{b}{8a\sin^2\theta}\left(\theta \in \left[\arctan(1/a), \dfrac{\pi}{2}\right]\right) \end{cases} \tag{2-21}$$

$$S = -4\int_0^{\frac{\pi}{2}} p_s \log p_s \mathrm{d}\theta \tag{2-22}$$

由式(2-20)、式(2-22)可以计算任意形状的矩形形状熵。例如，当 $a:b=3:1$ 时，可得

$$r_s(\theta) = \begin{cases} \dfrac{3b}{\cos\theta}(\theta \in [0, \arctan(1/3)]) \\ \dfrac{b}{\sin\theta}\left(\theta \in \left[\arctan(1/3), \dfrac{\pi}{2}\right]\right) \end{cases} \tag{2-23}$$

$$p_s(\theta) = \frac{r_s(\theta)^2/2}{4\int_0^{\frac{\pi}{2}}(r_s(\theta)^2/2)\mathrm{d}\theta} = \begin{cases} \dfrac{1}{4\cos^2\theta}(\theta \in [0, \arctan(1/3)]) \\ \dfrac{1}{36\sin^2\theta}\left(\theta \in \left[\arctan(1/3), \dfrac{\pi}{2}\right]\right) \end{cases} \tag{2-24}$$

$$S = -4\int_0^{\frac{\pi}{2}} p_s \log p_s \mathrm{d}\theta = 1.49387\cdots \tag{2-25}$$

当 $a:b=2:1$ 时，可得

$$S = -4\int_0^{\frac{\pi}{2}} p_s \log p_s \mathrm{d}\theta = 1.68228\cdots \tag{2-26}$$

当 $a:b=1.5:1$ 时，可得

$$S = -4\int_0^{\frac{\pi}{2}} p_s \log p_s \mathrm{d}\theta = 1.76905\cdots \tag{2-27}$$

当 $a:b$ 趋于 1:1 时，S 趋于正方形的熵 1.81549…，熵的大小与矩形的大小无关，仅和形状有关，这符合一般认知。

对于长轴为 $2a$、短轴为 $2b$ 的椭圆，式(2-2)~式(2-4)可以写成

$$r_s(\theta) = \frac{ab}{\sqrt{b^2\cos^2\theta + a^2\sin^2\theta}} \tag{2-28}$$

$$p_s(\theta) = \frac{r_s(\theta)^2/2}{\int_0^{\pi}(r_s(\theta)^2/2)\mathrm{d}\theta} = \frac{ab}{2\pi(b^2\cos^2\theta + a^2\sin^2\theta)} \tag{2-29}$$

$$S = -\int_0^{2\pi} p_s \log p_s \mathrm{d}\theta \tag{2-30}$$

需要注意的是,式(2-28)并非椭圆的参数方程。

按照式(2-28)~式(2-30),可以计算任意形状椭圆的形状熵。例如,当$a:b=3:1$时,有

$$S=-\int_0^{2\pi}p_s\log p_s\mathrm{d}\theta=1.55019\cdots \tag{2-31}$$

当$a:b=2:1$时,有

$$S=-\int_0^{2\pi}p_s\log p_s\mathrm{d}\theta=1.72009\cdots \tag{2-32}$$

当$a:b=1.5:1$时,有

$$S=-\int_0^{2\pi}p_s\log p_s\mathrm{d}\theta=1.79706\cdots \tag{2-33}$$

当$a:b$趋于1:1时,S趋于圆的形状熵1.83788…。同样地,熵的大小与椭圆的大小无关,仅和形状有关,这也符合一般认知。

对比式(2-25)~式(2-27)和式(2-31)~式(2-33)还可以发现,同样长短轴比的矩形和椭圆进行对比,椭圆的形状更接近圆,这同样符合一般认知。因此用式(2-2)~式(2-4)定义的熵描述比较二维图形形状与圆之间的差距是合理的。

2.2.2 空间几何图形与球

本节把描述方法从二维扩展到三维,即比较一个空间几何图形和球的差别。在三维空间中用图2-3所示的球坐标描述空间几何图形。

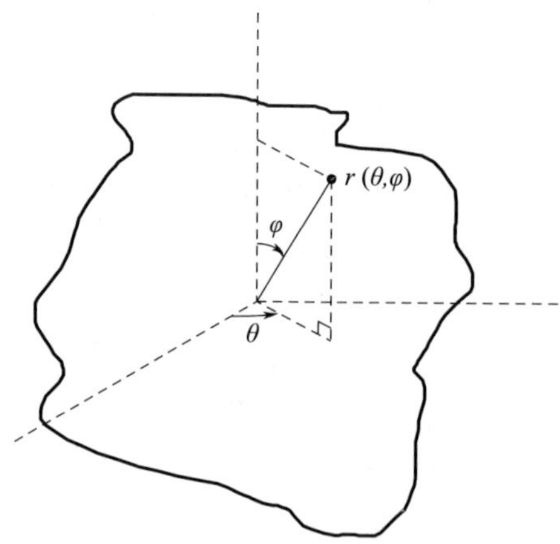

图2-3 任意空间几何图形描述

与2.2.1节类似,对空间几何图形可以写出

$$p_s(\theta,\varphi) = \frac{\sin\varphi\ r_s(\theta,\varphi)^3/3}{\int_0^{2\pi}\int_0^{\pi}(r_s(\theta,\varphi)^3/3)\sin\varphi \mathrm{d}\varphi \mathrm{d}\theta} \tag{2-34}$$

这是一个归一化的量,分母部分刻画了空间几何图形的面积,使得

$$\int_0^{2\pi}\int_0^{\pi} p_s(\theta,\varphi)\mathrm{d}\varphi \mathrm{d}\theta = 1 \tag{2-35}$$

于是,定义空间几何图形的熵为

$$S = -\int_0^{2\pi}\int_0^{\pi} p_s(\theta,\varphi)\log p_s(\theta,\varphi)\mathrm{d}\varphi \mathrm{d}\theta \tag{2-36}$$

首先计算半径 $r_s(\theta,\varphi)=a$ 的球,这种情况下,式(2-34)转化为

$$p_s(\theta,\varphi) = \frac{\sin\varphi\ r_s(\theta,\varphi)^3/3}{\int_0^{2\pi}\int_0^{\pi}(r_s(\theta,\varphi)^3/3)\sin\varphi \mathrm{d}\varphi \mathrm{d}\theta} = \frac{\sin\varphi\ a^3/3}{4\pi a^3/3} = \frac{\sin\varphi}{4\pi} \tag{2-37}$$

按照式(2-36)计算可得

$$S = -\int_0^{2\pi}\int_0^{\pi} p_s(\theta,\varphi)\log p_s(\theta,\varphi)\mathrm{d}\varphi \mathrm{d}\theta = \log 2\pi + 1 = 2.83788\cdots \tag{2-38}$$

接下来依次推导正四面体、正六面体和正八面体的熵。对于正四面体,根据对称性取其 1/24 的部分,如图 2-4 所示,可以推导出

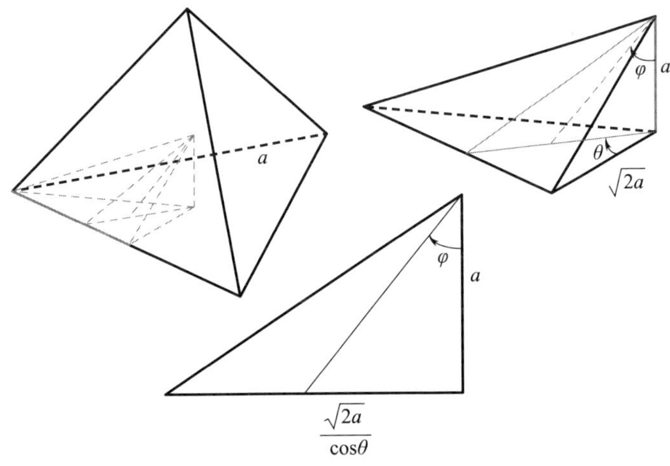

图 2-4 正四面体示意图

$$r_s(\theta,\varphi) = \frac{a}{\cos\varphi}\left(\theta \in \left[0,\frac{\pi}{3}\right], \varphi \in \left[0, \arctan\left(\frac{\sqrt{2}}{\cos\theta}\right)\right]\right) \tag{2-39}$$

$$p_s(\theta,\varphi) = \frac{\sin\varphi r_s(\theta,\varphi)^3/3}{24\int_0^{\frac{\pi}{3}}\int_0^{\arctan\left[\frac{\sqrt{2}}{\cos\theta}\right]}(r_s(\theta,\varphi)^3/3)\sin\varphi \mathrm{d}\varphi \mathrm{d}\theta}$$

$$= \frac{\sin\varphi a^3/3/\cos^3\varphi}{8\sqrt{3}a^3} = \frac{\sin\varphi}{24\sqrt{3}\cos^3\varphi} \tag{2-40}$$

$$S = -24\int_0^{\frac{\pi}{3}}\int_0^{\arctan\left[\frac{\sqrt{2}}{\cos\theta}\right]} p_s(\theta,\varphi)\log p_s(\theta,\varphi)\mathrm{d}\varphi \mathrm{d}\theta = 2.60889\cdots \tag{2-41}$$

对于棱长为 $2a$ 的正六面体，如图 2－5 所示，根据对称性取其 1/8 的部分，在这部分中，表面的点到正六面体形心的距离可以根据 θ 与 φ 的取值范围分四部分表示为

$$r_s(\theta,\varphi) = \begin{cases} \dfrac{a}{\cos\varphi}\left(\theta\in\left[0,\dfrac{\pi}{4}\right],\varphi\in[0,\arctan(\cos\theta)]\right) \\ \dfrac{a}{\cos\theta\sin\varphi}\left(\theta\in\left[0,\dfrac{\pi}{4}\right],\varphi\in\left[\arctan(\cos\theta),\dfrac{\pi}{2}\right]\right) \\ \dfrac{a}{\cos\varphi}\left(\theta\in\left[\dfrac{\pi}{4},\dfrac{\pi}{2}\right],\varphi\in[0,\arctan(\sin\theta)]\right) \\ \dfrac{a}{\sin\theta\sin\varphi}\left(\theta\in\left[\dfrac{\pi}{4},\dfrac{\pi}{2}\right],\varphi\in\left[\arctan(\sin\theta),\dfrac{\pi}{2}\right]\right) \end{cases} \tag{2-42}$$

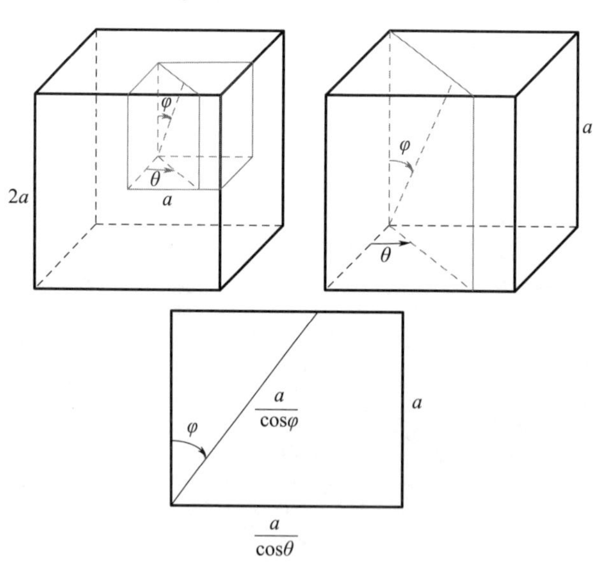

图 2－5　正六面体示意图

随后根据

$$p_s(\theta,\varphi) = \frac{r_s^3(\theta,\varphi)\sin\varphi}{24a^3} \tag{2-43}$$

求出

$$S=-8\int_0^{\frac{\pi}{2}}\int_0^{\frac{\pi}{2}}p_s(\theta,\varphi)\log p_s(\theta,\varphi)\mathrm{d}\varphi\mathrm{d}\theta=2.73379\cdots \tag{2-44}$$

对于棱长为 $2a$ 的正八面体，如图 2-6 所示，根据对称性取其 1/8 的部分，在这部分中，利用正弦定理和余弦定理，原正八面体表面的点到形心的距离可以表示为

$$r_s(\theta,\varphi)=\frac{\sqrt{2}a}{\cos\varphi+\sqrt{2}\cos\theta\sin\varphi}\left(\theta\in\left[-\frac{\pi}{4},\frac{\pi}{4}\right],\varphi\in\left[0,\frac{\pi}{2}\right]\right) \tag{2-45}$$

于是式(2-34)可转化为

$$\begin{aligned}p_s(\theta,\varphi)&=\frac{\sin\varphi\ r_s(\theta,\varphi)^3/3}{8\int_{-\frac{\pi}{4}}^{\frac{\pi}{4}}\int_0^{\frac{\pi}{2}}(r_s(\theta,\varphi)^3/3)\sin\varphi\mathrm{d}\varphi\mathrm{d}\theta}\\&=\frac{\sin\varphi r_s(\theta,\varphi)^3/3}{8\sqrt{3}a^3/3}=\frac{\sin\varphi\ r_s(\theta,\varphi)^3}{8\sqrt{3}a^3}\end{aligned} \tag{2-46}$$

由此计算得到

$$S=-8\int_{-\frac{\pi}{4}}^{\frac{\pi}{4}}\int_0^{\frac{\pi}{2}}p_s(\theta,\varphi)\log p_s(\theta,\varphi)\mathrm{d}\varphi\mathrm{d}\theta=2.82407\cdots \tag{2-47}$$

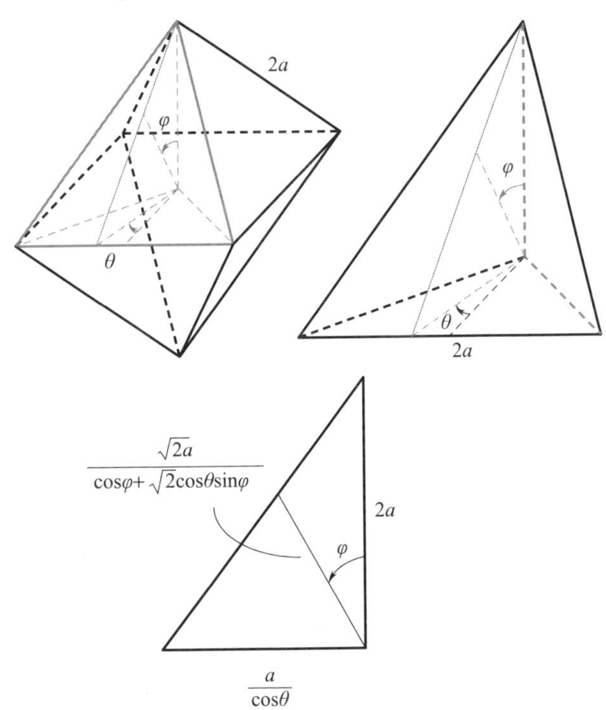

图 2-6　正八面体示意图

不难看出，熵的大小与形状大小 a 无关，仅和形状有关，并且随着正 n 面体 n 的增加，S 的取值也越来越趋近球情况下的 $\log 2\pi+1=2.83788\cdots$。

除了对正多面体进行推导外，本书对长方体和三轴椭球也进行了推导与比较。对于棱长分别为 $2a$、$2b$、$2c$ 的长方体（$a>b>c$），可以推导出：

$$r_s(\theta,\varphi)=\begin{cases}\dfrac{c}{\cos\varphi}\left(\theta\in\left[0,\arctan\left(\dfrac{a}{b}\right)\right],\varphi\in\left[0,\arctan\left(\dfrac{c}{b}\cos\theta\right)\right]\right)\\ \dfrac{b}{\cos\theta\sin\varphi}\left(\theta\in\left[0,\arctan\left(\dfrac{a}{b}\right)\right],\varphi\in\left[\arctan\left(\dfrac{c}{b}\cos\theta\right),\dfrac{\pi}{2}\right]\right)\\ \dfrac{c}{\cos\varphi}\left(\theta\in\left[\arctan\left(\dfrac{a}{b}\right),\dfrac{\pi}{2}\right],\varphi\in\left[0,\arctan\left(\dfrac{c}{a}\sin\theta\right)\right]\right)\\ \dfrac{a}{\sin\theta\sin\varphi}\left(\theta\in\left[\arctan\left(\dfrac{a}{b}\right),\dfrac{\pi}{2}\right],\varphi\in\left[\arctan\left(\dfrac{c}{a}\sin\theta\right),\dfrac{\pi}{2}\right]\right)\end{cases}\tag{2-48}$$

随后根据

$$\begin{aligned}p_s(\theta,\varphi)&=\frac{r_s^{\,3}(\theta,\varphi)\sin\varphi}{24abc}\\&=\begin{cases}\dfrac{c^2\sin\varphi}{24ab\cos^3\varphi}\left(\theta\in\left[0,\arctan\left(\dfrac{a}{b}\right)\right],\varphi\in\left[0,\arctan\left(\dfrac{c}{b}\cos\theta\right)\right]\right)\\ \dfrac{b^2}{24ac\cos^3\theta\sin^2\varphi}\left(\theta\in\left[0,\arctan\left(\dfrac{a}{b}\right)\right],\varphi\in\left[\arctan\left(\dfrac{c}{b}\cos\theta\right),\dfrac{\pi}{2}\right]\right)\\ \dfrac{c^2\sin\varphi}{24ab\cos^3\varphi}\left(\theta\in\left[\arctan\left(\dfrac{a}{b}\right),\dfrac{\pi}{2}\right],\varphi\in\left[0,\arctan\left(\dfrac{c}{a}\sin\theta\right)\right]\right)\\ \dfrac{a^2}{24bc\sin^3\theta\sin^2\varphi}\left(\theta\in\left[\arctan\left(\dfrac{a}{b}\right),\dfrac{\pi}{2}\right],\varphi\in\left[\arctan\left(\dfrac{c}{a}\sin\theta\right),\dfrac{\pi}{2}\right]\right)\end{cases}\end{aligned}\tag{2-49}$$

求出：

$$S=-8\int_0^{\frac{\pi}{2}}\int_0^{\frac{\pi}{2}}p_s(\theta,\varphi)\log p_s(\theta,\varphi)\,\mathrm{d}\varphi\mathrm{d}\theta\tag{2-50}$$

由式（2-48）~式（2-50）可以计算任意形状的长方体形状熵。例如，当 $a:b:c=3:2:1$ 时，可得

$$S=-8\int_0^{\frac{\pi}{2}}\int_0^{\frac{\pi}{2}}p_s(\theta,\varphi)\log p_s(\theta,\varphi)\,\mathrm{d}\varphi\mathrm{d}\theta=2.15642\cdots\tag{2-51}$$

当 $a:b:c=2:2:1$ 时，可得

$$S=-8\int_0^{\frac{\pi}{2}}\int_0^{\frac{\pi}{2}}p_s(\theta,\varphi)\log p_s(\theta,\varphi)\,\mathrm{d}\varphi\mathrm{d}\theta=2.37094\cdots\tag{2-52}$$

当 $a:b:c=4:3:2$ 时，可得

$$S = -8\int_0^{\frac{\pi}{2}}\int_0^{\frac{\pi}{2}} p_s(\theta,\varphi)\log p_s(\theta,\varphi)\,\mathrm{d}\varphi\mathrm{d}\theta = 2.43230\cdots \tag{2-53}$$

图 2-7 给出了假设 $c=1$ 时，不同 a 和 b 组合计算出的长方体形状熵的数值。当 $a:b:c$ 趋于 1:1:1 时，式(2-48)退化为式(2-42)，S 趋于正六面体的形状熵 2.73379…，形状熵的大小与长方体的大小无关，仅和形状有关，这符合人们的一般认知。

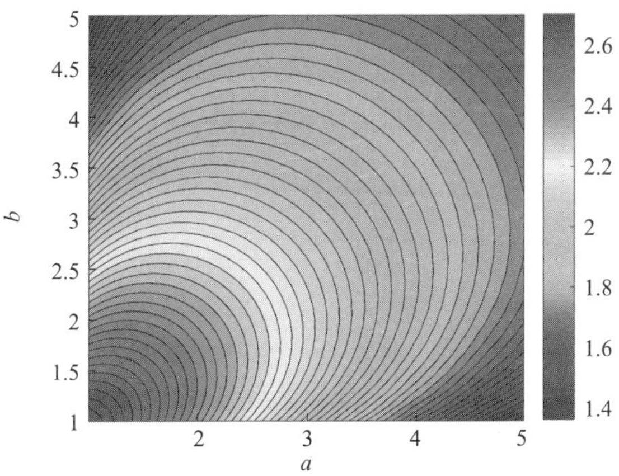

图 2-7　不同棱长比的长方体形状熵

对于 3 个轴长分别 $2a$、$2b$、$2c$ 的椭球($a>b>c$)，可以推导出

$$r_s(\theta,\varphi) = \frac{abc}{\sqrt{b^2c^2\cos^2\varphi\sin^2\theta + a^2c^2\sin^2\varphi\sin^2\theta + a^2b^2\cos^2\varphi}} \tag{2-54}$$

$$p_s(\theta,\varphi) = \frac{\sin\varphi\, r_s(\theta,\varphi)^3/3}{\int_0^{2\pi}\int_0^{\pi}(r_s(\theta,\varphi)^3/3)\sin\varphi\,\mathrm{d}\varphi\mathrm{d}\theta} = \frac{\sin\varphi\, r_s(\theta,\varphi)^3/3}{4\pi abc/3} = \frac{\sin\varphi\, r_s(\theta,\varphi)^3}{4\pi abc} \tag{2-55}$$

$$S = -\int_0^{2\pi}\int_0^{\pi} p_s\log p_s\,\mathrm{d}\varphi\mathrm{d}\theta \tag{2-56}$$

与式(2-28)类似，式(2-54)也不是椭球的参数方程。

由式(2-54)~式(2-56)可以计算任意形状椭球的形状熵。例如，当 $a:b:c=3:2:1$ 时，可得

$$S = -8\int_0^{\frac{\pi}{2}}\int_0^{\frac{\pi}{2}} p_s(\theta,\varphi)\log p_s(\theta,\varphi)\,\mathrm{d}\varphi\mathrm{d}\theta = 2.29111\cdots \tag{2-57}$$

当 $a:b:c=2:2:1$ 时，可得

$$S = -8\int_0^{\frac{\pi}{2}}\int_0^{\frac{\pi}{2}} p_s(\theta,\varphi)\log p_s(\theta,\varphi)\,\mathrm{d}\varphi\mathrm{d}\theta = 2.48964\cdots \tag{2-58}$$

当 $a:b:c=4:3:2$ 时,可得

$$S=-8\int_0^{\frac{\pi}{2}}\int_0^{\frac{\pi}{2}}p_s(\theta,\varphi)\log p_s(\theta,\varphi)\,\mathrm{d}\varphi\mathrm{d}\theta=2.55064\cdots \tag{2-59}$$

图 2-8 给出了假设 $c=1$ 时,不同 a 和 b 组合计算出的椭球形状熵的数值。当 $a:b:c$ 趋于 $1:1:1$ 时,式(2-54)退化为球的公式,S 趋于球的形状熵 $\log 2\pi+1=2.83788\cdots$,熵的大小与椭球的大小无关,仅和形状有关,这符合人们的一般认知。

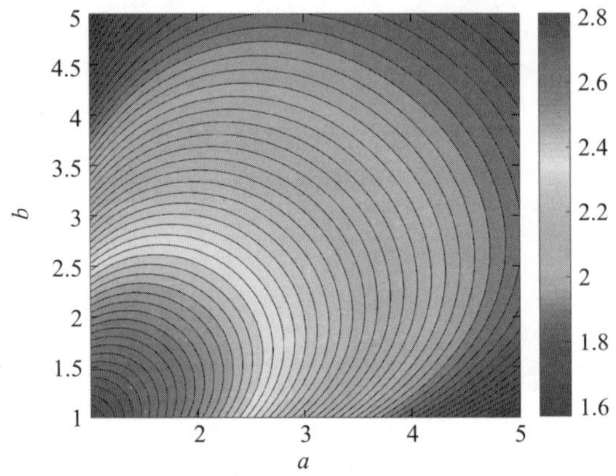

图 2-8　不同轴长比椭球的形状熵

对比式(2-51)~式(2-53)和式(2-57)~式(2-59)的结果还可以发现,同样轴/棱长比的长方体和椭球进行对比,椭球的形状更接近球,通过对 $c=1$ 时,不同 a 和 b 的组合计算出的椭球与长方体形状熵的差的计算得到图 2-9,可以看到当形状接近细长时,椭球与长方体的形状的差更大;当形状接近扁平

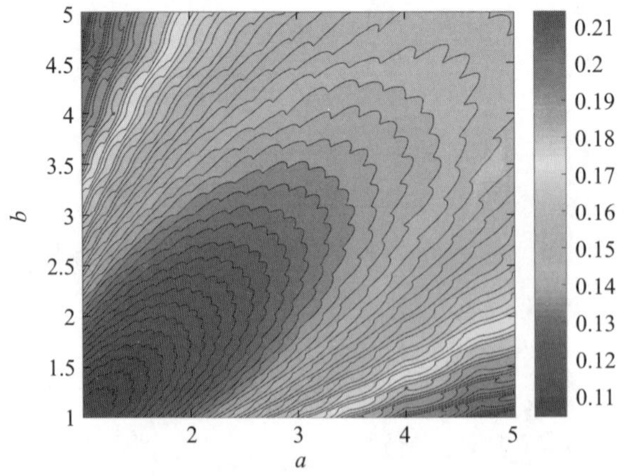

图 2-9　(见彩图)椭球与长方体形状熵的差

时，椭球与长方体的形状的差相对减小；当轴/棱长比为 1∶1∶1 时，二者形状差距最小。这同样符合人们的一般认知。因此用这里定义的熵描述比较空间几何图形形状与球之间的差距是合理的。

2.2.3　小天体的多面体模型与等体积均质球

对于多面体模型与等体积均质球的比较，由于多面体模型是点－面模型，重新定义

$$p_s^n = \frac{r_s^n}{\sum_{n=1}^{N} r_s^n} \tag{2-60}$$

式中：r_s^n 为多面体第 n 个顶点到质心的距离；N 为多面体的顶点总数。

这是一个归一化的量，分母部分是所有顶点到质心距离的和，使得

$$\sum_{n=1}^{N} p_s^n = 1 \tag{2-61}$$

继而定义多面体模型的熵为

$$S = -\sum_{n=1}^{N} p_s^n \log p_s^n - \log N \tag{2-62}$$

式(2－62)后面减去 $\log N$ 可以消除由不同多面体模型顶点数量不同造成的影响。当每个点距离质心距离相同时，式(2－62)转化为

$$S = -\sum_{n=1}^{N} \frac{1}{N}\log\frac{1}{N} - \log N = \log N - \log N = 0 \tag{2-63}$$

因此，通过比较 S 的大小可以对多面体模型与等体积均质球的形状进行对比。

按照式(2－62)计算了部分小天体多面体模型的形状熵 S，并在表 2－1 中按照 S 从大到小的顺序列出。同时还列出了按照式(2－1)计算得到的 ρ 值。可以看到前 8 颗小天体虽然形状熵差别不大，但是 ρ 值跨度很大。这从图 2－10 中可以更加清晰地看到：1～4 号点所对应的 4 颗小天体最靠右，形状接近球体，而 5～8 号点所对应的 4 颗小天体虽然形状和球体有一定差别，但是与左侧9～12 号点所对应的细长型小天体的形状有明显区别。仅以式(2－1)计算得到的 ρ 值无法很好地描述形状：当小天体 3 个主轴惯量比较接近时，外观近似的小天体 ρ 值相差极大，如编号 1～4 的 4 颗小天体；而 ρ 值接近的小天体外观形状也可能相差极大，如 6 号和 8 号小天体与 9～12 号小天体(图 2－11)。而借助式(2－63)可以对多面体模型与等体积球均质球的形状进行比较，与式(2－1)相结合可以更好地描述小天体的形状。

表 2-1 部分小天体多面体模型形状熵

小天体名称	形状熵 S	多面体顶点数/个	多面体面数/面	由式(2-1)计算所得 ρ
1998 ML_{14}	-0.001118600	8162	16320	0.877608
贝努星	-0.001171272	1348	2692	0.320574
1998 KY_{26}	-0.001469927	2048	4092	0.823293
灶神星	-0.003386096	2522	5040	0.165797
坦普尔 1 号彗星	-0.008419353	16022	32040	0.779807
格勒夫卡星	-0.011491285	2048	4092	0.964472
埃格尔星(3103 Eger)	-0.013905315	997	1990	0.648360
加斯普拉星	-0.019957635	2522	5040	0.914083
卡斯塔利亚星(4769 Castalia)	-0.028763986	2048	4092	0.896695
酒神星(2063 Bacchus)	-0.034839183	2048	4092	0.986248
糸川星	-0.039069503	25350	49152	0.932418
哈雷彗星	-0.039881773	2522	5040	0.934006
地理星	-0.042576975	8192	16380	0.942497
4486 Mithra	-0.049464462	3000	5996	0.860466
1996 HW_1	-0.057551792	1392	2780	0.973871
爱神星	-0.060992619	99846	196608	0.978736
艳后星	-0.074191101	2048	4092	0.990365
艾女星	-0.085757437	2522	5040	0.883693
哈特雷 2 号彗星	-0.098676873	16022	32040	0.975002

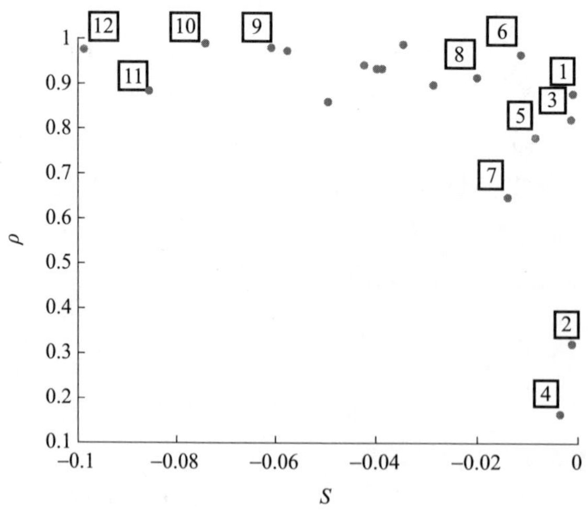

图 2-10 部分小天体形状熵 S 和 ρ 值分布

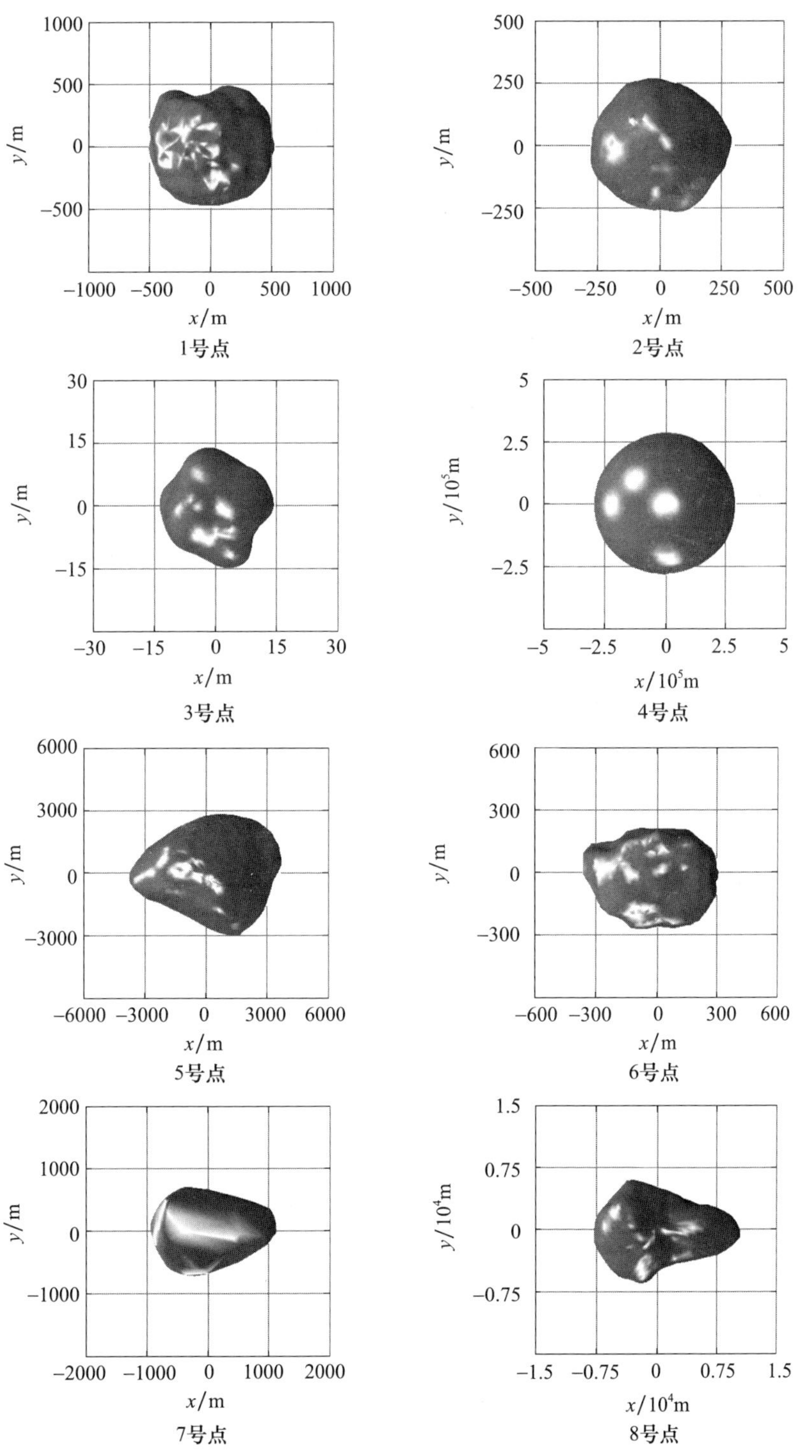
1000
500
0
−500
−1000 −500 0 500 1000
y/m
x/m
1号点
500
250
0
−250
−500 −250 0 250 500
y/m
x/m
2号点
30
15
0
−15
−30 −15 0 15 30
y/m
x/m
3号点
5
2.5
0
−2.5
−5 −2.5 0 2.5 5
y/10^5m
x/10^5m
4号点
6000
3000
0
−3000
−6000 −3000 0 3000 6000
y/m
x/m
5号点
600
300
0
−300
−600 −300 0 300 600
y/m
x/m
6号点
2000
1000
0
−1000
−2000 −1000 0 1000 2000
y/m
x/m
7号点
1.5
0.75
0
−0.75
−1.5 −0.75 0 0.75 1.5
y/10^4m
x/10^4m
8号点

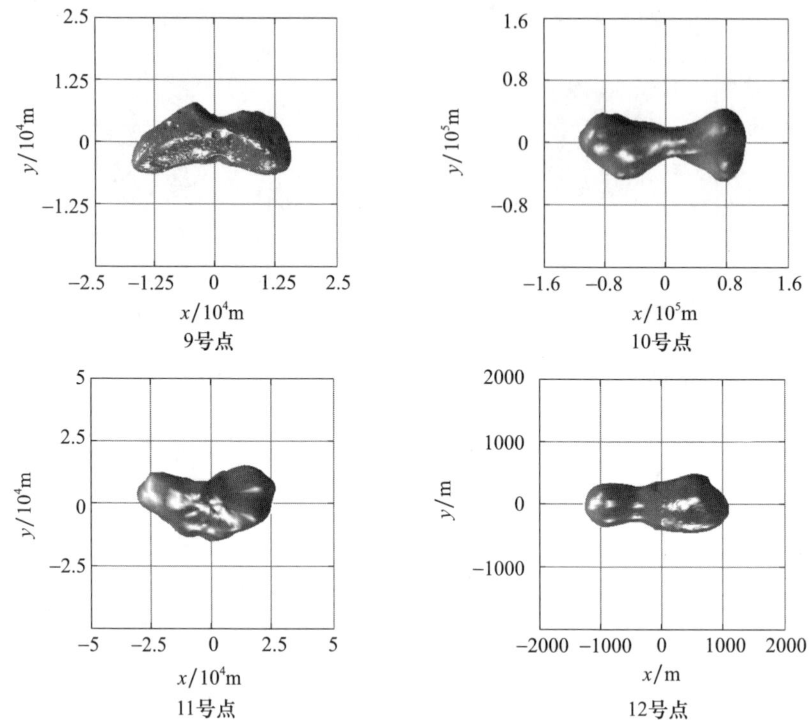

图 2－11　图 2－10 中 1～12 号点所对应的小天体多面体模型（从左至右，从上至下）

2.3　周期轨道的搜索方法

2.3.1　小天体附近的质点运动方程

若单位质量质点在任意小天体引力场中运动，且其运动范围在式（1－2）求出的影响球半径 R_1 范围内，可以认为其运动主要受小天体引力影响，同时受到太阳引力摄动。首先不考虑太阳引力影响，推导小天体附近的质点运动方程。在图 2－12 所示的小天体坐标系示意图中，包含了两个坐标系。

（1）质心惯性坐标系 $OXYZ$，以小天体质心为原点，以黄道面为 XOY 平面，以 J2000.0 春分点为 X 轴正方向，Z 轴与 X 轴、Y 轴形成右手系。

（2）质心本体坐标系 $Oxyz$，以小天体质心为原点，x 轴、y 轴和 z 轴分别指向小天体的最小惯量主轴、中间惯量主轴和最大惯量主轴，并形成右手系。

本体坐标系的 z 轴指向在惯性坐标系中可以用一组黄经黄纬（δ,β）来表示，若已知小天体的自转轴指向和自转速度，则任意矢量在本体系和惯性坐标系中的坐标表示可以由旋转变换相互转换。本体系可以看成惯性系先绕 Z 轴旋转 δ,然后绕 Y 轴旋转 $90° - \beta$,最后再绕 Z 轴自转而得。

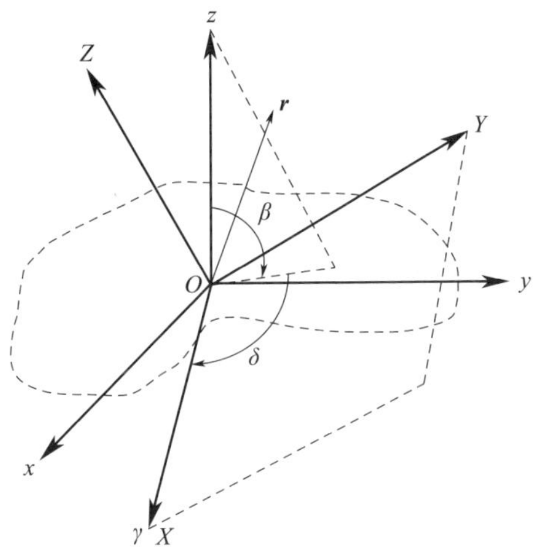

图 2 - 12　小天体坐标系示意图

$OXYZ$—惯性坐标系;$Oxyz$—本体坐标系。

在本体系中,设 $\boldsymbol{r}$ 为质点的位置矢量,$\boldsymbol{\omega}$ 为小天体角速度矢量,$\boldsymbol{\varepsilon}$ 为小天体角加速度矢量,那么具有单位质量的质点运动方程可以写为

$$\ddot{\boldsymbol{r}} + 2\boldsymbol{\omega} \times \dot{\boldsymbol{r}} + \boldsymbol{\omega} \times (\boldsymbol{\omega} \times \boldsymbol{r}) + \boldsymbol{\varepsilon} \times \boldsymbol{r} = -\nabla U(\boldsymbol{r}) \tag{2-64}$$

因为太阳系大部分小天体均绕惯量主轴旋转且角速度变化缓慢[7],因此对于本书研究时间尺度的轨道运动,可以设 $\boldsymbol{\varepsilon} = \boldsymbol{0}$,从而将式(2 - 64)写为

$$\ddot{\boldsymbol{r}} + 2\boldsymbol{\omega} \times \dot{\boldsymbol{r}} + \boldsymbol{\omega} \times (\boldsymbol{\omega} \times \boldsymbol{r}) = -\nabla U(\boldsymbol{r}) \tag{2-65}$$

且 $\boldsymbol{\omega}$ 与 z 轴同向。可以看到等号左边离心力也仅与位置矢量 $\boldsymbol{r}$ 有关,因此定义有效势

$$V(\boldsymbol{r}) = -\frac{1}{2}(\boldsymbol{\omega} \times \boldsymbol{r}) \cdot (\boldsymbol{\omega} \times \boldsymbol{r}) + U(\boldsymbol{r}) \tag{2-66}$$

从而将式(2 - 65)写成

$$\ddot{\boldsymbol{r}} + 2\boldsymbol{\omega} \times \dot{\boldsymbol{r}} = -\nabla V(\boldsymbol{r}) \tag{2-67}$$

其对应的标量形式方程为

$$\begin{cases} \ddot{x} - 2\boldsymbol{\omega}\dot{y} = -\dfrac{\partial V}{\partial x} \\ \ddot{y} + 2\boldsymbol{\omega}\dot{x} = -\dfrac{\partial V}{\partial y} \\ \ddot{z} = -\dfrac{\partial V}{\partial z} \end{cases} \tag{2-68}$$

如果引入状态变量 $\boldsymbol{x}^{\mathrm{T}}=[\boldsymbol{r}^{\mathrm{T}},\boldsymbol{v}^{\mathrm{T}}]$，则可以把系统写成自治系统：

$$\dot{\boldsymbol{x}}=\boldsymbol{f}(\boldsymbol{x}) \tag{2-69}$$

通过引入正则共轭变量并写出方程的哈密顿形式以及哈密顿函数，可以推导出系统式存在一个广义能量积分：

$$C=\frac{1}{2}\dot{\boldsymbol{r}}\cdot\dot{\boldsymbol{r}}+V(\boldsymbol{r}) \tag{2-70}$$

称此积分为雅可比积分，曲面 $C=V(\boldsymbol{r})$ 为零速度面。当使用多面体模型时，上述方程中的 $U(\boldsymbol{r})$ 和 $\nabla U(\boldsymbol{r})$ 分别为式(1-7)和式(1-8)中的引力势和引力。

本书采用分层网格搜索法[1]计算小天体附近的周期轨道。该算法改进自搜索平面限制性三体问题周期轨道的网格搜索法，主要分为四步：

第一步是重新选择一组参数空间。通过引入一个过本体坐标系 $Oxyz$ 原点 O，且与周期轨道垂直相交的庞加莱截面，选择一组描述周期轨道的参数，并给出新参数与位置、速度参数的映射。新参数分别为描述庞加莱截面法方向(周期轨道与截面交点的速度方向)在本体系中方位的球坐标(θ,φ)，描述周期轨道与截面交点在截面上位置的坐标(u,v)，雅可比积分 C。这样选择参数可以降低参数空间维数，便于确定参数搜索范围，以及减少不同参数组合之间的重复。

第二步是粗略搜索可能形成周期轨道的初值。根据小天体附近不同雅可比积分值确定的运动可达域，给出一个合理猜测的雅可比积分值 C，随后对 θ、φ、u、v 四个参数进行网格划分，其中球坐标 $\theta\in[-\pi,\pi]$，$\varphi\in[-\pi/2,\pi/2]$，u 和 v 的取值范围参照式(1-2)和式(1-3)求得的小天体引力范围确定。在这一步中根据 θ、φ、u、v 的值可以计算得到在轨道与截面交点处的有效势 V。如果通过式(1-11)判断出交点位置位于小天体内部(对于多面体模型)或者该位置属于雅可比积分 C 的不可达域($V>C$)，那么直接淘汰该组参数不做处理；如果该点位于可达域但轨道是逃逸轨道(轨道能量大于0)，则也不做处理。对于通过上述两条筛选的参数，按照第一步所建立的映射推回对应的轨道初值 $\boldsymbol{x}_0^{\mathrm{T}}=[\boldsymbol{r}_0^{\mathrm{T}},\boldsymbol{v}_0^{\mathrm{T}}]$ 进行积分，设当轨道第 N 次与截面相交时轨道状态为 $\boldsymbol{x}_N$，那么对于 N 重周期轨道理论上应有

$$\boldsymbol{x}_{\mathrm{res}}=\boldsymbol{x}_N-\boldsymbol{x}_0=\boldsymbol{0} \tag{2-71}$$

实际程序中一般选取一阈值 ε，对满足 $\|\boldsymbol{x}_{\mathrm{res}}\|<\varepsilon$ 的初值进行第三步操作。本书中一般选取 $\varepsilon=1.0\times10^{-3}$ 作为阈值[1]。图2-13给出了本步程序流程图。

第三步是对经第二步检验可能形成周期轨道的初值进行局部迭代从而提高初值精度。利用修正 Powell 混合法[8]求解反映轨道是周期轨道的方程

$$\boldsymbol{x}_0=\boldsymbol{x}(T;\boldsymbol{x}_0) \tag{2-72}$$

得到一个周期解 $\boldsymbol{x}^*$。式(2-72)同时对时间 T 和6个状态量进行迭代，是一个七维方程。如果初值不够准确使得上述方程收敛结果不佳，可以允许雅可

比积分 C 变化,从而放宽局部迭代收敛域。

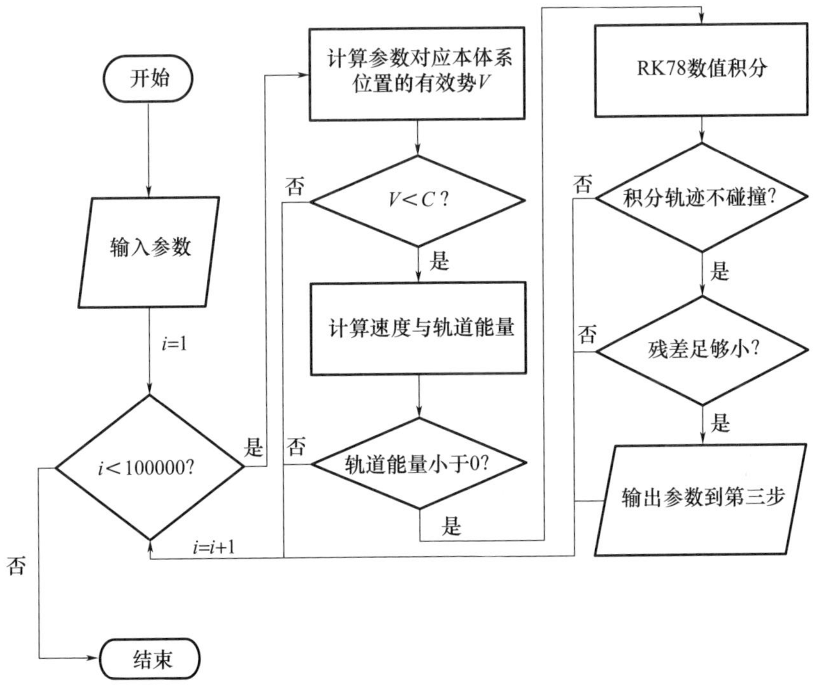

图 2 - 13　粗略搜索周期轨道初值程序流程图

第四步是对周期解进行延拓。庞加莱认为,对于限制性三体问题,任给一条周期轨道,在其相空间内任意小邻域中均存在周期轨道。这一猜想虽未被证明,但是有许多研究的结果支持这一结论[9]。考虑到该系统与限制性三体系统运动的相似性,且周期轨道连续依赖雅可比积分 C,可以沿雅可比积分在相空间最速变化方向

$$\boldsymbol{\xi} = \frac{\partial C}{\partial \boldsymbol{x}} = \begin{bmatrix} \nabla V \\ \dot{\boldsymbol{r}} \end{bmatrix} \tag{2-73}$$

改变原周期轨道初值使得

$$\boldsymbol{x}_0^{i+1} = \boldsymbol{x}_0^i + \varepsilon \hat{\boldsymbol{\xi}} \tag{2-74}$$

再将 $\boldsymbol{x}_0^{i+1}$ 作为初值,计算出新的 C,代入第三步迭代得到新周期轨道初值。以此类推,从而得到 C 在一定区间范围内的周期轨道族。图 2 - 14 给出了第三步和第四步的程序流程图。

由此得到了本书所用于搜索周期轨道的一般方法。对于第二步得到的初值,如果不经过第三步的修正直接积分,通常会得到拟周期轨道,本书第 4 章会对拟周期轨道进行分析。

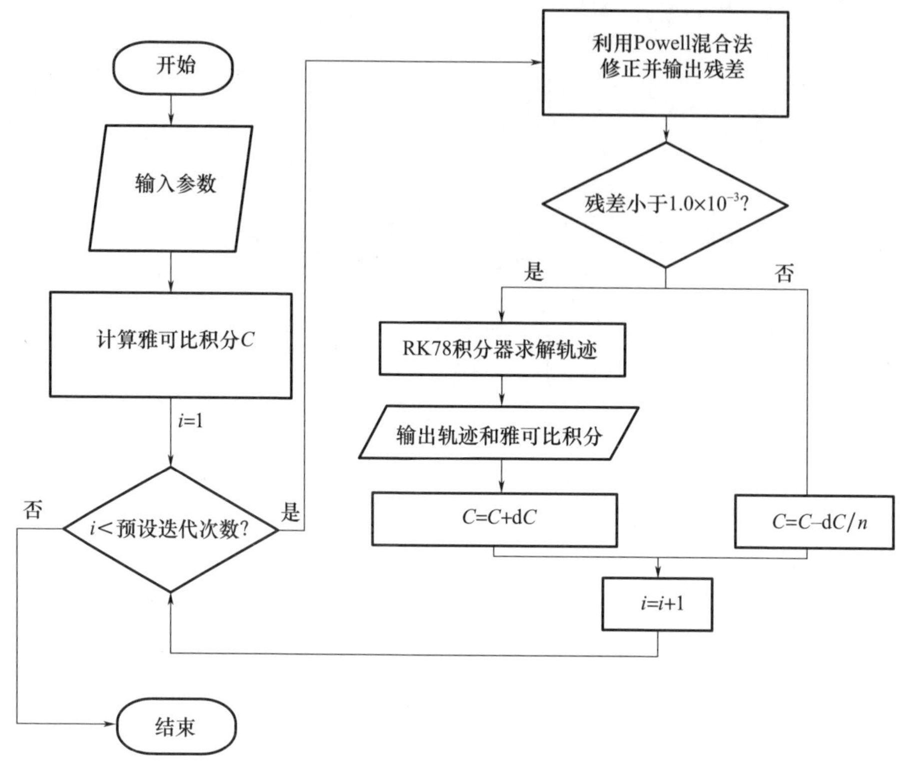

图 2-14　粗略初值局部迭代与周期轨道延拓程序流程图

2.3.2　周期轨道分类

周期轨道可以从轨道形态上分类，也可以从拓扑结构上分类。通过描述轨道的运动方向（如顺行或逆行），描述轨道方位（如赤道面内或赤道面外），描述轨道形状（如对近圆轨道描述偏心率大小，或直接从形状上描述为“8”字形或花瓣形等），进行轨道形态分类。周期轨道拓扑结构是根据轨道每次与庞加莱截面相交时的状态所形成的离散映射 $g:\boldsymbol{x}_n \to \boldsymbol{x}_{n+1}\,(n\in\mathbb{N})$，在周期轨道初始位置 $\boldsymbol{x}_0{}^*$ 附近线性化矩阵特征根的分布确定的。如果记集合 $S_x(T)=\{\boldsymbol{x}\in\mathbb{R}^6 \mid \boldsymbol{x}(t)=\boldsymbol{x}(t+T)\}$，那么对于式（2-69），其线性化方程可以写为

$$\delta\dot{\boldsymbol{x}}(t)=\frac{\partial \boldsymbol{f}(\boldsymbol{x})}{\partial \boldsymbol{x}^{\mathrm{T}}}\delta\boldsymbol{x}(t)=\boldsymbol{B}(t)\cdot\delta\boldsymbol{x}(t) \tag{2-75}$$

式中：$\boldsymbol{B}(t)$ 为 $\boldsymbol{f}(\boldsymbol{x})$ 的雅可比矩阵，其形式为

$$\boldsymbol{B}(t)=\begin{bmatrix}\boldsymbol{0}_{3\times3} & \boldsymbol{I}_{3\times3}\\ -\nabla^2 V & -2\boldsymbol{\Omega}\end{bmatrix},\boldsymbol{\Omega}=\begin{bmatrix}0 & -1 & 0\\ 1 & 0 & 0\\ 0 & 0 & 0\end{bmatrix} \tag{2-76}$$

$$-\nabla^2 V = \begin{bmatrix} V_{xx} & V_{xy} & V_{xz} \\ V_{yx} & V_{yy} & V_{yz} \\ V_{zx} & V_{zy} & V_{zz} \end{bmatrix} \tag{2-77}$$

式(2-75)的解具有

$$\delta \boldsymbol{x}(t_1) = \boldsymbol{\Phi}(t_1, t_0) \cdot \delta \boldsymbol{x}(t_0) \tag{2-78}$$

的形式，其中状态转移矩阵 $\boldsymbol{\Phi}(t, t_0)$ 满足

$$\dot{\boldsymbol{\Phi}}(t, t_0) = \boldsymbol{B}(t)\boldsymbol{\Phi}(t, t_0) \tag{2-79}$$

记线性化矩阵

$$\boldsymbol{M} = \boldsymbol{\Phi}(T, t_0) \tag{2-80}$$

为 $\boldsymbol{x}$ 的单值矩阵。那么对于周期轨道 $\boldsymbol{x}^*$，其初始扰动 $\delta\boldsymbol{x}$ 在一个周期后变为 $\boldsymbol{M}\delta\boldsymbol{x}$。

根据状态转移矩阵的性质，$\boldsymbol{M}$ 是一个辛矩阵。因此若 λ 是 $\boldsymbol{M}$ 的特征根，则 λ^{-1}、$\bar{\lambda}$、$\bar{\lambda}^{-1}$都是 $\boldsymbol{M}$ 的特征根。

本书主要根据周期轨道的拓扑结构进行分类，因为通过周期轨道的拓扑结构可以从数学上对轨道稳定性以及周期轨道在延拓过程中的分岔现象进行分析。

对于周期轨道，因为 1 必定是 $\boldsymbol{M}$ 矩阵的特征根且重数至少为 2[10]，所以 6 个特征根在复平面上共有如图 2-15 ~ 图 2-17 所示的 13 种拓扑结构[2]。其中横轴为实轴，纵轴为虚轴，圆为单位圆。这 13 种情形的数学描述参见表 2-2。

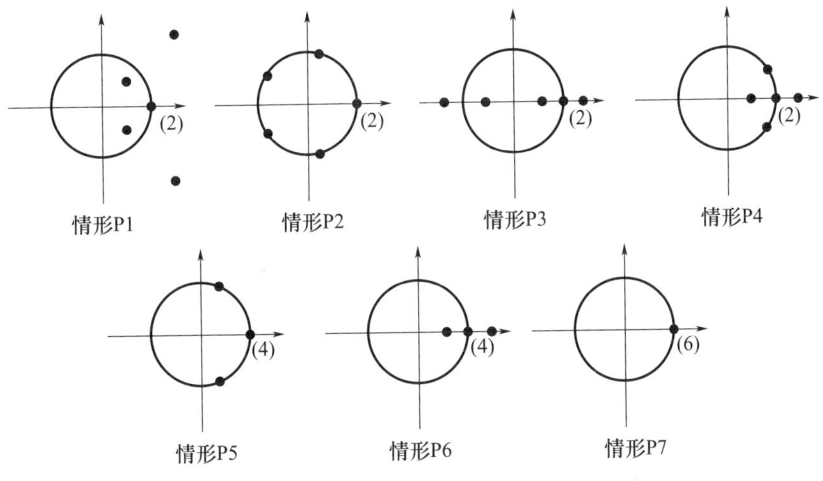

图 2-15　7 种单纯周期情形特征根分布

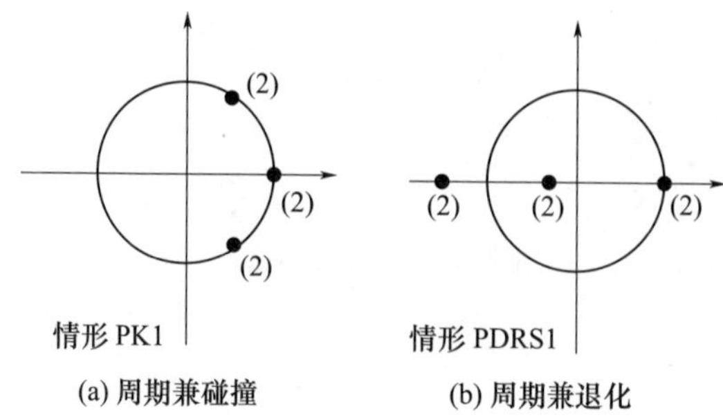

图 2－16　周期兼碰撞情形和周期兼退化实鞍情形特征根分布

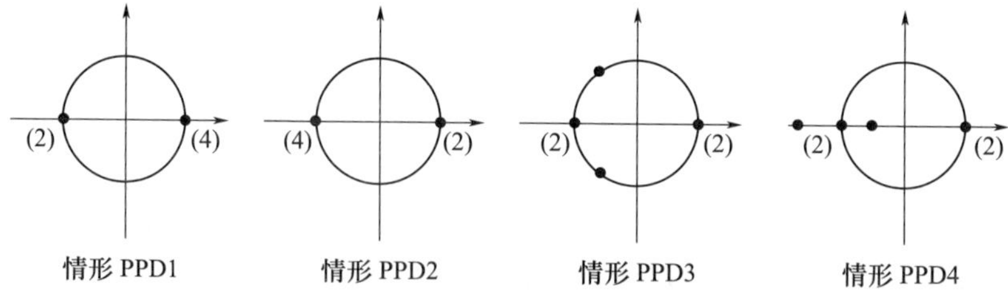

图 2－17　4 种周期兼倍周期情形特征根分布

表 2－2　周期轨道 13 种特征根分布的数学描述

情形	特征根的拓扑结构
P1	$\lambda_j(\lambda_j=1;j=1,2),\mathrm{e}^{\pm\sigma\pm i\tau}[\sigma>0,\tau\in(0,\pi)]$
P2	$\lambda_j(\lambda_j=1;j=1,2),\mathrm{e}^{\pm i\beta_j}[\beta_j\in(0,\pi);j=1,2 \mid \beta_1\neq\beta_2]$
P3	$\lambda_j(\lambda_j=1;j=1,2),\mathrm{e}^{\pm\alpha_j}[\alpha_j\in(0,1);j=1,2 \mid \alpha_1\neq\alpha_2]$或$-\mathrm{e}^{\pm\alpha_j}[\alpha_j\in(-1,0);j=1,2 \mid \alpha_1\neq\alpha_2]$
P4	$\lambda_j(\lambda_j=1;j=1,2),\mathrm{e}^{\pm i\beta}[\beta\in(0,\pi)],\mathrm{e}^{\pm\alpha}[(\alpha\in(0,1)]$或$-\mathrm{e}^{\pm\alpha}[\alpha\in(-1,0)]$
P5	$\lambda_j(\lambda_j=1;j=1,2,3,4),\mathrm{e}^{\pm i\beta}[\beta\in(0,\pi)]$
P6	$\lambda_j(\lambda_j=1;j=1,2,3,4),\mathrm{e}^{\pm\alpha}[\alpha\in(0,1)]$或$-\mathrm{e}^{\pm\alpha}[\alpha\in(-1,0)]$
P7	$\lambda_j(\lambda_j=1;j=1,2,3,4,5,6)$
PK1	$\lambda_j(\lambda_j=1;j=1,2),\mathrm{e}^{\pm i\beta_j}[\beta_j\in(0,\pi);j=1,2 \mid \beta_1=\beta_2]$
PDRS1	$\lambda_j(\lambda_j=1;j=1,2),\mathrm{e}^{\pm\alpha_j}[\alpha_j\in(0,1);j=1,2 \mid \alpha_1=\alpha_2]$或$-\mathrm{e}^{\pm\alpha_j}[\alpha_j\in(-1,0);j=1,2 \mid \alpha_1=\alpha_2]$
PPD1	$\lambda_j(\lambda_j=1;j=1,2,3,4),\lambda_j(\lambda_j=-1;j=5,6)$
PPD2	$\lambda_j(\lambda_j=1;j=1,2),\lambda_j(\lambda_j=-1;j=3,4,5,6)$
PPD3	$\lambda_j(\lambda_j=1;j=1,2),\lambda_j(\lambda_j=-1;j=3,4),\mathrm{e}^{\pm i\beta}[\beta\in(0,\pi)]$
PPD4	$\lambda_j(\lambda_j=1;j=1,2),\lambda_j(\lambda_j=-1;j=3,4),\mathrm{e}^{\pm\alpha}[\alpha\in(0,1)]$或$-\mathrm{e}^{\pm\alpha}[\alpha\in(-1,0)]$

2.3.3　太阳引力对小天体附近周期轨道及其搜索的影响

本节考虑太阳引力摄动对小天体附近周期轨道以及其搜索的影响,若太阳在小天体本体系 $Oxyz$ 中的位置为 $\boldsymbol{r}_\odot$(显含时间 t),那么运动方程可以写为

$$\ddot{\boldsymbol{r}}+2\boldsymbol{\omega}\times\dot{\boldsymbol{r}}+\boldsymbol{\omega}\times(\boldsymbol{\omega}\times\boldsymbol{r})+\frac{GM_\odot}{\|\boldsymbol{r}-\boldsymbol{r}_\odot\|^3}(\boldsymbol{r}-\boldsymbol{r}_\odot)=-\nabla U(\boldsymbol{r})-\frac{GM_\odot}{\|\boldsymbol{r}_\odot\|^3}\boldsymbol{r}_\odot \tag{2-81}$$

与式(2-65)对比,式(2-87)两侧分别多了一项,其中

$$-\frac{GM_\odot}{\|\boldsymbol{r}_\odot\|^3}\boldsymbol{r}_\odot \tag{2-82}$$

是太阳引力,而

$$\frac{GM_\odot}{\|\boldsymbol{r}-\boldsymbol{r}_\odot\|^3}(\boldsymbol{r}-\boldsymbol{r}_\odot) \tag{2-83}$$

是本体系由于绕太阳公转受到的非惯性力。因为小行星的自转轴指向黄经 δ 度,黄纬 β 度。本体系的 3 个方位角为 3-2-3,则坐标变换矩阵:

$$\boldsymbol{A}=\begin{pmatrix}\cos\omega t & \sin\omega t & 0\\ -\sin\omega t & \cos\omega t & 0\\ 0 & 0 & 1\end{pmatrix}\begin{pmatrix}\cos(90^\circ-\beta) & 0 & -\sin(90^\circ-\beta)\\ 0 & 1 & 0\\ \sin(90^\circ-\beta) & 0 & \cos(90^\circ-\beta)\end{pmatrix}\begin{pmatrix}\cos\delta & \sin\delta & 0\\ -\sin\delta & \cos\delta & 0\\ 0 & 0 & 1\end{pmatrix} \tag{2-84}$$

所以可以推出太阳在本体系中的矢量表示为

$$\boldsymbol{r}_\odot=\boldsymbol{A}\,\frac{-a(1-e^2)}{1+e\cos f}\begin{pmatrix}\cos\Omega\cos(\omega+f)-\sin\Omega\sin(\omega+f)\cos i\\ \sin\Omega\cos(\omega+f)-\cos\Omega\sin(\omega+f)\cos i\\ \sin(\omega+f)\sin i\end{pmatrix} \tag{2-85}$$

式中:(a,e,i,ω,Ω,f) 为小天体在 J2000.0 日心黄道坐标系下的轨道根数,真近点角 f 显含时间 t。

对于近地小天体爱神星和主带小天体艳后星,其自转轴指向 (δ,β) 和轨道根数如表 2-3 所列[1,11]。

表 2-3　爱神星与艳后星自转轴指向、轨道根数

参数	爱神星	艳后星
(δ,β)	(11°,17°)	(76°,16°)
a/AU	1.457837275948	2.795318801978
e	0.222667732203018	0.248729044650653
i/(°)	10.82872662501955	13.09997821573449
ω/(°)	178.7912204366847	180.2426702696721
Ω/(°)	304.3380307222211	219-4849606287757

由于太阳距离小行星的距离是天文单位量级，而质点距离小行星是千米量级，在估计太阳引力对运动影响大小的时候近似认为太阳引力是不变的。为此制作表 2-4 和表 2-5 以直观地给出当小天体位于近日点附近，小天体本体系内，距离小天体不同距离处小天体引力与太阳引力所造成的加速度大小的比，其中$\nabla U(\boldsymbol{r})$按照多面体模型式(1-8)的形式计算：

$$\frac{\boldsymbol{\omega}\times(\boldsymbol{\omega}\times\boldsymbol{r})+\nabla U(\boldsymbol{r})}{\frac{GM_{\odot}}{\|\boldsymbol{r}-\boldsymbol{r}_{\odot}\|^{3}}(\boldsymbol{r}-\boldsymbol{r}_{\odot})+\frac{GM_{\odot}}{\|\boldsymbol{r}_{\odot}\|^{3}}\boldsymbol{r}} \tag{2-86}$$

表 2-4 和表 2-5 的第一列所给出的三维数组代表在 x 轴、y 轴、z 轴 3 个方向上距离小天体质心距离与小天体在该方向长度的比。

表 2-4　爱神星附近太阳引力摄动加速度大小

测试点坐标 ×(34.4,11.2,11.2)km	小天体引力加速度 /(km/s²)	太阳引力摄动加速度 /(km/s²)	二者的比
(0.5,0,0)	1.219725704×10^{-6}	$4.980236578\times10^{-13}$	2.449132×10^{6}
(0,0.5,0)	4.597793341×10^{-6}	$3.184548291\times10^{-13}$	1.443782×10^{7}
(0,0,0.5)	9.263255041×10^{-6}	$1.715398716\times10^{-13}$	3.068240×10^{7}
(1.5,0,0)	9.478717833×10^{-6}	$1.494070972\times10^{-12}$	3.666973×10^{6}
(0,1.5,0)	9.315562637×10^{-7}	$9.553643950\times10^{-13}$	9.563911×10^{5}
(0,0,1.5)	1.236357017×10^{-6}	$9.146196107\times10^{-13}$	2.402468×10^{6}
(3.0,0,0)	1.127613178×10^{-5}	$2.988141945\times10^{-12}$	3.773627×10^{6}
(0,3.0,0)	3.310273548×10^{-6}	$1.910728514\times10^{-12}$	1.732467×10^{6}
(0,0,3.0)	3.698280236×10^{-7}	$1.029239225\times10^{-12}$	3.593217×10^{5}

表 2-5　艳后星附近太阳引力摄动加速度大小

测试点坐标 ×(217,94,81)km	小天体引力加速度 /(km/s²)	太阳引力摄动加速度 /(km/s²)	二者的比
(0.5,0,0)	2.844640167×10^{-5}	$9.001020414\times10^{-13}$	9.688119×10^{7}
(0,0.5,0)	1.748072355×10^{-5}	$3.067006737\times10^{-13}$	9.699604×10^{7}
(0,0,0.5)	2.781151520×10^{-5}	$2.826870254\times10^{-13}$	9.838271×10^{7}
(1.5,0,0)	3.239934323×10^{-6}	$1.500306072\times10^{-12}$	2.159516×10^{6}
(0,1.5,0)	8.217591819×10^{-6}	$9.201022235\times10^{-13}$	8.931173×10^{6}
(0,0,1.5)	8.258227016×10^{-6}	$8.480608809\times10^{-13}$	9.737776×10^{6}
(3.0,0,0)	6.797266393×10^{-5}	$3.000611991\times10^{-12}$	2.265293×10^{7}
(0,3.0,0)	2.762843948×10^{-5}	$1.840205050\times10^{-12}$	1.501378×10^{7}
(0,0,3.0)	2.621639388×10^{-6}	$1.696121170\times10^{-12}$	1.545668×10^{6}

通过表 2-4 和表 2-5 可以发现：在爱神星附近，小天体引力与太阳引力摄动的影响相差 5~7 个量级；在艳后星附近，二者相差 6~7 个量级。这个差异与地球

引力 J_3 项对绕地卫星的影响相近,更详细的变化趋势如图2-18所示。小天体引力包括了本体系中非惯性力的影响,在本书所研究的范围内,在 xy 平面内随着距小天体距离的增加小天体引力的影响也在增加,因此在距离小天体较近的地方太阳引力摄动相对较大;另外,在 x 轴方向距离小天体质心距离为小天体 x 轴方向维度1倍以上时,小天体引力与太阳引力摄动的比基本稳定;而在 y 轴方向距离小天体质心距离为小天体 y 轴方向维度1.5倍以上时,小天体引力与太阳引力摄动的比基本稳定。而在 z 轴方向,由于小天体非惯性力几乎等于0,所以太阳引力摄动的影响随着测试点与小天体的距离增加而增加。从图2-18中还可以看到,因为爱神星的公转轨道更靠近太阳,在爱神星附近太阳引力摄动的影响比在艳后星附近要大。

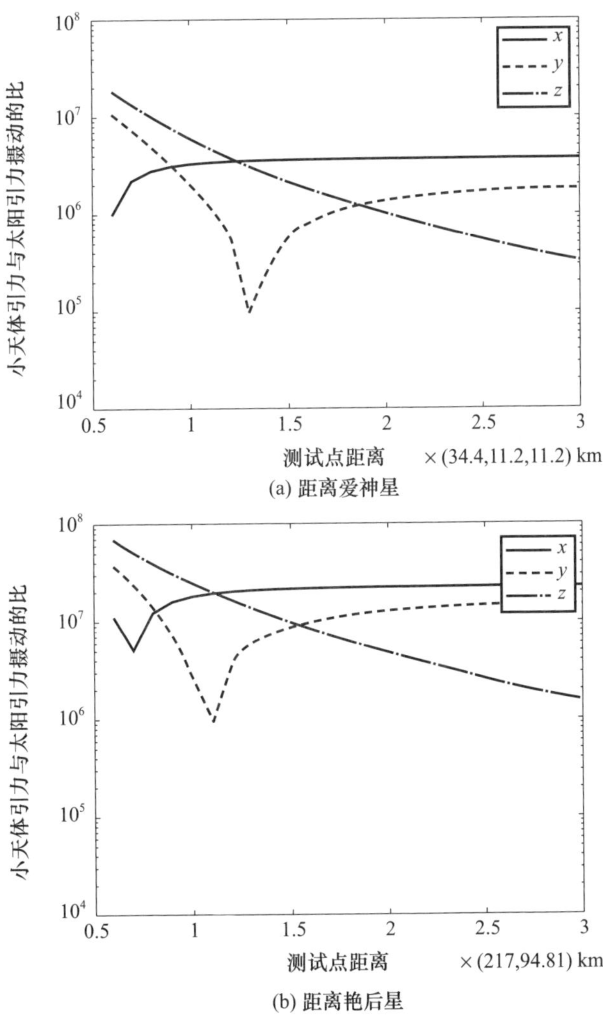

图2-18　距离爱神星与艳后星不同位置小天体引力与太阳引力摄动影响比较

1. 近地小天体爱神星附近的轨道

本节主要研究在考虑太阳引力的情况下，2.3.1 节所述的轨道搜索方法是否依然适用。选取多面体模型所描述的引力场，根据不考虑太阳引力的系统中爱神星平衡点位置的雅可比积分，考虑回归次数 $N=1$，C 分别取 $-4.0\times10^{-5}\ \mathrm{km^2/s^2}\sim9.0\times10^{-5}\ \mathrm{km^2/s^2}$，在 $\theta\in[-\pi,\pi]$，$\varphi\in[-\pi/2,\pi/2]$ 范围内均匀划分为 36×36 的网格，在 $u\in[17\mathrm{km},40\mathrm{km}]$，$v\in[-40\mathrm{km},40\mathrm{km}]$ 范围内均匀划分为 60×100 的网格，每个 C 值一共约有 3.8×10^6 个网格点。本书对每个 C 值随机选取 50000 组参数，随后在考虑太阳引力的系统式(2-81)中进行搜索，得到图 2-19 所示的 12 族周期轨道。

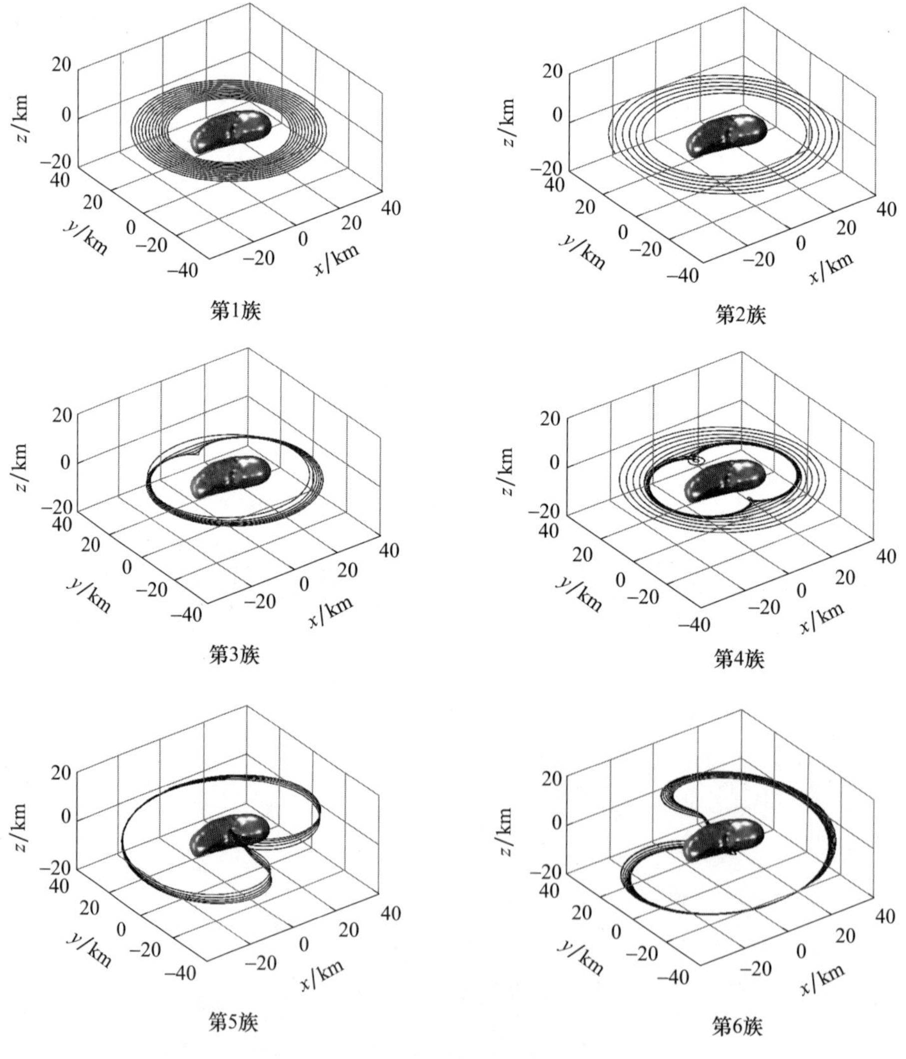

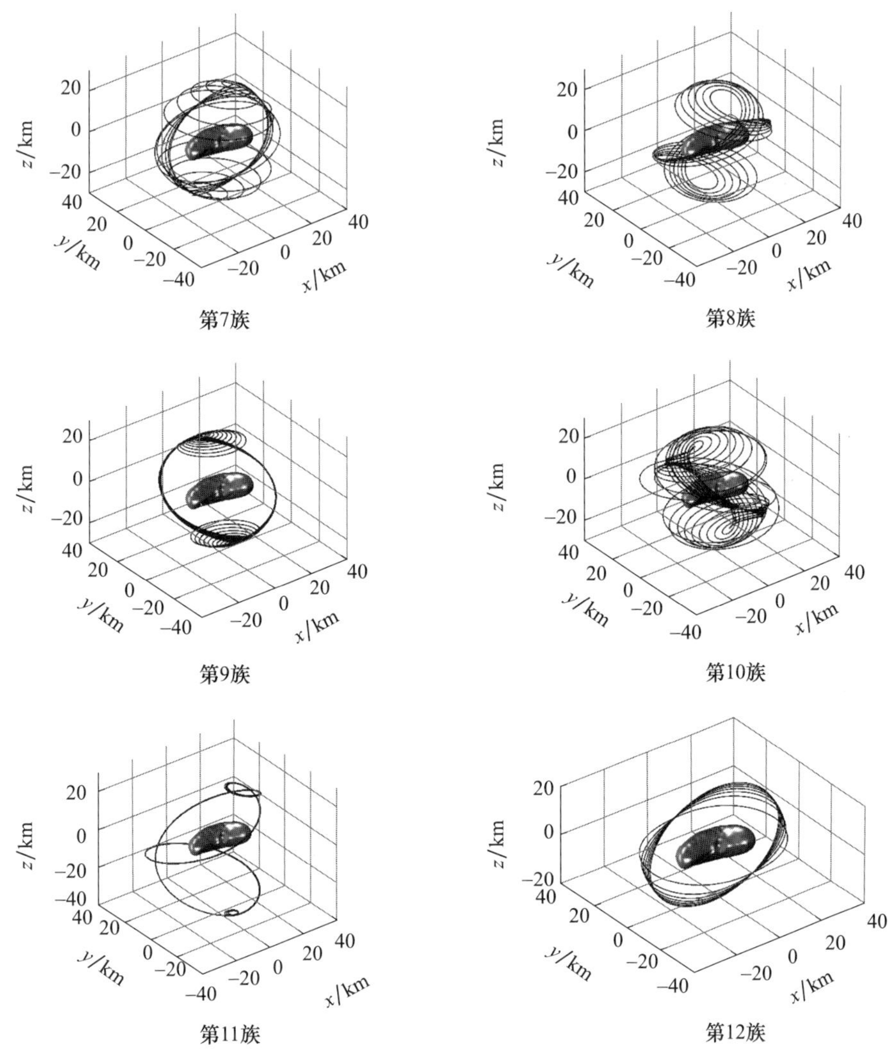

图 2-19　考虑太阳引力影响搜索的 12 族爱神星周期轨道

从形态上对图 2-19 所示的 12 族周期轨道进行简单区分可以分为赤道面内和赤道面外两大类。赤道面内的周期轨道包括：第 1 族，赤道面内逆行轨道，该族轨道可以延拓到接近爱神星表面；第 2 族，赤道面内顺行轨道；第 3 族和第 4 族，赤道面内单螺旋轨道和赤道面内双螺旋轨道，二者在惯性系 *OXYZ* 下是赤道面附近的大偏心率轨道；第 5 族和第 6 族，赤道面外轨道，在惯性系 *OXYZ* 下可看作赤道面内大偏心率轨道在赤道面附近垂直振动的叠加结果；第 7 族到第 11 族，多重周期轨道，在惯性系 *OXYZ* 下是倾角不同的近椭圆轨道；第 12 族，周期约为爱神星自转周期 2 倍的椭圆轨道。表 2-6 中给出了爱神星 12 族周期轨道特性。

表 2-6 爱神星 12 族周期轨道特性

族	雅可比积分/($10^{-5}km^2/s^2$)	周期/h	拓扑类型	稳定性
1	$2.5794<C<3.6794$	$3.2510<T<4.0466$	P2	S
2	$-9.1500<C<-4.6500$	$9.4358<T<8.8597$	P2	S
3	$-4.6500<C<-4.1500$	$8.8597<T<9.3210$	P4	U
4	$-9.0700<C<-4.6700$ $-4.5700<C<-3.8900$	$7.0887<T<8.7305$ $9.4054<T<13.3274$	P2 P3	S U
5	$-3.5180<C<-3.4180$ $-3.3180<C<-3.1180$	$10.2991<T<10.2998$ $10.2899<T<10.2988$	P3 P1	U U
6	$-3.0595<C<-2.4595$	$10.0111<T<10.3123$	P4	U
7	$-2.4773<C<1.5226$ $1.5226<C<2.3226$	$10.4130<T<10.7742$ $10.7742<T<10.8364$	P4 P2	U S
8	$-1.0009<C<1.3991$ $1.3991<C<1.5791$	$10.5280<T<10.7468$ $10.7468<T<10.7707$	P3 P4	U U
9	$-2.6991<C<0.6001$	$10.3964<T<10.6701$	P3	U
10	$-2.7373<C<2.1827$	$10.3839<T<10.8264$	P4	U
11	$-1.2930<C<-1.1130$	$19.7788<T<19.7885$	P3	U
12	$-4.4510<C<-3.8510$	$10.1524<T<10.2371$	P4	U

注:S—稳定;U—不稳定。

本小节中参数空间网格划分比较粗略,并且没有逐个网格点搜索,所得到的周期轨道远非全部结果。根据已经搜索到的轨道,认为至少还存在以下类型的轨道:赤道面内与第 3 族单螺旋轨道对称的周期轨道族,与第 11 族轨道相位相差 180°的周期轨道族,与第 12 族轨道倾斜方向相反的轨道族。但是就目前结果而言,已搜索到的轨道在形状上与文献[2]在艳后星附近搜索到的周期轨道族相比并无明显区别,并且在仅搜索约 1.3% 的所划网格点的情况下就已经得到了比较丰富的周期轨道。可以认为,对于以爱神星为代表的近地小天体而言,相对小天体引力只有 10^{-6}左右量级的太阳引力摄动,不会影响使用 2.3.1 节所述的分层网格搜索法搜索质点周期轨道的效率。

2. 主带小天体艳后星附近的轨道

本小节主要以主带小天体艳后星为例,研究多面体模型下,系统式(2-64)中周期轨道在太阳引力下的变化。选择艳后星是因为根据文献[2]的工作已经获得大量丰富的基于多面体模型的艳后星附近周期轨道数据,可以直接进行研究对比。选取文献[2]求解的周期轨道族中一些具有代表性的轨道,以这些轨道初始状态为初值,使用与该工作相同的 RK78 积分器进行求解,比较二者的差异。

首先比较文献[2]所求出的第 1 ~ 6、19、22(1)、28(1)等族轨道的变化,这些轨道事实上并不能保证稳定的周期,一般在运动 1 ~ 2 个周期后就会偏离,无论有无太阳摄动影响(图 2 – 20 ~ 图 2-22)。

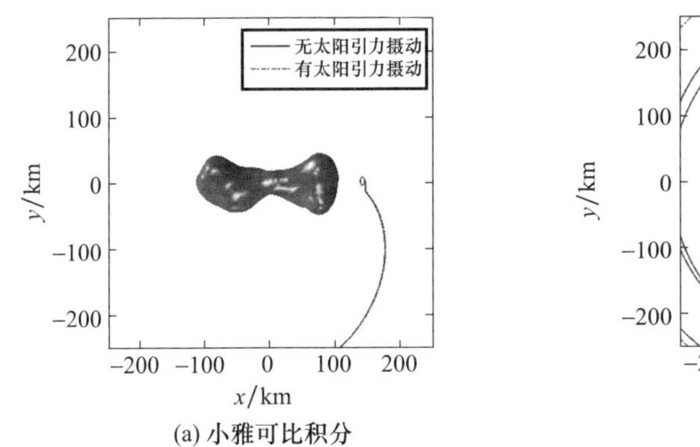

(a) 小雅可比积分

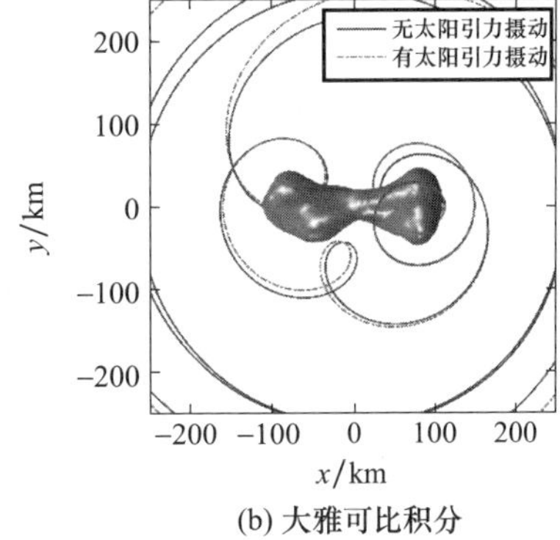

(b) 大雅可比积分

图 2 – 20　以第 3 族轨道为代表的平衡点附近周期轨道变化($t = 150000$s)

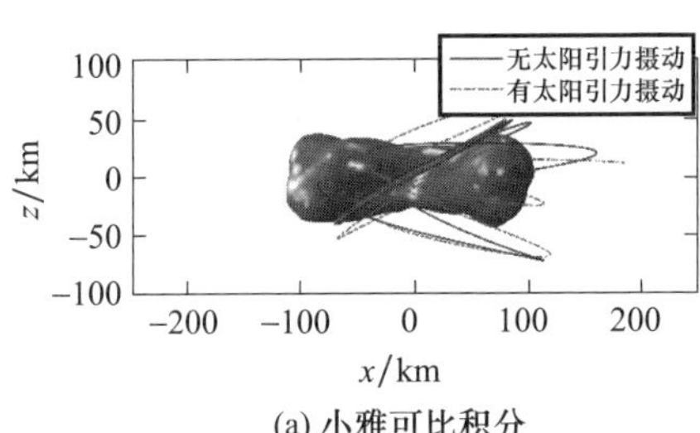

(a) 小雅可比积分

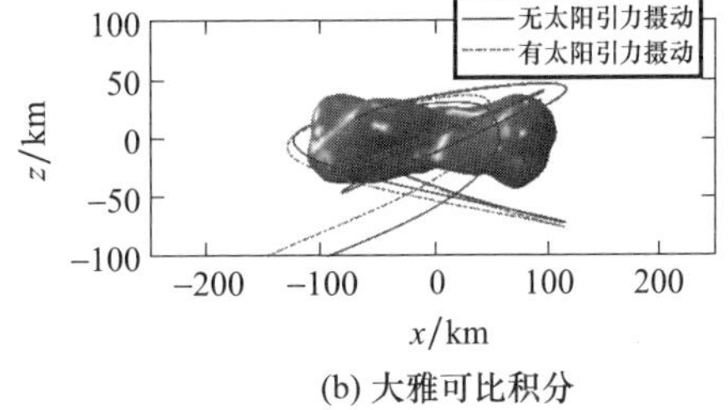

(b) 大雅可比积分

图 2 – 21　第 19 族周期轨道变化($t = 150000$s)

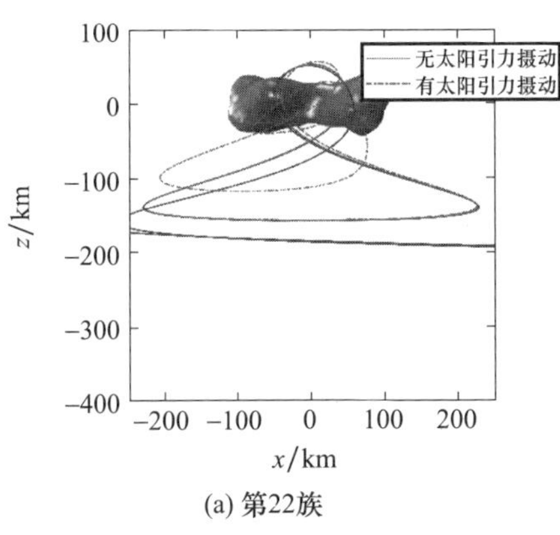

(a) 第22族

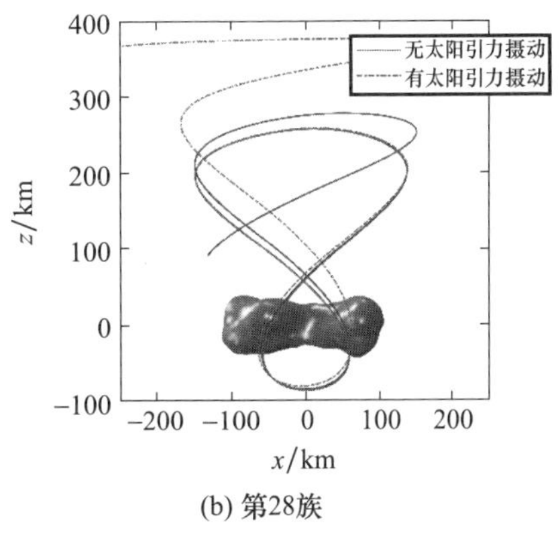

(b) 第28族

图 2 – 22　小雅可比积分下第 22 族周期轨道和第 28 族周期轨道的变化($t = 150000$s)

注意到这些轨道在无太阳引力摄动影响时依然会丧失其轨道的周期特性，可以认为由两个原因引起，一是由于搜索轨道时精度不够高，二是由于轨道本身不稳定。这两个因素共同作用导致了文献[2]所找到的部分周期轨道只能短期保持轨道特性，时间稍长就会偏离。这些轨道在工程上对控制有更高的要求，特别是对于在动天平动点附近的周期轨道，由于其周期短，控制频率更大，距离小行星也比较近。控制不力则很容易造成逃逸或撞击。

比较第 7、8、13、14、20(2)、21、22(3)、24、28(3)等族的轨道变化。这些轨道在加入太阳引力影响后依然能较好地保持轨道特征，在长时间模拟后依然能够围绕艳后星做周期运动。特别需要注意的是，其中仅第 7、8、13、14 族在数学上被证明是稳定轨道，其余轨道在数学上并不认为是稳定轨道，但是这些轨道仍然能够在不受控的情况下长期保持周期运动，对工程应用有较大的价值(图 2 - 23)。

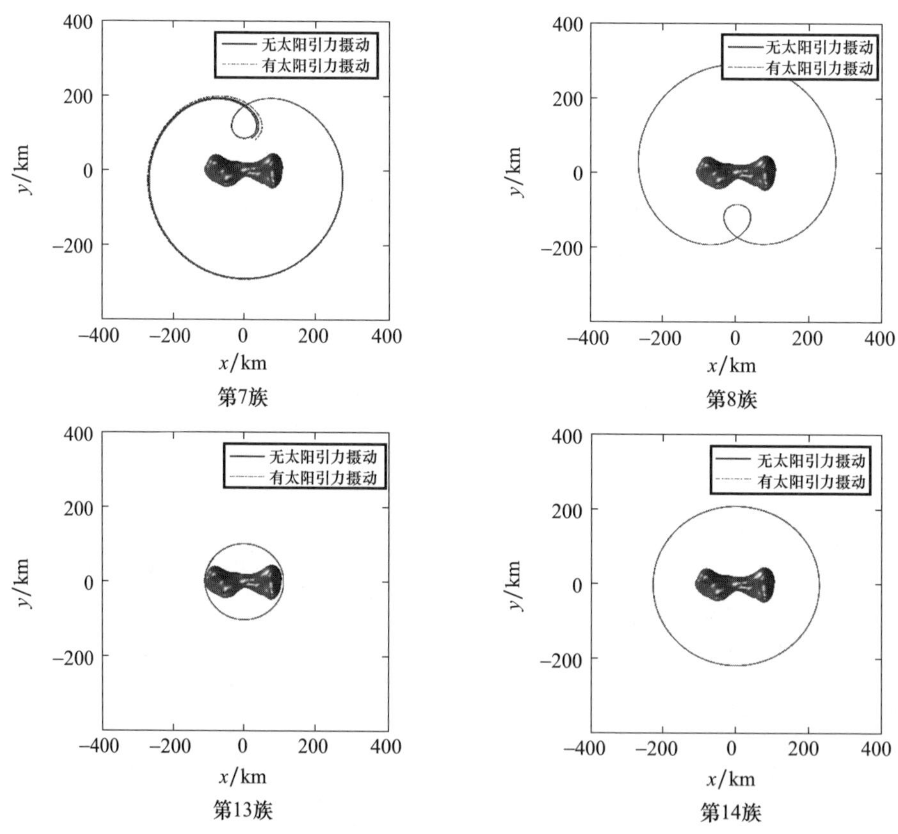

图 2 - 23　第 7 族、第 8 族、第 13 族、第 14 族周期轨道变化($t=150000$s)

第 13 族和 14 族周期轨道都是在艳后星赤道面上找到的周期轨道。区别在于第 13 族为逆行而第 14 族为顺行。对于找到的周期轨道来说它们都是稳定的,但是对于逆行的第 13 族在非常贴近小行星的地方依然存在稳定的周期轨道,顺行的第 14 族最近只找到距离小行星表面约 100km 的稳定周期轨道。一般对于不规则的中心天体,逆行的周期轨道更容易存在。

Marchis 等发现了艳后星附近有两颗天然卫星[12],这两颗卫星分别以埃及艳后克丽奥佩脱拉七世与罗马军事家马克 · 安东尼所生的一对双胞胎命名。根据 Descamps 等所给出的数据[13]:卫星 Alexhelios[S/2008(216)1]轨道半长轴为 678km,轨道倾角在地心 J2000.0 惯性坐标系下为 51°,逆行;卫星 Cleoselene[S/2008(216)2]轨道半长轴为 454km,轨道倾角在 J2000.0 地心赤道惯性坐标系下为 49°,逆行。考虑到地心赤道坐标系与本书所采用的日心黄道坐标系有约 23.5°的交角,因此,这两颗卫星的轨道平面方向均在 73° ~75°范围内,基本与艳后星的自转轴黄纬 76°方向一致,说明轨道平面基本与艳后星的赤道面平行。其轨道半径恰好包含在第 13 族周期轨道范围内。不失为本书研究结果的一个辅证。

为了更好地说明这些原本数学上不稳定的轨道在考虑太阳引力后依然能长期较好地保持在原有的周期轨道上,通过定义

$$\Delta = \frac{\| \boldsymbol{r}_{\text{withsun}} - \boldsymbol{r}_{\text{withoutsun}} \|}{\| \boldsymbol{r}_{\text{withoutsun}} \|} \tag{2-87}$$

来刻画其变化,并绘制图 2-24。

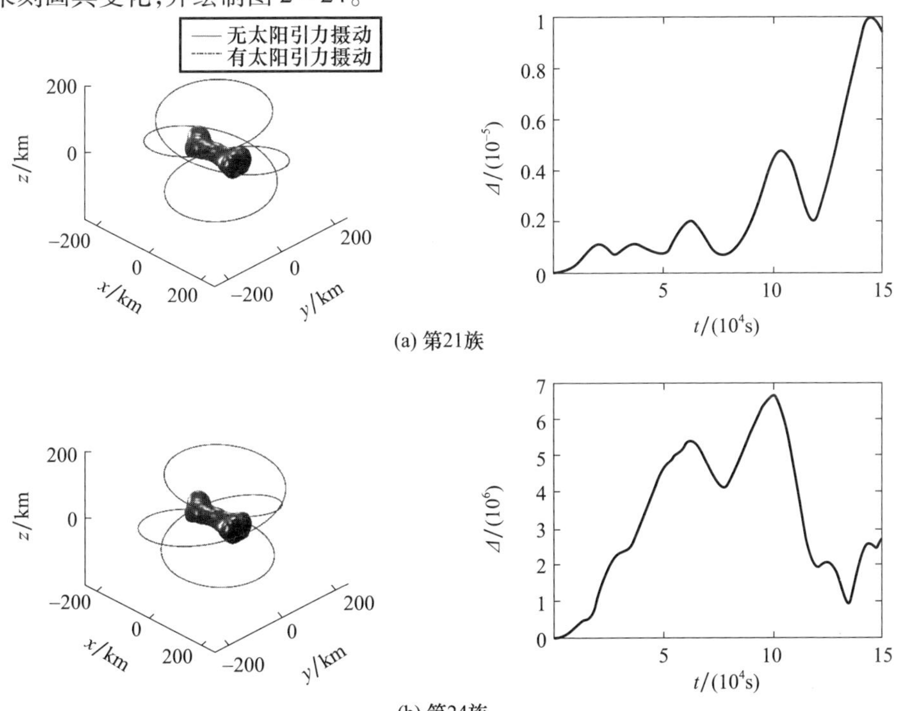

(a) 第21族

(b) 第24族

图 2-24　第 21 族周期轨道和第 24 族周期轨道变化($t=150000$s)

本书还对这些数学上不稳定的然而数值模拟结果偏离原轨道不远的轨道进行了时间尺度为原来 10 倍的轨道运动数值模拟，结果也相当良好，在此以第 22 族大雅可比积分轨道（$C = 1.01 \times 10^{-3} \text{km}^2/\text{s}^2$）、第 28 族大雅可比积分轨道（$C = 0.98 \times 10^{-3} \text{km}^2/\text{s}^2$）和第 24 族大雅可比积分轨道（$C = 0.90 \times 10^{-3} \text{km}^2/\text{s}^2$）为例，如图 2－25 所示。

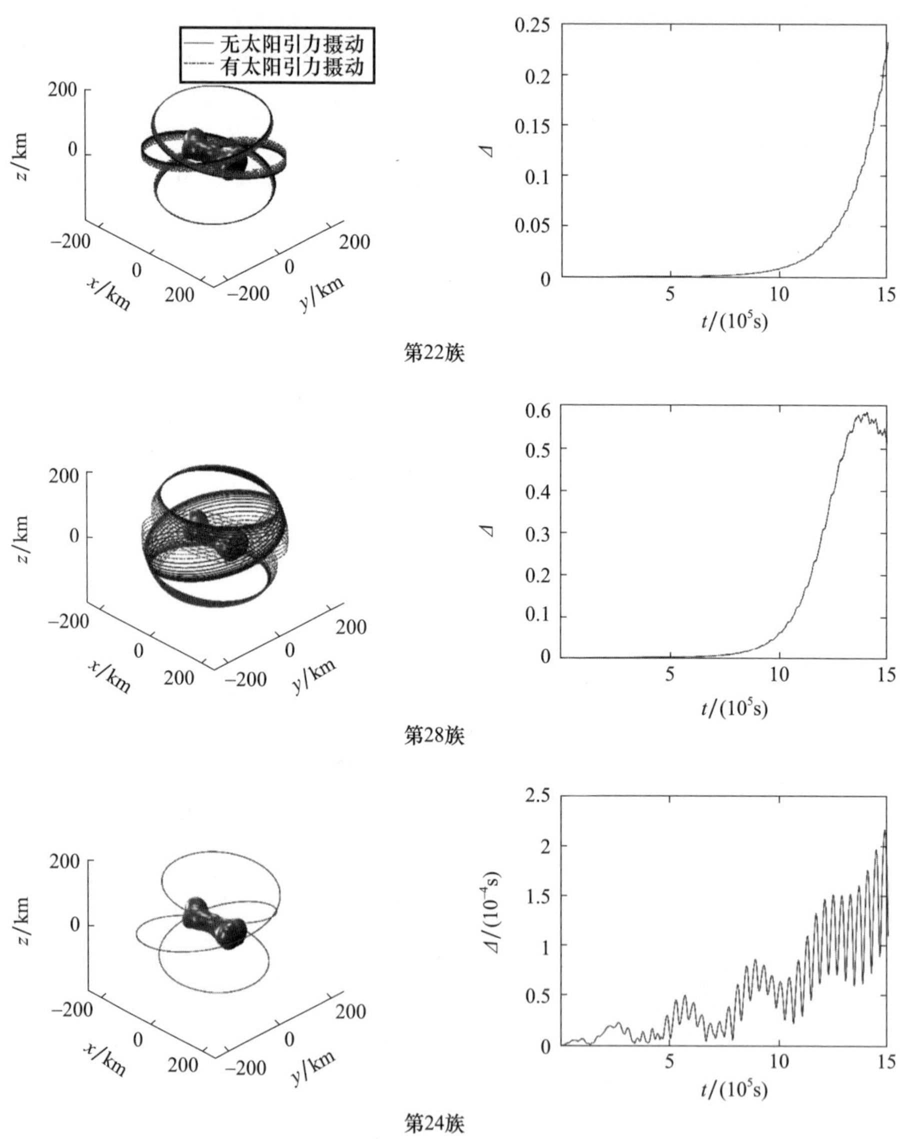

图 2－25　第 22 族大雅可比积分周期轨道、第 28 族大雅可比积分周期轨道和第 24 族大雅可比积分周期轨道变化（$t = 1500000\text{s}$）

这里的相对变化量逐渐增加是由于质点运动的相位出现了偏移，即轨道本身较为贴近，虽然周期的微小变化导致质点在同一时间位置不同，但是依然在原有轨道附近。第 28 族周期轨道在长时间演化后虽然不能成为严格的周期轨道，但是依然保持在艳后星附近做有规律的运动，并且可以扫过艳后星的大部分表面。这样的轨道对于工程中环绕探测有较高的价值。相对变化量的增加原因与第 22 族周期轨道相同。此外，对于第 24 族周期轨道，即使是进行 10 倍于原来时间尺度的模拟，轨道依然与无太阳引力影响的轨道高度重合。

最后，比较第 11、12、15、16、17、18、23、25、26、27、29 等族轨道变化。这些轨道在大雅可比积分的情况下，加入太阳引力影响后依然能较好地保持其轨道特征，在长时间模拟后依然能够围绕艳后星做周期运动，但是当小雅可比积分情况下，加入太阳引力影响后轨道在环绕 1 ~2 周后就丧失了周期轨道的特征（图 2 –26 ~图 2 –28）。

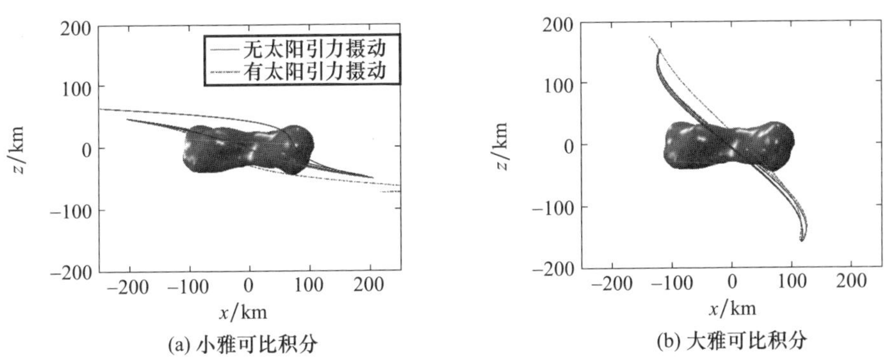

图 2 –26　（见彩图）第 12 族小雅可比积分与大雅可比积分轨道变化（$t = 150000$s）

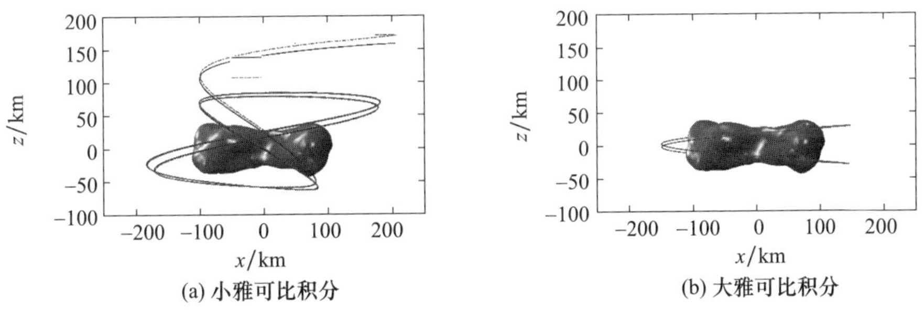

图 2 –27　（见彩图）第 18 族小雅可比积分与大雅可比积分轨道变化（$t = 150000$s）

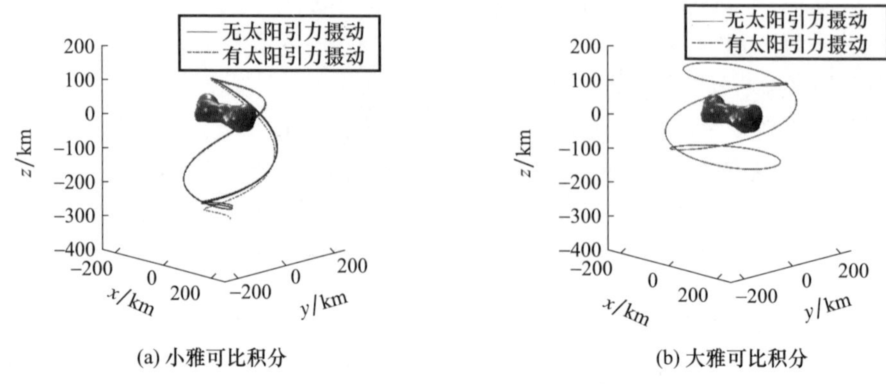

(a) 小雅可比积分　　(b) 大雅可比积分

图 2-28　(见彩图)第 29 族小雅可比积分与大雅可比积分轨道变化($t = 150000$s)

鉴于本节前述研究中已经表明太阳引力摄动对于部分原有周期轨道影响不大,本节中取系统式(2-64)中的周期轨道状态作为迭代初值直接放入系统式(2-81)中进入周期轨道搜索的第三步。数值实验的结果表明,在系统式(2-81)中,仍能迭代出同样形状以及拓扑类型的周期轨道族,说明太阳引力不足以改变周期轨道族的类型,原有的 29 族曲线在考虑太阳引力后依然存在。

2.3.4　利用偶极子模型的搜索方法改进与分析

多面体模型是目前最精确的不规则小天体引力场模型,但是对于 2.3.1 节所述的搜索方法,在第二步使用多面体模型进行搜索时由于多面体在 RK78 积分过程中每一步都要数值计算特定场点的引力场,计算耗时与具有解析解的引力场模型相比较大。本节在搜索方法第二步利用对引力场有完全解析表达式的偶极子模型进行初值搜索,把利用偶极子模型搜索得到的周期轨道初值代入第三步,在多面体模型下进行迭代,得到多面体模型下的周期轨道。

由于偶极子模型[15]与限制性三体系统非常类似,本节还利用偶极子模型定向搜索细长型小天体 x 轴上平衡点(对应限制性三体系统中的共线平动点)附近的周期轨道。尽管可以推导出偶极子模型下的三阶近似解,但是以这个在偶极子模型中得到的周期轨道作为初值,无法在多面体模型下迭代出最终的周期轨道。这表明偶极子模型与多面体模型还存在一定的误差,也体现了不规则小天体附近强烈的非线性运动特性。

1. 艳后星和地理星附近的周期轨道族

如图 2-29 所示,两个质量分布为 m_1 和 m_2($m_1 \geqslant m_2$)的质点以一根长度为 d 的无质量的杆相连,以 m_1 和 m_2 公共质心为坐标原点 O,m_1m_2 连线为 x 轴,该刚体组合以 $\boldsymbol{\omega} = \omega \boldsymbol{i}_z$ 旋转,设定 y 轴方向使得 $Oxyz$ 为右手系,由此构成了偶极子模

型[14]。以 $\boldsymbol{r}$ 为公共质心到引力场中一点的位置矢量,则系统运动方程依然为方程式(2-64)。

参照限制性三体问题中的归一化方法,令单位时间为 ω^{-1},单位长度为 d,单位质量为 $M=m_1+m_2$,可以得到偶极子模型的自转周期为 2π,单位速度为 ωd,单位加速度为 $\omega^2 d$。同样参照限制性三体问题引入两个质点的质量比 μ,则两个质点的位置分别为 $[-\mu,0,0]^{\mathrm{T}}$ 和 $[1-\mu,0,0]^{\mathrm{T}}$,$\mu\in(0,0.5]$。这样引力势可以写为

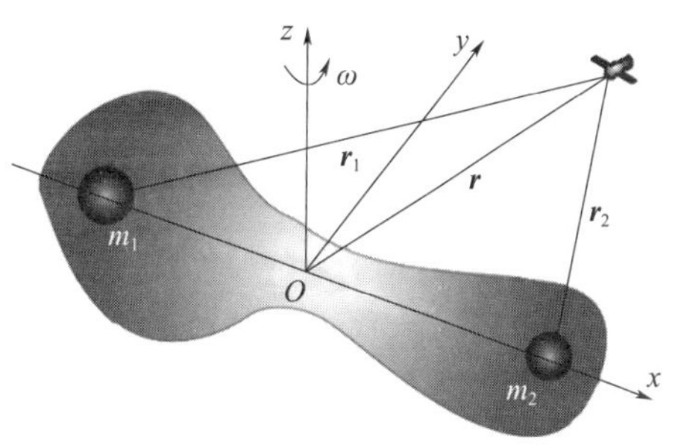

图 2-29　偶极子模型示意图

$$U=-GM\cdot\left(\frac{1-\mu}{r_1}+\frac{\mu}{r_2}\right) \tag{2-88}$$

而有效势转化为

$$V=-\frac{x^2+y^2}{2}-\kappa\left(\frac{1-\mu}{r_1}+\frac{\mu}{r_2}\right) \tag{2-89}$$

其中

$$\kappa=\frac{GM}{\omega^2 d^3} \tag{2-90}$$

是一个反映引力与离心力大小的无量纲标量。当 $\kappa=1$ 时系统为圆限制性三体系统。偶极子模型一样有式(2-70)形式的雅可比积分。可以推出偶极子模型下有效势 V 的海森矩阵中各项分别为

$$\begin{cases}
V_{xx}=-1+\kappa\left\{(1-\mu)\left[\dfrac{1}{r_1^3}-\dfrac{3\,(x+\mu)^2}{r_1^5}\right]+\mu\left[\dfrac{1}{r_2^3}-\dfrac{3\,(x+\mu-1)^2}{r_2^5}\right]\right\}\\
V_{yy}=-1+\kappa\left[(1-\mu)\left(\dfrac{1}{r_1^3}-\dfrac{3y^2}{r_1^5}\right)+\mu\left(\dfrac{1}{r_2^3}-\dfrac{3y^2}{r_2^5}\right)\right]\\
V_{zz}=\kappa\left[(1-\mu)\left(\dfrac{1}{r_1^3}-\dfrac{3z^2}{r_1^5}\right)+\mu\left(\dfrac{1}{r_2^3}-\dfrac{3z^2}{r_2^5}\right)\right]\\
V_{xy}=V_{yx}=-3\kappa y\left[(1-\mu)\cdot\dfrac{x+\mu}{r_1^5}+\mu\cdot\dfrac{x+\mu-1}{r_2^5}\right]\\
V_{xz}=V_{zx}=-3\kappa z\left[(1-\mu)\cdot\dfrac{x+\mu}{r_1^5}+\mu\cdot\dfrac{x+\mu-1}{r_2^5}\right]\\
V_{yz}=V_{zy}=-3\kappa yz\left(\dfrac{1-\mu}{r_1^5}+\dfrac{\mu}{r_2^5}\right)
\end{cases} \tag{2-91}$$

因此,偶极子模型中有 2 个决定参数[κ,μ]。根据文献[15]的工作,通过拟合偶极子模型下小天体平衡点与多面体模型的平衡点位置,给出了一系列细长型小天体的偶极子模型参数。其中本书所使用的艳后星参数为[0.8835,0.4863],特征长度 d = 122.9967km,单位速度 ωd = 39.86m/s;地理星参数为[1.158476,0.440043],特征长度 d = 2.234946km,单位速度 ωd = 0.75m/s。图 2-30 给出了 2 个小天体的偶极子模型示意图,以及不同雅可比积分的零速度面和 4 个体外平衡点的位置。

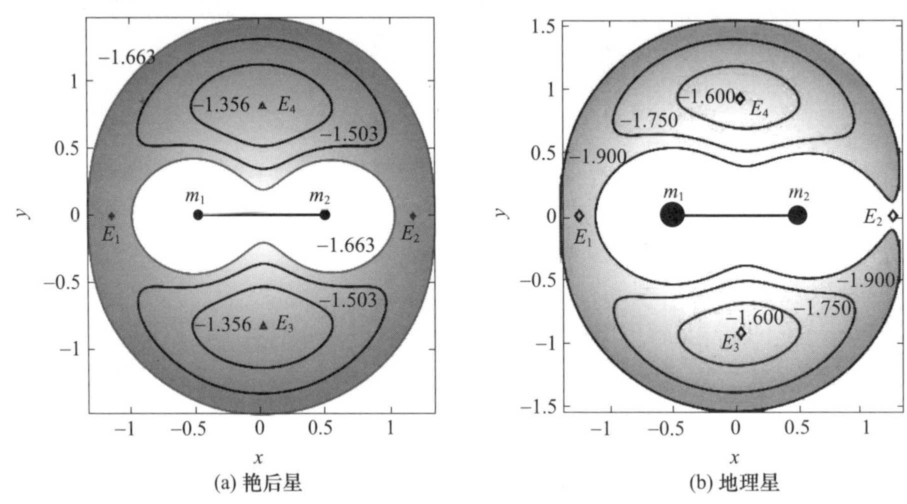

图 2-30 (见彩图)艳后星和地理星的偶极子模型

图 2-31 是利用 2.3.1 节所述的轨道搜索方法,首先在偶极子模型下搜索得到艳后星周期轨道,再以此为初值在多面体模型下迭代搜索得到一条周期轨道。该轨道的几何形态对应文献[2]所搜得 29 族周期轨道中的第 7 族,是赤道面附近的单螺旋轨道。通过这条周期轨道可以发现,由于偶极子引力场关于 xOy 平面对称,所搜索的红色轨道完全位于赤道面内。由于多面体引力场的非对称分布,黑色轨道在 z 轴方向有所扭曲。尽管两条轨道在 xy 平面内几乎重合,但是在 xz 和 yz 平面内可以看到多面体引力场中,这条轨道距离赤道面大约 28.8km(0.234d),大约是艳后星 z 轴方向尺度的 1/3。

表 2-7 给出了两条轨道在偶极子模型归一化尺度下的参数。从中可以看到虽然艳后星多面体引力场的非对称分布对其附近的轨道的影响造成轨道初始状态量的微小误差,但是两条轨道的周期和能量相差甚微,其中轨道的雅可比积分由初始的 -1.1940 变为 -1.1889,多面体引力场中的轨道周期大约 10.56h (12.3214 个时间单位),略长于偶极子模型中求得的初值。而这两条轨道的拓扑类型完全一致,均为 P3 型,是不稳定的周期轨道。

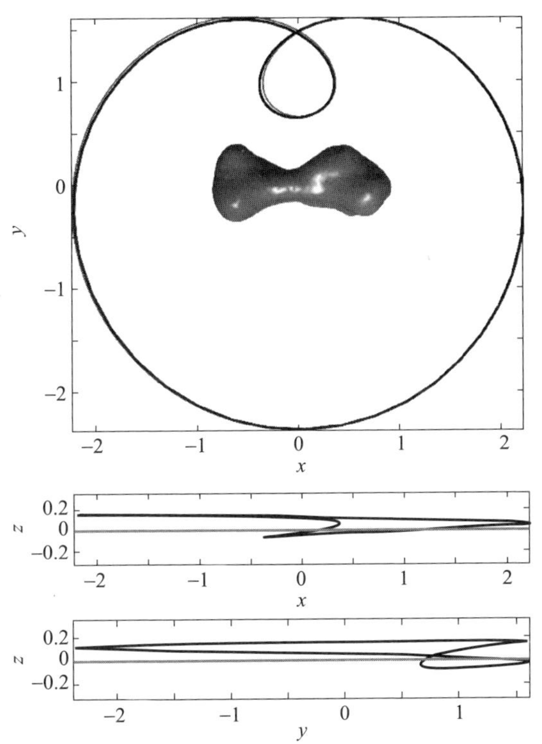

图 2-31　(见彩图)艳后星本体系下偶极子引力模型中的周期轨道(红色)与迭代所得多面体引力模型周期轨道(黑色)

表 2-7　图 2-31 中单螺旋轨道参数

引力场模型	轨道初始状态量 $[\boldsymbol{r}^{\mathrm{T}},\boldsymbol{v}^{\mathrm{T}}]^{\mathrm{T}}$	T	C	特征根分布
偶极子	$[-2.2249,-0.2473,0,-0.0230,1.8581,0]^{\mathrm{T}}$	12.2181	-1.1940	1,1,0.9998,1.0002,0.0119,83.9686
多面体	$[-2.2076,-0.2761,0.1547,-0.0482,1.4180,0.0108]^{\mathrm{T}}$	12.3214	-1.1889	1,1,0.9017,1.1090,0.0111,89.8171

利用本节前述的改进搜索方法,在偶极子引力场模型中按照 $\theta\in\{0.1\pi,0.2\pi,0.3\pi,0.4\pi,0.5\pi\}$,$\varphi\in\{0,0.05\pi,0.1\pi,0.2\pi,0.3\pi\}$ 划分描述庞加莱截面指向的网格,在每个(θ,φ)网格点中随机取 10^3 组(u,v)。由于偶极子模型是完全解析的引力场模型,因此每次只需约 5min 就可以完成对每个(θ,φ)网格点上 10^3 组(u,v)的初值筛选,得到在偶极子模型下可能成为周期轨道的初值。

效率比直接用多面体模型进行初值筛选有大幅提高。随后将这些潜在周期轨道初值放入多面体引力场模型中进行局部迭代,最终搜索到了图 2－32 所示的 10 族艳后星多面体引力场模型下的大范围周期轨道。表 2－8 给出了这 10 族周期轨道的动力学特征。

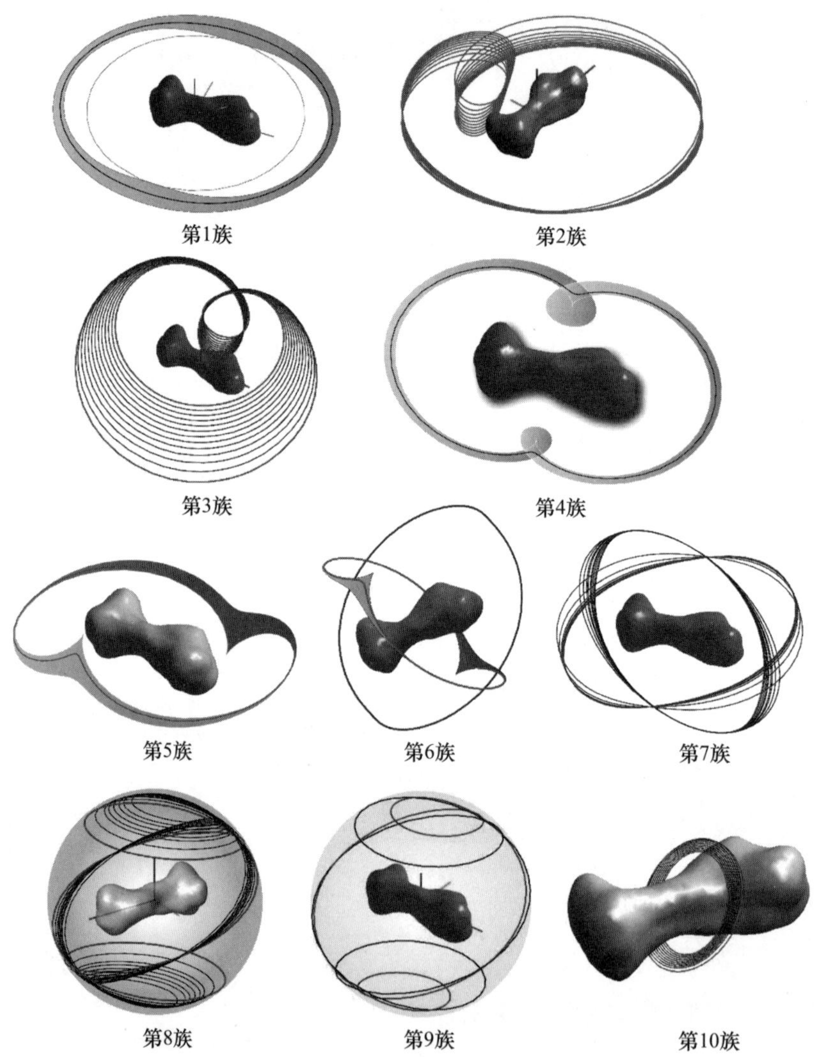

图 2－32　利用偶极子模型搜索多面体模型迭代得到的多面体引力场中 10 族艳后星附近周期轨道

表2-8　图2-32中所示10族周期轨道的动力学特征

族	雅可比积分/($10^{-3}km^2/s^2$)	周期/h	拓扑类型	稳定性
1	$-2.4181<C<-2.2665$	$9.0527<T<10.6599$	P4	U
2	$-1.8894<C<-1.2094$	$10.0257<T<10.5698$	P3	U
3	$-1.9820<C<-1.4120$	$10.8026<T<12.4294$	P4	U
4	$-2.2149<C<-1.9370$	$11.0693<T<14.3818$	P4	U
5	$-2.1815<C<-1.0414$	$10.4996<T<10.6635$	P3	U
6	$-1.6489<C<-1.2337$	$10.5309<T<10.6327$	P4	U
7	$-2.2889<C<-1.6763$	$10.3934<T<10.5244$	P4	U
8	$-1.1280<C<0.7510$	$10.6587<T<11.0267$	P4	U
9	$-0.1889<C<0.9787$	$10.8365<T<11.0543$	P4	U
10	$-1.9755<C<-1.2878$	$1.7638<T<2.2435$	P3	U

这10族周期轨道中有2族位于赤道面附近的周期轨道，8族位于三维空间中的周期轨道。根据几何形态可以分为六大类。

第1族轨道是位于赤道平面内的椭圆轨道，周期为9.0527～10.6599h，到艳后星质心距离为167～226km，该族轨道拓扑类型均为P4型，是不稳定轨道族。第2族和第3族轨道是单螺旋轨道，其中第2族轨道在小天体表面附近z方向的运动范围随着轨道周期的减小而增加，第3族轨道随着周期的减小，拱线的远端会不断向艳后星北极靠近，如果持续朝周期减小的方向延拓第3族轨道，则该轨道会演化为平衡点附近的“8”字形轨道。另外，这两组轨道虽然几何形态类似，但是拓扑结构完全不同，第2族轨道是P3型，第3族轨道是P4型。第4族～第6族轨道是双螺旋轨道，它们的动力学特性与第2族和第3族轨道类似。第7族轨道是具有不同倾角的轨道，它们在艳后星赤道平面上的投影是椭圆或近圆形。这族轨道的最大倾角约为45°。第8族和第9族轨道是多重周期轨道，除了图2-32中所示的轨道形态外，还有对称的轨道没有在图中画出。第10族轨道位于艳后星中间较细部分，与艳后星自转成1∶3共振；类比于限制性三体问题，该轨道类似于共线平动点L_1附近的Halo轨道。

尽管这些轨道按照拓扑类型判断均为不稳定轨道，但是根据文献[6]的研究，其中一些轨道仍然能够较长时间保持在小天体附近。图2-33给出了一个实例，该轨道初始位置为$[-97.0999,132.2946,104.4374]^{T}$km，初始速度为$[0.0680,0.0394,0.0130]^{T}$km/s，轨道周期为11.0615h。这类轨道既不与小天体碰撞也不会飞离小天体，将在第3章中讨论这类不稳定周期轨道向拟周期轨道的演化，并在第4章中讨论分析这类轨道的方法。

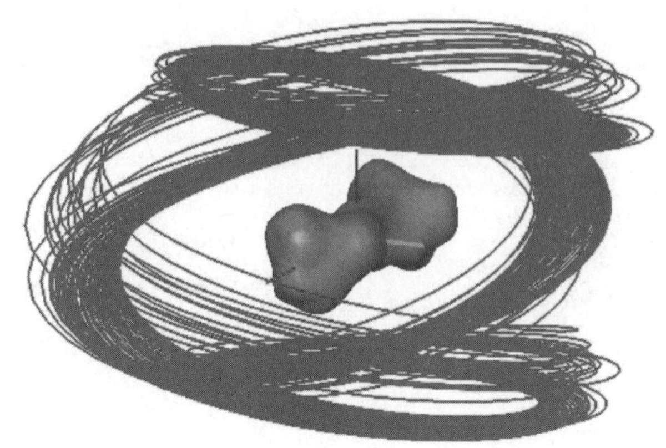

图 2-33　一条在艳后星附近长期运行(1000h)的不稳定轨道实例

地理星的尺度和质量相对艳后星小两个量级,在较小尺度的小天体地理星附近,运用偶极子模型改进的搜索法一样可以得到丰富的轨道族。图 2-34～图 2-36 给出了 3 种在地理星偶极子引力场模型下搜索得到的 3 条周期轨道(黑色虚线)与放入多面体引力场模型迭代修正后得到的轨道(红色实线)的对比。表 2-9～表 2-11 给出了在偶极子模型的归一化尺度下,这些轨道的初始状态量、周期能量、特征根分布等特征参数。

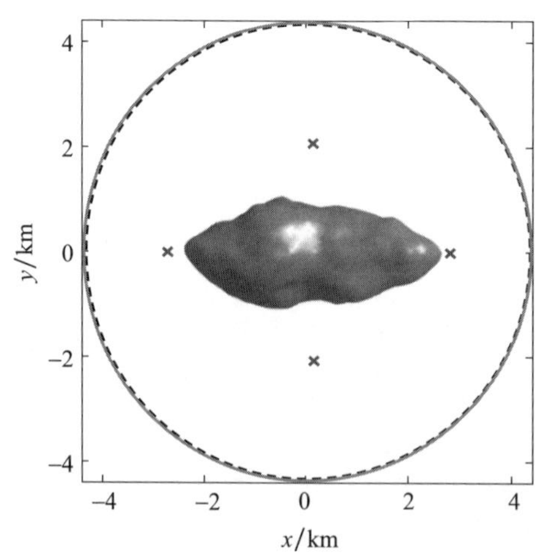

图 2-34　(见彩图)地理星附近的赤道平面逆行轨道(4 个"×"表示地理星平衡点位置)

图 2-34 给出了赤道平面内一条逆行周期轨道,轨道半径约为 4.7km,距离地理星 4 个平衡点约 2km,周期约为 3.9h。多面体模型下迭代得到的轨道比偶极子模型下的轨道略大。两条轨道的周期和雅可比积分都很接近,拓扑类型均为 P2 型,是稳定的周期轨道。多面体模型下修正得到的轨道与偶极子模型下的

轨道相比在初始状态量上有 0.01% ~0.50% 的变化，这部分差别主要源自偶极子模型和多面体模型的误差和局部迭代产生的误差。不过这样的误差对于初步定量分析来说是可以接受的。

表 2 – 9 图 2 – 34 中赤道平面逆行轨道参数

引力场模型	轨道初始状态量 $[\boldsymbol{r}^{\mathrm{T}},\boldsymbol{v}^{\mathrm{T}}]^{\mathrm{T}}$	T	C	特征根分布
偶极子	$[-0.2075,-0.0004,0,-0.0005,2.8471,0]^{\mathrm{T}}$	4.5903	1.1388	$1,1,-0.0279\pm0.9996\mathrm{i},-0.1760\pm0.9844\mathrm{i}$
多面体	$[-1.9951,-0.7033,0.0047,-0.9398,2.6513,-0.0001]^{\mathrm{T}}$	4.7293	1.2390	$1,1,-0.2952\pm0.9554\mathrm{i},-0.9893\pm0.1452\mathrm{i}$

图 2 – 35 给出了在非共线平衡点 E_4 附近的局部“8”字形轨道对比，同时包括了二者在 xy 平面、yz 平面和 xz 平面上的投影。这两条轨道在 xy 和 xz 平面上的差别要大于在 yz 平面上的差距。在多面体模型下修正后的轨道与偶极子模型下搜索的初值相比在 $-x$ 方向有明显位移，这有可能是因为地理星在多面体模型中质量分布更偏向 $-x$ 方向，从而使得轨道在经过迭代后发生位移。从表 2 – 10 给出的轨道参数来看，二者的周期与雅可比积分依然十分接近，轨道拓扑类型均为 P1 型，是不稳定轨道，与平衡点 E_4 附近的局部流形拓扑结构稳定性一致。

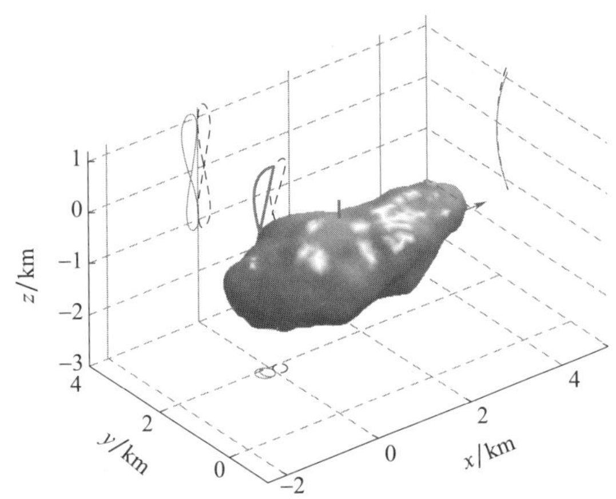

图 2 – 35 地理星 E_4 平衡点附近的“8”字形轨道

表 2 – 10 图 2 – 35 中平衡点附近“8”字形轨道参数

引力场模型	轨道初始状态量 $[\boldsymbol{r}^{\mathrm{T}},\boldsymbol{v}^{\mathrm{T}}]^{\mathrm{T}}$	T	C	特征根分布
偶极子	$[-0.0726,0.9075,0.0429,0.1130,-0.0292,0.5351]^{\mathrm{T}}$	9.2805	−1.3808	$1,1,0.0288\pm0.0092\mathrm{i},31.4738\pm10.1032\mathrm{i}$
多面体	$[-0.0212,0.8956,0.0047,-0.9398,2.6513,-0.0001]^{\mathrm{T}}$	4.7293	1.2390	$1,1,-0.2952\pm0.9554\mathrm{i},-0.9893\pm0.1452\mathrm{i}$

图2－36是地理星附近大范围“8”字形轨道的对比及二者在 xy 平面、yz 平面和 xz 平面上的投影。从 xy 平面和 yz 平面上的投影可以看出偶极子引力场模型下搜索的周期轨道(黑色虚线)关于 x 轴是完全对称的,而多面体引力场模型下迭代得到的红色实线轨道不再对称。这是多面体模型中质量的非对称分布导致了引力场的不对称,这样的引力场对于非赤道面内的轨道有较大影响;偶极子模型无法体现质量和引力场关于 x 轴的非对称分布;以及不规则引力场对于距离中心天体较近的轨道有较大的影响。以上原因的耦合作用共同造成了两条轨道的差异。从表2－11中可以看出,两条轨道的差距主要集中在 z 方向的状态量,并且由此导致雅可比积分有一定的变化。另外,尽管特征根的分布有所差别,但是两条轨道的拓扑类型依然比较一致,均为P2型,是稳定轨道。

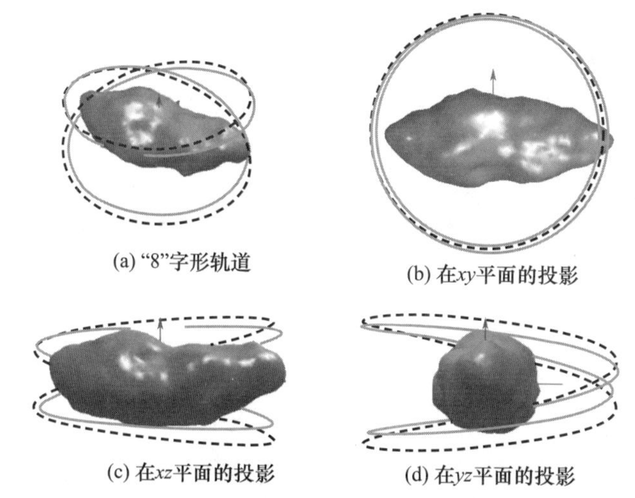

图2－36 (见彩图)地理星附近的大范围“8”字形轨道、在 xy 平面的投影、在 xz 平面的投影及在 yz 平面的投影

表2－11 图2－36中大范围“8”字形轨道参数

引力场模型	轨道初始状态量 $[\boldsymbol{r}^{\mathrm{T}},\boldsymbol{v}^{\mathrm{T}}]^{\mathrm{T}}$	T	C	特征根分布
偶极子	$[-0.0878,1.1945,0.1780,$ $2.0322,0.03961,0.5213]^{\mathrm{T}}$	6.9944	−0.5966	1,1,0.7519 ±0.6593i, 0.8311 ±0.5561i,
多面体	$[-0.1001,1.1573,0.0478,$ $1.9863,0.0886,0.4488]^{\mathrm{T}}$	7.0943	−0.7480	1,1,0.2321 ±0.9727i, −0.9637 ±0.2670i

和对艳后星的搜索一样,在偶极子引力场模型中按照 $\theta \in \{0,0.1\pi,0.2\pi,0.3\pi,0.4\pi,0.5\pi\}$,$\varphi \in \{0,0.05\pi,0.1\pi,0.15\pi,0.2\pi,0.25\pi,0.3\pi\}$ 划分描述庞加莱截面指向的网格,在每个 (θ,φ) 网格点中随机取 10^3 组 (u,v)。随后用偶

极子模型完成初值筛选，再将潜在周期轨道初值放入多面体引力场模型中进行局部迭代(3.1.2 节第 3 步)，得到最终的周期轨道。图 2－37 给出的是 14 族地理星多面体引力场模型下的大范围周期轨道的示意图。表 2－12 给出了这 14 族周期轨道中具有代表性轨道(图中的红色轨道)的动力学特征。

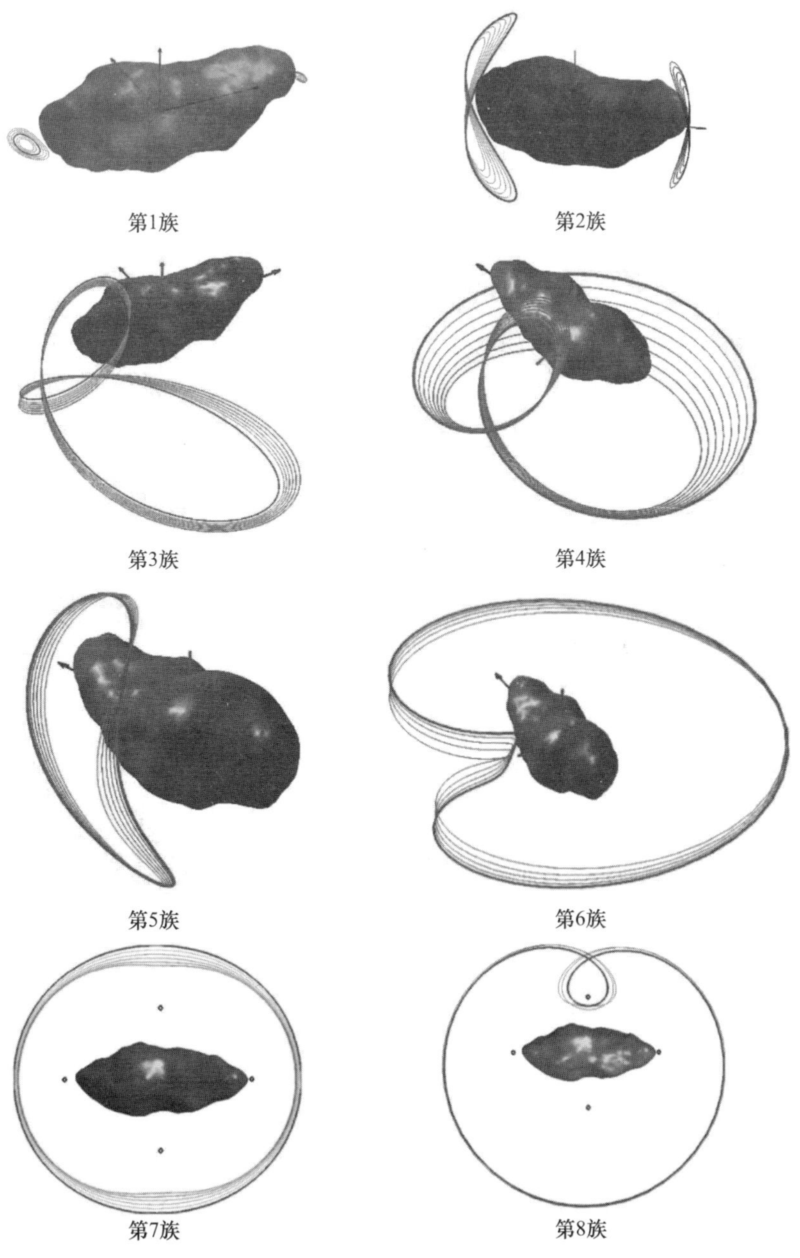

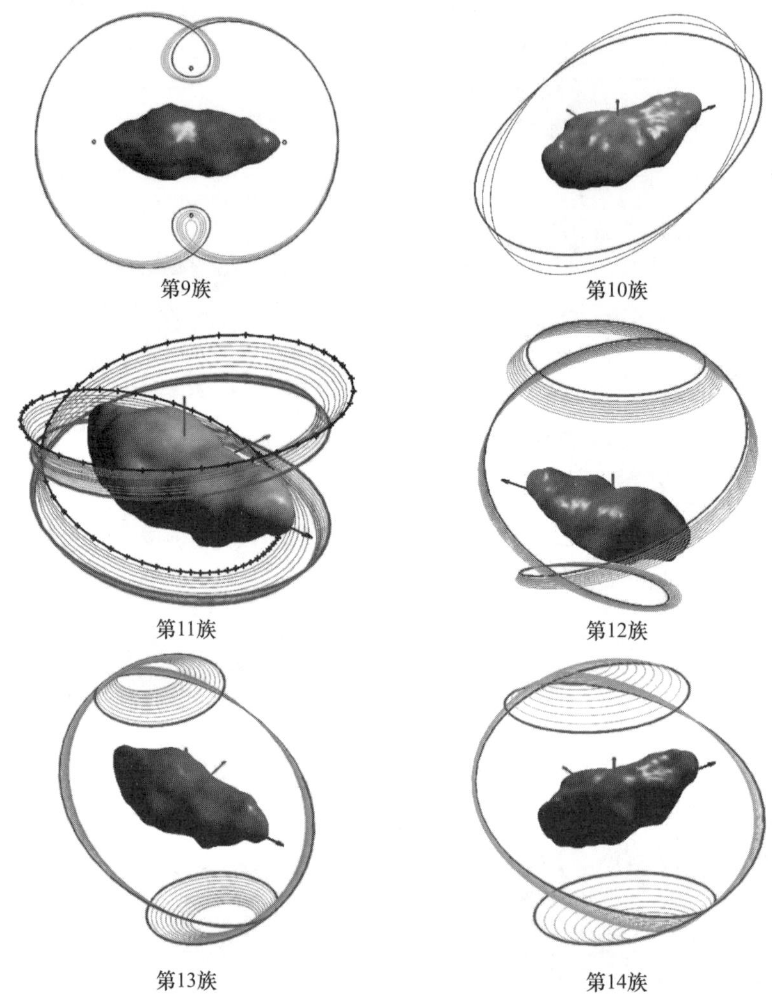

图 2-37 （见彩图）利用偶极子模型搜索多面体模型迭代得到的多面体引力场中 14 族地理星附近的周期轨道

表 2-12 图 2-37 所示 14 族周期轨道中各族代表性轨道的动力学特征

族	雅可比积分 $C/(\times10^{-6}\mathrm{km}^2/\mathrm{s}^2)$	周期/h	拓扑类型	稳定性
1	-1.0314	4.1003	P4	U
2	-0.6955	4.3983	P4	U
3	-0.4961	9.8481	P3	U
4	-0.6863	10.4464（2：1 共振）	P4	U
5	-0.5911	9.2228（1：1 共振）	P3	U

续表

族	雅可比积分 $C/(\times 10^{-6}\mathrm{km}^2/\mathrm{s}^2)$	周期/h	拓扑类型	稳定性
6	−0.6990	10.1853	P1	U
7	−0.9947	9.4170	P4	U
8	−0.8098	9.9932	P1	U
9	−0.8274	14.1714	P4	U
10	−0.9182	10.1585	P4	U
11	0.2770	9.9599	P3	U
	0.3880	9.8261	P2	S
12	0.0770	10.7040	P4	U
13	−0.0169	10.5419	P4	U
14	0.1821	10.5996	P3	U

在这 14 族轨道中，第 1 族轨道是平衡点 E_1附近的平面李雅普诺夫轨道，在地理星另一个方向平衡点 E_2附近也可以找到类似的轨道。这一族轨道的周期约为 4.1h，表 2－12 给出了红色代表性轨道的雅可比积分和轨道周期，因为这族轨道有一个实特征根的大小在 160 左右，因此它极容易发散，不可能自然保持在平衡点附近。第 2 族轨道是平衡点 E_1附近的“8”字形轨道，因为这族轨道有一个实特征根大小在 100 左右，所以也很难自然保持在平衡点附近。

第 3 族和第 4 族轨道是单螺旋轨道，它们轨道的运动周期随着雅可比积分的增大而减小，同时拱线的远端会不断向地理星南极靠近，如果持续朝周期减小的方向延拓第 3 族和第 4 族轨道，则该轨道会演化为平衡点附近的“8”字形轨道。在延拓第 4 族轨道过程中，发现了一条和地理星自转成 2∶1 共振的周期轨道，即第 4 幅图中用红线标识的轨道。

第 5 族轨道的形状类似限制性三体问题中共线平衡点附近的晕轨道，但是它在地理星附近出现的位置如果类比到限制性三体问题中，则是在三角平动点附近。延拓第 5 族轨道过程中，发现了一条和地理星自转成 2∶1 共振的周期轨道，同样在第 5 幅图中用红线标识。

第 6 族轨道是空间单螺旋轨道，在地理星表面附近 z 轴方向的运动范围随着雅可比积分增加和轨道周期的减小而增加。

第 7 族轨道是赤道平面内的椭圆轨道。第 8 族轨道是赤道平面内的单螺旋轨道。第 9 族轨道是赤道平面内的双螺旋轨道。

第 10 族轨道是具有不同倾角的轨道，它们在地理星赤道平面上的投影是椭圆形。这族轨道的倾角随着雅可比积分的增加而变大，实际延拓出 40 条轨道，图 2－37 中以其中 3 条轨道作为示意，其中红色轨道的倾角约为 19°，轨道周期约为 10.16h。

第 11 族轨道在延拓过程中雅可比积分从 $0.2770\times10^{-3}\mathrm{km}^2/\mathrm{s}^2$（黑色“+”轨道）增加到 $0.3880\times10^{-3}\mathrm{km}^2/\mathrm{s}^2$（红色轨道），轨道周期从 9.960h 略微减少到 9.826h，但是轨道拓扑结构随着雅可比积分的延拓发生了 2 次切分岔，因而黑色轨道的 P3 型先是变成 P4 型，而后变成红色轨道的 P2 型，轨道的稳定性也随之从不稳定变成稳定。第 4 章将对这里涉及的有关轨道延拓中的分岔和多重分岔现象进行了介绍与分析。

第 12 族至第 14 族轨道是多重周期轨道，其中第 12 族和第 13 族周期轨道的拓扑结构均为 P4 型，而第 14 族是 P3 型。

尽管在地理星附近搜索到的 17 族轨道中仅有 3 族在数学上是稳定周期轨道，但是同艳后星附近类似，地理星附近也存在可以让质点长期维持的拟周期轨道。图 2-38 给出了一个质点在不稳定周期轨道上运行 1000h 的实例。与艳后星附近的运动类似，质点实际运动形成了一条拟周期轨道，圆形标记与方形标记分别为运动的起点与终点。

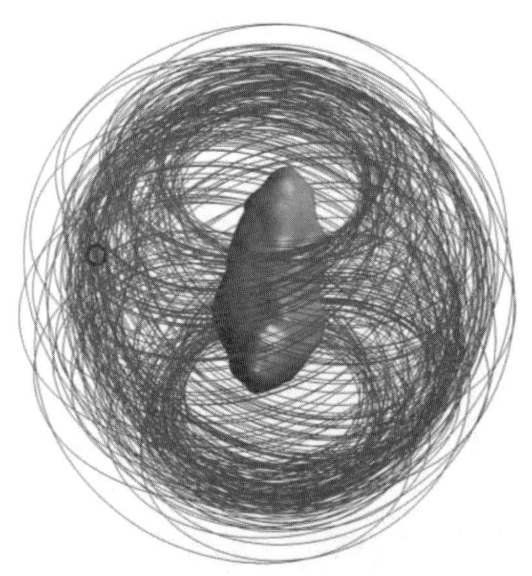

图 2-38 （见彩图）质点在一条属于第 14 族不稳定周期轨道上运行 1000h 的结果

2. 寻找平衡点附近轨道上的局限性

受到利用偶极子模型所搜索到艳后星第 10 族轨道启发，可以考虑利用偶极子模型引力场与限制性三体问题引力场的相似性，仿照限制性三体问题中共线平衡点 L_1 附近 Richardson 三阶近似解[15]的方式，推导偶极子模型引力场中的对应位置平衡点附近的周期轨道。

可以推导出在偶极子坐标系中，对应于限制性三体问题 3 个共线平动点的

位置 x 坐标分别为

$$\Omega_x = \begin{cases} x - \dfrac{\kappa(1-\mu)}{(x+\mu)^2} + \dfrac{\kappa\mu}{(x-1+\mu)^2} = 0, L_1 \\ x - \dfrac{\kappa(1-\mu)}{(x+\mu)^2} - \dfrac{\kappa\mu}{(x-1+\mu)^2} = 0, L_2 \\ x + \dfrac{\kappa(1-\mu)}{(x+\mu)^2} + \dfrac{\kappa\mu}{(x-1+\mu)^2} = 0, L_3 \end{cases} \tag{2-92}$$

其中，y 和 z 坐标均为 0。按照刘林和侯锡云的推导[17]，可以发现在偶极子模型下，质点相对共线平衡点运动的基本方程中，除了系数 $c_n(\mu)$ 以及表达式中包含 $c_n(\mu)$ 的其他系数与原限制性三体问题中不同，由

$$\begin{aligned} c_n(\mu) &= (\pm 1)^n \mu\gamma_i^{-3} + (-1)^n (1-\mu)\gamma_i^{n-2}(1\mp\gamma_i)^{-(n+1)} (i=1,2) \\ c_n(\mu) &= (-1)^n [(1-\mu)\gamma_3^{-3} + \mu\gamma_3^{n-2}(1\mp\gamma_3)^{-(n+1)}] (i=3) \end{aligned} \tag{2-93}$$

变为

$$\begin{aligned} c_n(\mu) &= (\pm 1)^n \kappa\mu\gamma_i^{-3} + (-1)^n \kappa(1-\mu)\gamma_i^{n-2}(1\mp\gamma_i)^{-(n+1)} (i=1,2) \\ c_n(\mu) &= (-1)^n [\kappa(1-\mu)\gamma_3^{-3} + \kappa\mu\gamma_3^{n-2}(1\mp\gamma_3)^{-(n+1)}] (i=3) \end{aligned} \tag{2-94}$$

体现了偶极子模型的特征之外，其余包括基本方程的形式，晕轨道三阶近似解的形式均和原限制性三体问题中的情况一致。图 2-39 给出了一条在偶极子模型下生成的晕轨道三阶近似解和地理星相对位置关系的示意图。为了使得轨道不与地理星发生碰撞，这条晕轨道三阶近似解的振幅是 1，这个振幅与偶极子特征长度的比远大于限制性三体系统中晕轨道振幅与两个大天体距离的比，受到的 x 方向扰动以及多面体不规则引力场扰动过大，因此利用常见的微分修正、混合 Powell 修正等方法均无法得到在多面体模型下的对应轨道。

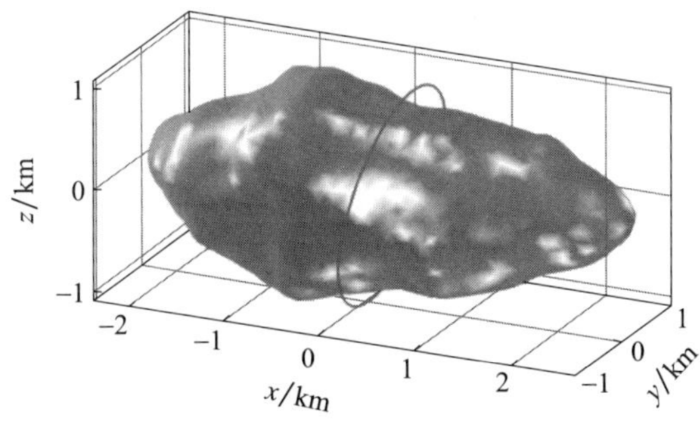

图 2-39　地理星偶极子模型下内平衡点附近晕轨道与地理星多面体模型示意图

由此也可以发现偶极子引力场模型虽然和限制性三体问题中的引力场有很多相似之处,但是由于轨道尺度与小天体尺度的比与限制性三体问题中轨道尺度与大天体距离尺度的比相去甚远,用这种方式直接定向搜索特定振幅的晕轨道依然存在很大的局限性。

2.4 小结

本章首先借助统计物理中熵的概念提出一种比较小天体与等体积均质球形状差别的指标形状熵。首先介绍了在连续情况下用形状熵比较平面几何图形与圆、空间几何图形与球的方法,随后针对多面体模型给出了适用于离散情况下的形状熵。

在比较平面几何图形与圆的过程中,推导并计算了圆和正 n 边形的形状熵,并证明了当 n 趋于无穷大时正 n 边形的形状熵趋于圆的形状熵;分别推导并计算了矩形和椭圆的形状熵;利用形状熵对同样边/轴长比的矩形和椭圆进行了比较。通过上面的推导与计算说明用形状熵比较平面几何图形与圆的合理性。

在比较空间几何图形与球的过程中,由于正多面体数量有限,推导并计算了球、正四面体、正六面体和正八面体的形状熵,发现正多面体的形状熵随面数增加而接近球的形状熵;分别推导并计算了长方体和椭球的形状熵,通过计算不同棱/轴长比直至二者分别退化到正方体与球的情况对比验证其合理性;利用形状熵对同样棱/轴长比的长方体和椭球的形状差异进行了比较。通过上面的推导与计算说明用形状熵比较空间几何图形与球的合理性。

在说明形状熵适用于连续情况下对二维和三维几何图形分别与圆和球进行比较后,对于用多面体模型模拟的小天体,给出了离散形式的形状熵计算公式,并以此计算了 19 个小天体多面体模型的形状熵,并将其描述小天体与等体积均质球比较结果,以及不同小天体间形状比较结果,与文献[1]提出的惯量指标 ρ 在上述两方面的比较结果进行对比。

本章通过借用熵的概念,给出并论证了一个合理描述小天体与等体积均质球之间形状差距的指标形状熵 S。根据形状熵的计算结果,对于二维和三维几何图形有以下结论。

(1)形状熵与几何图形的大小无关,仅和形状有关。

(2)圆和球的熵分别是二维与三维情况下的极限值,每个几何图形的形状熵与该极限值的差反映了这个几何图形在形状上与圆或球的差距。

(3)对于椭球与长方体的形状差别,通过计算二者的形状熵可得,当形状接近细长时,椭球与长方体的形状的差更大;当形状接近扁平时,椭球与长方体的形状的差相对减小；当轴/棱长比为 1 ∶ 1 ∶ 1 时，二者形状差距最小。

(4)将形状熵和惯量指标 ρ 结合可以更精确地描述小天体的形状特征。

其次推导了小天体附近质点运动的方程，并以近地小天体爱神星、主带小天体艳后星为例，研究了太阳引力在小天体附近变化规律及其对小天体附近周期轨道的影响，推广了考虑太阳引力的小天体附近周期轨道搜索方法。同时，利用偶极子模型进行周期轨道搜索中的初筛，提升了搜索多面体引力场中周期轨道的效率，并以艳后星、地理星为例进行了验证。

2.3.3 节通过推导考虑太阳引力下小天体附近质点在本体系中的运动方程，计算了小天体引力与太阳引力在小天体附近对质点运动的相对影响，发现在近地小天体爱神星附近，太阳引力为小天体引力的 $10^{-6} \sim 10^{-5}$ 量级，在主带小天体艳后星附近，太阳引力为小天体引力的 $10^{-7} \sim 10^{-6}$ 量级（均为本体系内），这个量级与地球 J_3 引力摄动对近地卫星的影响量级类似。由于本体系中需要考虑由小天体自转带来的非惯性力，而太阳引力大小取决于小天体与太阳的距离，相对变化很小，因此小天体附近，距离小天体自转轴远的地方，太阳引力的影响更小：小天体赤道平面上，在距离小天体中心 2 倍特征长度范围内，太阳引力影响随着沿 x 方向和 y 方向与小天体的距离增加减小速度较快，距离小天体中心 2 倍特征长度以外，二者相对大小基本恒定；小天体自转轴方向，太阳引力的影响与距小天体距离正相关。在此基础上以爱神星为例，利用分层网格搜索法发现了爱神星附近考虑太阳引力摄动影响的 12 族周期轨道，说明分层网格搜索法在考虑太阳引力摄动下仍然适用；以艳后星为例，考察了太阳引力对于周期轨道运动的影响，发现在无太阳引力摄动下搜得的同一族周期轨道中，雅可比积分小的轨道更容易在太阳引力摄动下偏离原轨道。

2.3.4 节提出在周期轨道搜索的初筛步骤中用偶极子引力场模型替代多面体引力场模型，在保证搜索轨道丰富性与两个模型间轨道一致性的同时提高了周期轨道搜索效率，给出了一种更加实用高效的周期轨道搜索模式，并用于艳后星、地理星附近搜索，分别获得 10 族和维持 17 族周期轨道。由于轨道尺度与小天体尺度之比与限制性三体问题中轨道尺度与大天体距离尺度的比相去甚远，偶极子引力场模型在直接定向搜索特定轨道上依然存在很大的局限性。

参考文献

[1] HU W, SCHEERES D J. Numerical determination of stability regions for orbital motion in uniformly rotating second degree and order gravity fields[J]. Planet Space Sci, 2004, 52: 685 - 692.

[2] YU Y, BAOYIN H. Generating families of 3D periodic orbits about asteroids[J]. Monthly No-

tices of the Royal Astronomical Society,2012,427(1):872 – 881.

[3] JIANG Y,YU Y,BAOYIN H. Topological classifications and bifurcations of periodic orbits in the potential field of highly irregular – shaped celestial bodies[J]. Nonlinear Dyn,2015,81(1 – 2):119 – 140.

[4] YU Y,BAOYIN H,JIANG Y. Constructing the natural families of periodic orbits near irregular bodies[J]. Monthly Notices of the Royal Astronomical Society,2015,453(3):3269 – 3277.

[5] CHANUT T G G,WINTER O C,TSUCHIDA M. 3D stability orbits close to 433 Eros using an effective polyhedral model method[J]. Monthly Notices of the Royal Astronomical Society,2014,438(3):2672 – 2682.

[6] CHANUT T G G,WINTER O C,AMARANTE A,et al. 3D plausible orbital stability close to asteroid(216)Kleopatra[J]. Monthly Notices of the Royal Astronomical Society,2015,452(2):1316 – 1327.

[7] JIANG Y,BAOYIN H,LI H. Periodic motion near the surface of asteroids[J]. Astrophys. Space Sci,2015,360(2):63.

[8] PRAVEC P,HARRIS A W,MICHALOWSKI T. Asteroid rotations[M]. Asteroids Ⅲ,Tucson:University of Arizona Press,2002.

[9] JIANG F,BAOYIN H,LI J. Practical techniques for low – thrust trajectory optimization with homotopic approach[J]. Journal of Guidance,Control,and Dynamics,2012,35(1):245 – 258.

[10] 于洋,小天体引力场中的轨道动力学研究[D]. 北京:清华大学,2014.

[11] KOON W S,LO M W,MARSDEN J E,et al. Dynamical Systems[M]. USA:California Institute of Technology,2006.

[12] YEOMANS D K,ANTREASIAN P G. BARRIOT J P,et al. Radio science results during the NEAR – Shoemaker spacecraft rendezvous with Eros[J]. Science,2000,289(5487):2085 – 2088.

[13] MARCHIS F,DESCAMPS P,BERTHIER J,et al. S/2008(216)1 and S/2008(216)2[J]. International Astronomical Union Circular,2008,8980:1.

[14] DESCAMPS P,MARCHIS F,BERTHIER J,et al. Triplicity and physical characteristics of Asteroid(216)Kleopatra[J]. Icarus,2011,21(2):1022 – 1033.

[15] ZENG X,JIANG F,LI J. et al. Study on the connection between the rotating mass dipole and natural elongated bodies[J]. Astrophysics and Space Science,2015,356(1):29 – 42.

[16] RICHARDSON D L. Analytic construction of periodic orbits about the collinear points[J]. Celestial mechanics,1980,22(3):241 – 253.

[17] 刘林,侯锡云,深空探测器轨道力学[M]. 北京:电子工业出版社,2012.

[18] SCHEERES D J,OSTRO S J,HUDSON R S,et al. Orbits close to asteroid 4769 Castalia[J]. Icarus,1996,121(1):67 – 87.

第3章

周期轨道延拓中的多重分岔

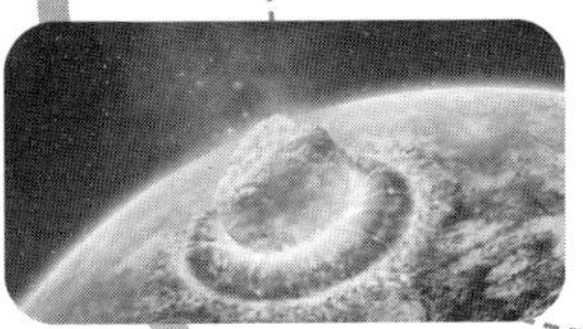

3.1 引言

由第2章对爱神星附近周期轨道搜索以及延拓的结果可以看出,尽管在周期轨道延拓过程中轨道几何形态没有改变,但是一些轨道的拓扑类型发生了改变,因而不同拓扑类型的周期轨道可能具有类似的几何形态。由于决定周期轨道稳定性的是拓扑类型而非几何形态,关注周期轨道延拓中拓扑类型的变化更能揭示轨道稳定性。

分岔现象是指周期轨道在延拓过程中轨道特征根随着延拓参数连续变化,并且轨道拓扑结构发生变化的现象。非线性动力系统的分岔会给系统带来许多复杂的变化,不规则小天体作为真实存在的非线性动力系统实例,可以提供真实具体的分岔现象,有助于理解分岔对不同参数下轨道的影响。认识轨道的稳定性、几何形态和周期等特性在轨道延拓中分岔前后的变化规律对小天体探测任务中的轨道设计有重要的科学与工程价值。Jiang 等的研究中,已经发现艳后星、格勒夫卡星等不规则小天体附近延拓周期轨道时出现的单一分岔现象[1]。

本章主要对小天体附近周期轨道延拓中出现的多重分岔问题进行研究。3.2 节将说明系统式(2-64)中,周期轨道特征根分布只能在特征根随参数变化运动发生碰撞时出现拓扑结构变化,因而系统周期轨道在延拓中的基本分岔类型只有4种情况,并在此基础上介绍延拓过程中理论上可能出现的基本分岔组合。3.3 节通过第2章中介绍的轨道搜索方法,给出并分析了爱神星附近部分周期轨道在延拓中实际产生的多重分岔现象,发现了周期轨道族中稳定区域与不稳定区域交替出现的现象。3.4 节以艾女星为例,分析了周期轨道分别在稳定区域与不稳定区域中受到扰动时所发生的变化。

3.2 周期轨道延拓中的分岔组合

首先证明周期轨道特征根的碰撞只发生在复平面的实轴或者单位圆上。对于系统式(2-64),其状态转移矩阵式(2-79)是辛矩阵,因此1是六维矩阵 $\boldsymbol{M}$ 的特征根且重数至少为2,若 λ 为 $\boldsymbol{M}$ 的特征根,那么由辛矩阵的性质,λ^{-1}、$\bar{\lambda}$、$\bar{\lambda}^{-1}$都是 $\boldsymbol{M}$ 的特征根。如果 λ 既不在实轴上也不在单位圆上,那么 λ^{-1}、$\bar{\lambda}$、$\bar{\lambda}^{-1}$也既不在实轴上也不在单位圆上。如果碰撞点既不发生在复平面的实轴上也不发生在单位圆上,那么意味着碰撞前 $\boldsymbol{M}$ 矩阵仅非1的特征根就需要8个,再加上重数为2的特征根1,一共有10个特征根,与 $\boldsymbol{M}$ 是六维矩阵相矛盾,因此可得周期轨道特征根的碰撞只能发生在复平面的实轴或者椭圆上。

其次证明实轴上的特征根在碰撞前不会离开实轴。如果实轴上的特征根 λ 在碰撞前离开实轴变成 λ',进入复平面中既不在实轴上也不在单位圆上的区域,那么由辛矩阵的性质可知 λ'^{-1}、$\bar{\lambda}'$、$\bar{\lambda}'^{-1}$也是 $\boldsymbol{M}$ 的特征根,由此增加了2个新的特征根,再加上重数为2的特征根1,一共有8个特征根,同样与 $\boldsymbol{M}$ 是六维矩阵相矛盾,由此可得实轴上的特征根在碰撞前不会离开实轴。同理可得,单位圆上的特征根在碰撞前不会离开单位圆。

因此,在周期轨道随雅可比积分变化进行延拓的过程中,当特征根的分布随着参数变化而变化并且发生碰撞后,若拓扑类型发生变化则根据枚举法只可以得到4种单一分岔,每种分岔分别有若干特征根变化路径。表3-1给出了考虑分岔前后特征根分布为P1、P2、P3和P4 4种情形下,周期轨道延拓4种单一分岔的6种拓扑类型变化路径[2]。在周期轨道延拓过程中还会出现伪分岔现象,虽然特征根发生碰撞,但是碰撞前后特征根分布的拓扑类型没有变化。表3-2给出了考虑分岔前后特征根分布为P1、P2、P3和P4 4种情形下周期轨道延拓四种伪分岔的12种拓扑类型变化路径。

表3-1　周期轨道延拓中单一分岔总结

分岔类型	序号	拓扑类型变化路径
倍周期分岔	Ⅰ	P4 ↔PPD3 ↔P2
	Ⅱ	P4 ↔PPD4 ↔P3
切分岔	Ⅰ	P4 ↔P5 ↔P2
	Ⅱ	P4 ↔P6 ↔P3
实鞍分岔	Ⅰ	P3 ↔PDRS1 ↔P1
Neimark - Sacker 分岔	Ⅰ	P2 ↔PDK1 ↔P1

表3-2　周期轨道延拓中伪分岔总结

伪分岔类型	序号	拓扑类型变化路径
伪倍周期分岔	Ⅰ	P4 →PPD3 →P4
	Ⅱ	P4 →PPD4 →P4
	Ⅲ	P3 →PPD4 →P3
	Ⅳ	P2 →PPD3 →P2
伪切分岔	Ⅰ	P4 →P5 →P4
	Ⅱ	P4 →P6 →P4
	Ⅲ	P3 →P6 →P3
	Ⅳ	P2 →P5 →P2
伪实鞍分岔	Ⅰ	P3 →PDRS1 →P3
	Ⅱ	P1 →PDRS1 →P1
伪 Neimark - Sacker 分岔	Ⅰ	P2 →PDK1 →P2
	Ⅱ	P1 →PDK1 →P1

在一族周期轨道延拓过程中,有时不止出现一次分岔现象,同一族周期轨道中会出现由4种单一分岔构成的多重分岔组合。如果考虑连续2次分岔的组合,可以找到10种基本组合形式,其中4种是同一种分岔连续出现,6种是4种单一分岔不考虑顺序的两两组合。表3-3给出了考虑分岔前后特征根分布为P1、P2、P3和P4这4种情形下,周期轨道延拓多重分岔中这10种基本组合的25种拓扑类型变化路径。

表 3 – 3　周期轨道延拓中多重分岔基本组合

基本组合	序号	拓扑类型变化路径
倍周期分岔 – 倍周期分岔	Ⅰ	P4 ↔PPD3 ↔P2 ↔PPD3 ↔P4
	Ⅱ	P4 ↔PPD4 ↔P3 ↔PPD4 ↔P4
	Ⅲ	P3 ↔PPD4 ↔P4 ↔PPD4 ↔P3
	Ⅳ	P3 ↔PPD4 ↔P4 ↔PPD3 ↔P2
	Ⅴ	P2 ↔PPD3 ↔P4 ↔PPD3 ↔P2
切分岔 – 切分岔	Ⅰ	P4 ↔P5 ↔P2 ↔P5 ↔P4
	Ⅱ	P4 ↔P6 ↔P3 ↔P6 ↔P4
	Ⅲ	P3 ↔P6 ↔P4 ↔P6 ↔P3
	Ⅳ	P3 ↔P6 ↔P4 ↔P5 ↔P2
	Ⅴ	P2 ↔P5 ↔P4 ↔P5 ↔P2
实鞍分岔 – 实鞍分岔	Ⅰ	P3 ↔PDRS1 ↔P1 ↔PDRS1 ↔P3
	Ⅱ	P1 ↔PDRS1 ↔P3 ↔PDRS1 ↔P1
Neimark – Sacker 分岔 – Neimark – Sacker 分岔	Ⅰ	P2 ↔PDK1 ↔P1 ↔PDK1 ↔P2
	Ⅱ	P1 ↔PDK1 ↔P2 ↔PDK1 ↔P1
倍周期分岔 – 切分岔	Ⅰ	P4 ↔PPD3 ↔P2 ↔P5 ↔P4
	Ⅱ	P4 ↔PPD4 ↔P3 ↔P6 ↔P4
	Ⅲ	P3 ↔PPD4 ↔P4 ↔P6 ↔P3
	Ⅳ	P3 ↔PPD4 ↔P4 ↔P5 ↔P2
	Ⅴ	P2 ↔PPD3 ↔P4 ↔P6 ↔P3
	Ⅵ	P2 ↔PPD3 ↔P4 ↔P5 ↔P2
倍周期分岔 – 实鞍分岔	Ⅰ	P4 ↔PPD4 ↔ P3 ↔PDRS1 ↔P1
倍周期分岔 – Neimark – Sacker 分岔	Ⅰ	P4 ↔PPD3 ↔P2 ↔PDK1 ↔P1
切分岔 – 实鞍分岔	Ⅰ	P4 ↔P6 ↔P3 ↔PDRS1 ↔P1
切分岔 – Neimark – Sacker 分岔	Ⅰ	P4 ↔P5 ↔P2 ↔PDK1 ↔P1
实鞍分岔 – Neimark – Sacker 分岔	Ⅰ	P3 ↔PDRS1 ↔P1 ↔PDK1 ↔P2

从表 3 – 3 中可以看出，倍周期分岔与切分岔在多重分岔中出现的可能性远大于实鞍分岔和 Neimark – Sacker 分岔。这是因为倍周期分岔与切分岔分别发生在特征根在 –1 和 +1 处的碰撞，这两个分岔分别联系了 3 种拓扑类型，而实鞍分岔和 Neimark – Sacker 分岔分别只联系了 2 种拓扑类型。3.3 节对爱神星附近周期轨道延拓中多重分岔的考察也例证了这点。另外，在表 3 – 3 的 25 种拓

扑类型变化路径中，有 15 种路径涉及轨道延拓中稳定性发生转换，其中有 10 种路径会使轨道延拓中出现 2 次稳定性转换。

3.3　爱神星附近周期轨道延拓中的多重分岔

本节利用2.3.1 节中的搜索方法，在不考虑太阳引力影响的系统式(2 -64)中搜索并延拓出 29 族爱神星附近周期轨道族，并对延拓中多重分岔进行了考察，在 29 族周期轨道的延拓中共发现了理论上 10 种多重分岔基本组合中除去 4 种包含 Neimark - Sacker 分岔组合以外的其他 6 种。一族延拓中最多包含了五重分岔组合。本节挑选其中 4 个有代表性的延拓算例，进行详细分析介绍。

图 3 -1 展示了一族在延拓中出现双重倍周期分岔现象的周期轨道族，这族轨道从几何形态上看是近圆形、零倾角，相对爱神星逆行的轨道。图 3 -1(a)是第一次倍周期分岔前的周期轨道；图 3 -1(b)是两次倍周期分岔之间的周期轨道；图 3 -1(c)是第二次倍周期分岔后的周期轨道。左侧的图像给出了周期轨道在 $Oxyz$ 中的位置，右侧图像给出了轨道在 xOy 平面中的投影。延拓过程中轨道的雅可比积分从 $25.79\times10^{-6}\,\mathrm{km^2/s^2}$ 变为 $20.79\times10^{-6}\,\mathrm{km^2/s^2}$，轨道周期从 $1.1703\times10^4\,\mathrm{s}$ 变为 $0.9729\times10^4\,\mathrm{s}$。第一次倍周期分岔时，轨道的雅可比积分为 $23.19\times10^{-6}\,\mathrm{km^2/s^2}$，周期为 $1.0777\times10^4\,\mathrm{s}$；第二次倍周期分岔时，轨道的雅可比积分为 $22.79\times10^{-6}\,\mathrm{km^2/s^2}$，周期为 $1.0620\times10^4\,\mathrm{s}$。图 3 -2 反映了轨道延拓过程中轨道雅可比积分与周期的对应关系。图 3 -3 展示了特征根拓扑结构在双重倍周期分岔中的变化路径。

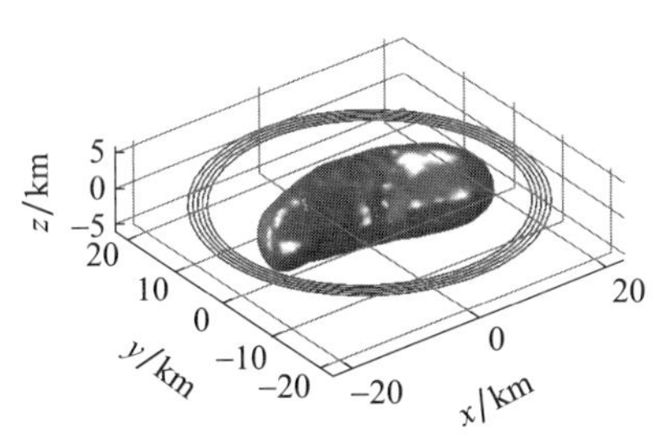

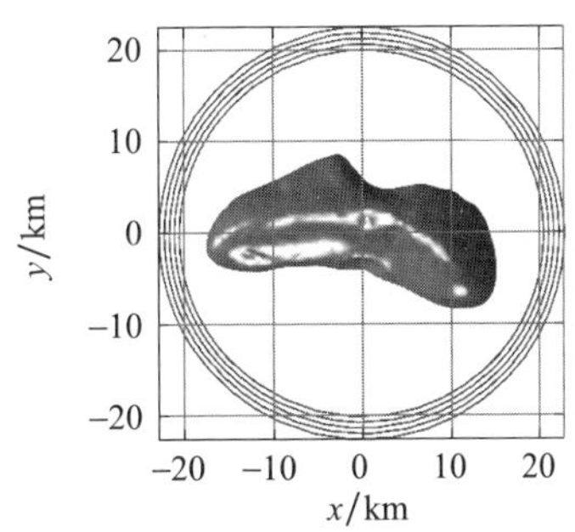

(a)

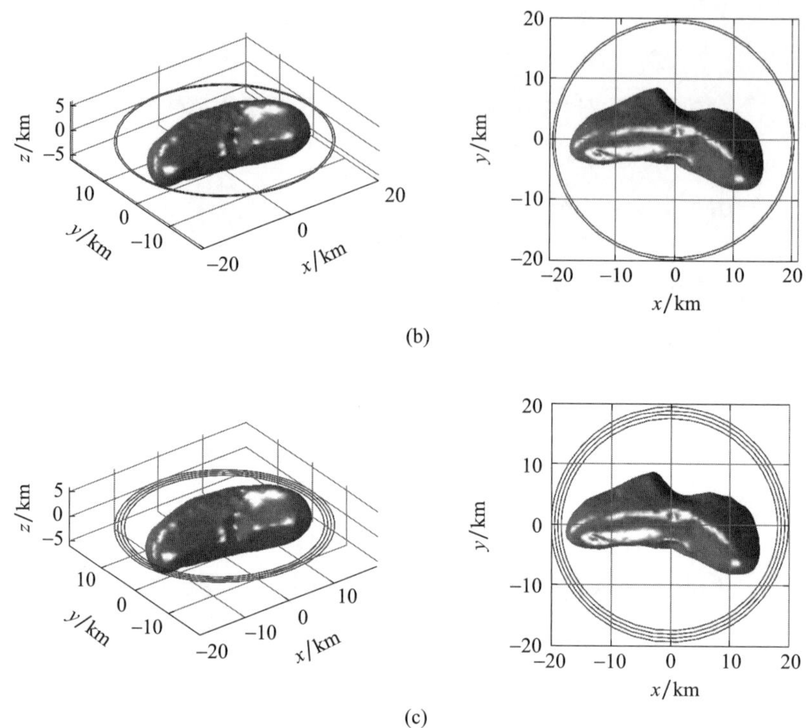

图 3-1　延拓中包含双重倍周期分岔现象的爱神星附近周期轨道族

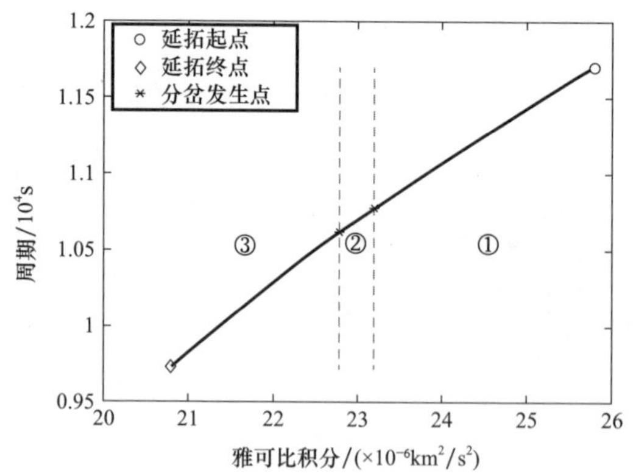

图 3-2　轨道延拓过程中雅可比积分与周期变化图

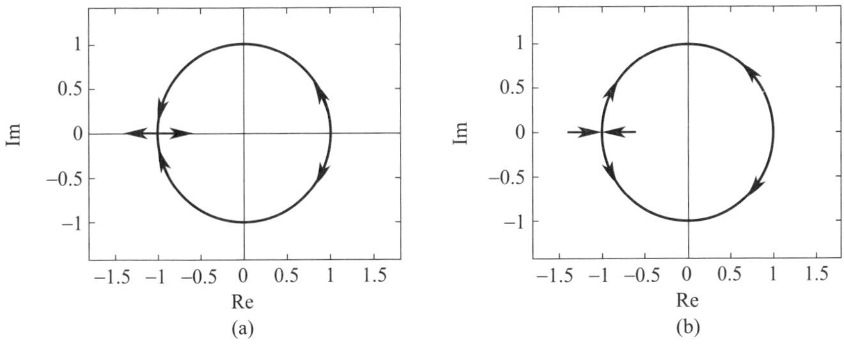

图 3-3　轨道延拓过程中轨道单值矩阵特征根分布变化图

在第一次倍周期分岔前，周期轨道的拓扑结构类型为 P2 型，当第一次倍周期分岔发生时，轨道的拓扑结构类型变为 PPD3 型，分岔后变为 P4 型，由稳定轨道变为不稳定轨道。在第二次倍周期分岔前，周期轨道的拓扑结构类型为 P4 型，图 3-1(b)所示区域的周期轨道均为不稳定轨道，当雅可比积分为 $22.79\times10^{-6}\mathrm{km}^2/\mathrm{s}^2$，发生第二次倍周期分岔时，周期轨道的拓扑类型再次变为 PPD3 型，随后变为 P2 型，由不稳定轨道变为稳定轨道。两次分岔在延拓过程中均是瞬时现象，即每次分岔时只有 1 条周期轨道的拓扑类型属于 PPD3 型。

Jiang 等曾发现艳后星附近一族近圆形零倾角相对艳后星逆行的稳定周期轨道[1]。该族轨道在延拓过程中仅发生了 3.2 节所述的伪倍周期分岔现象：分布在单位圆上的特征根在 -1 处发生碰撞，但在碰撞后依然分布在单位圆上。Jiang 等由此解释了艳后星两个小月亮 Alexhelios 和 Cleoselene 稳定运行的原因[1]。在本书的研究中，由于爱神星的这族轨道在延拓中形成了稳定—不稳定—稳定的条带，意味着爱神星赤道面上近圆轨道的稳定区域相对狭窄。3.4 节中将对在不稳定区域上周期轨道的演化进行研究。

图 3-4 展示了一族在延拓中出现双重切分岔现象的周期轨道族。图 3-4(a)是第一次倍周期分岔前的周期轨道；图 3-4(b)是两次倍周期分岔之间的周期轨道；图 3-4(c)是第二次倍周期分岔后的周期轨道。和图 3-1 一样，左侧的图像给出了周期轨道在 $Oxyz$ 中的位置，右侧图像给出了轨道在 xy 平面中的投影。延拓过程中轨道的雅可比积分从 $-26.99\times10^{-6}\mathrm{km}^2/\mathrm{s}^2$ 变为 $-50.75\times10^{-6}\mathrm{km}^2/\mathrm{s}^2$，轨道周期从 $3.7427\times10^4\mathrm{s}$ 变为 $2.5477\times10^4\mathrm{s}$。第一次切分岔时，轨道的雅可比积分为 $-44.39\times10^{-6}\mathrm{km}^2/\mathrm{s}^2$，周期为 $3.6901\times10^4\ \mathrm{s}$；第二次切分岔时，轨道的雅可比积分为 $-46.55\times10^{-6}\mathrm{km}^2/\mathrm{s}^2$，周期为 $3.1778\times10^4\mathrm{s}$。图 3-5 反映了轨道延拓过程中轨道雅可比积分与周期的对应关系。图 3-6 展示了特征根拓扑结构在双重切分岔中的变化路径。

在第一次切分岔前,周期轨道的拓扑结构类型为 P3 型,当第一次倍周期分岔发生时,轨道的拓扑结构类型变为 P6 型,分岔后变为 P4 型。分岔前后的轨道均为不稳定轨道。第一次切分岔前后,从 3－4(a)和(b)中可以看到周期轨道的几何形态发生了明显变化,从图 3－5 中也可以看到雅可比积分与周期的变化轨道有明显突变。在第二次切分岔前,周期轨道的拓扑结构类型为 P4,发生第二次切分岔时,周期轨道的拓扑类型变为 P5,在第二次切分岔后变为 P2,由不稳定轨道变为稳定轨道。所以图 3－4(a)和(b)均为不稳定轨道,(c)为稳定轨道区域。

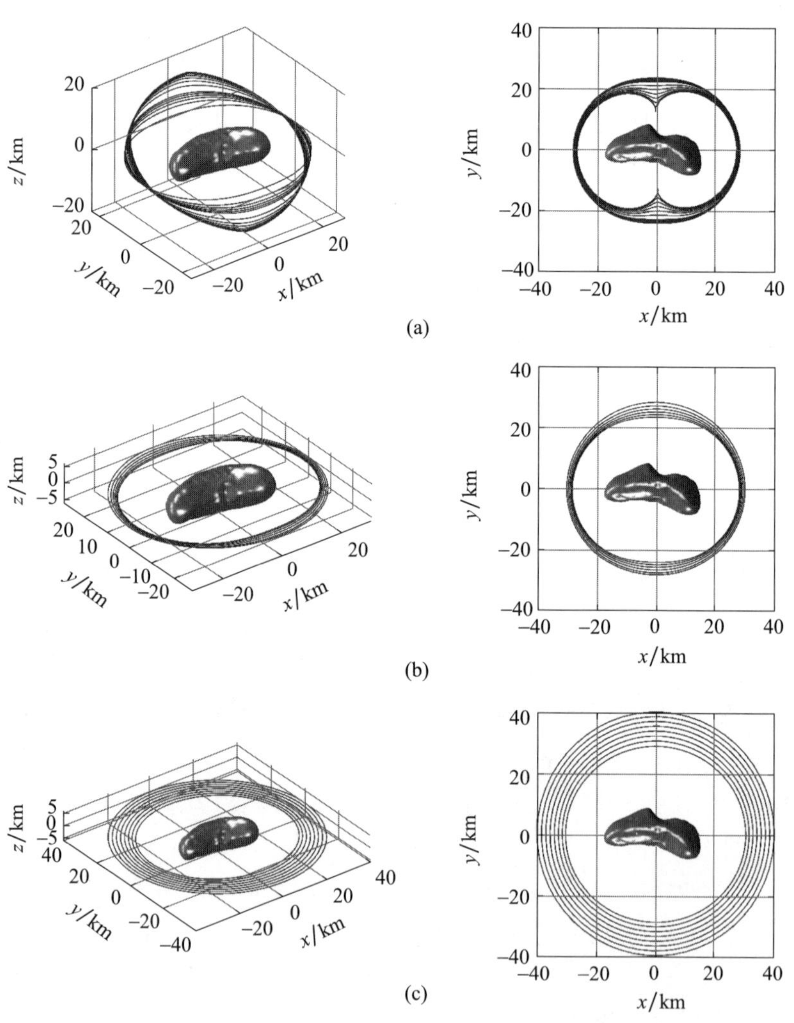

图 3－4　延拓中包含双重切分岔现象的爱神星附近周期轨道族

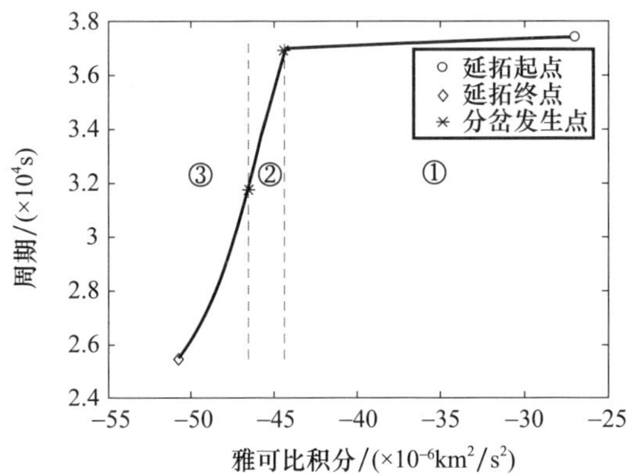

图 3－5　轨道延拓过程中雅可比积分与周期变化图

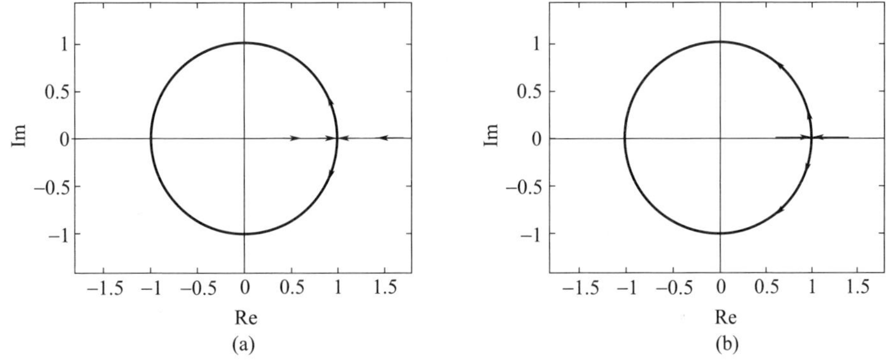

图 3－6　轨道延拓过程中轨道单值矩阵特征根分布变化图

图 3－7 展示了一族在延拓中出现三重分岔现象的周期轨道族，分别是双重实鞍分岔和一次倍周期分岔。图 3－7(a)是第一次实鞍分岔前的周期轨道；图 3－7(b)是两次实鞍分岔之间的周期轨道；图 3－7(c)是第二次实鞍分岔后，倍周期分岔前的周期轨道；图 3－7(d)是倍周期分岔后的周期轨道。类似地，左侧的图像给出了周期轨道在 $Oxyz$ 中的位置，右侧图像给出了轨道在 xOy 平面中的投影。延拓过程中轨道的雅可比积分从 $-35.18\times10^{-6}\mathrm{km}^2/\mathrm{s}^2$ 变为 $-22.78\times10^{-6}\mathrm{km}^2/\mathrm{s}^2$，轨道周期从 $3.7079\times10^4\mathrm{s}$ 变为 $3.5651\times10^4\mathrm{s}$。第一次实鞍分岔时，轨道的雅可比积分为 $-33.98\times10^{-6}\mathrm{km}^2/\mathrm{s}^2$，周期为 $3.7079\times10^4\mathrm{s}$；第二次实鞍分岔时，轨道的雅可比积分等于 $-29.78\times10^{-6}\mathrm{km}^2/\mathrm{s}^2$，周期为 $3.6992\times10^4\mathrm{s}$；倍周期分岔时，轨道的雅可比积分为 $-27.58\times10^{-6}\mathrm{km}^2/\mathrm{s}^2$，周期为 $3.6825\times10^4\mathrm{s}$。图 3－8 反映了轨道延拓过程中轨道雅可比积分与周期的对应关系。图 3－9 展示了特征根拓扑结构在三重分岔中的变化路径。

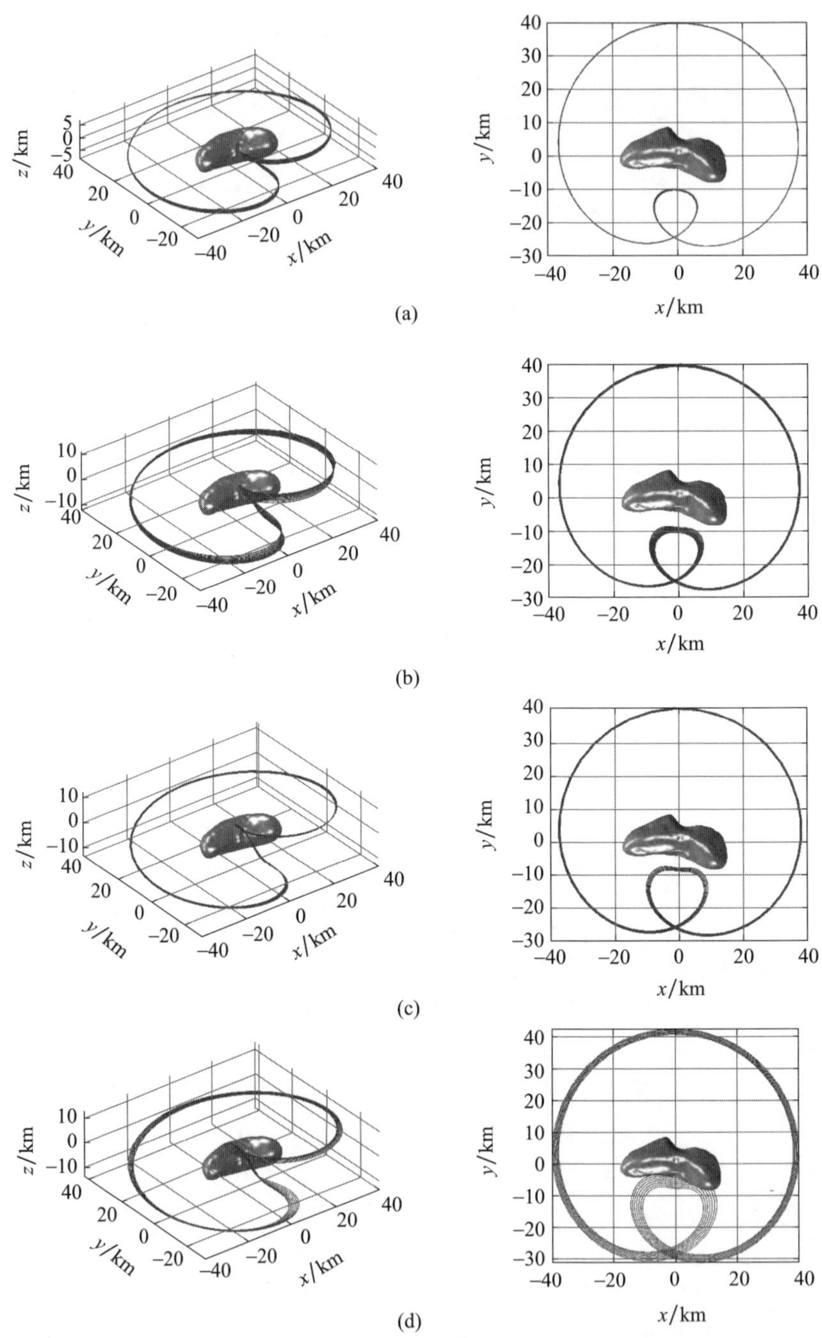

图 3-7　延拓中包含三重分岔现象的爱神星附近周期轨道族

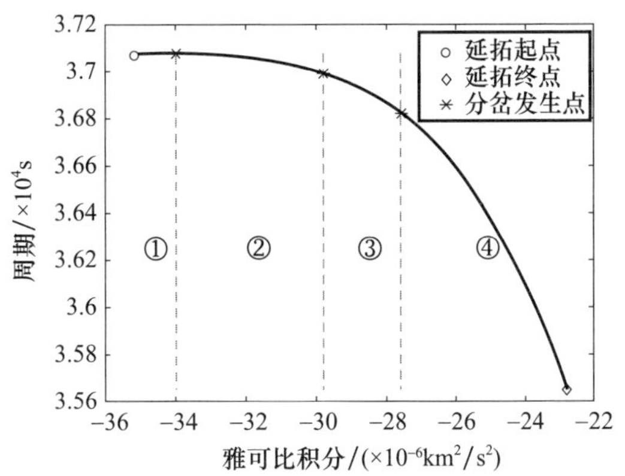

图 3-8　轨道延拓过程中雅可比积分与周期变化图

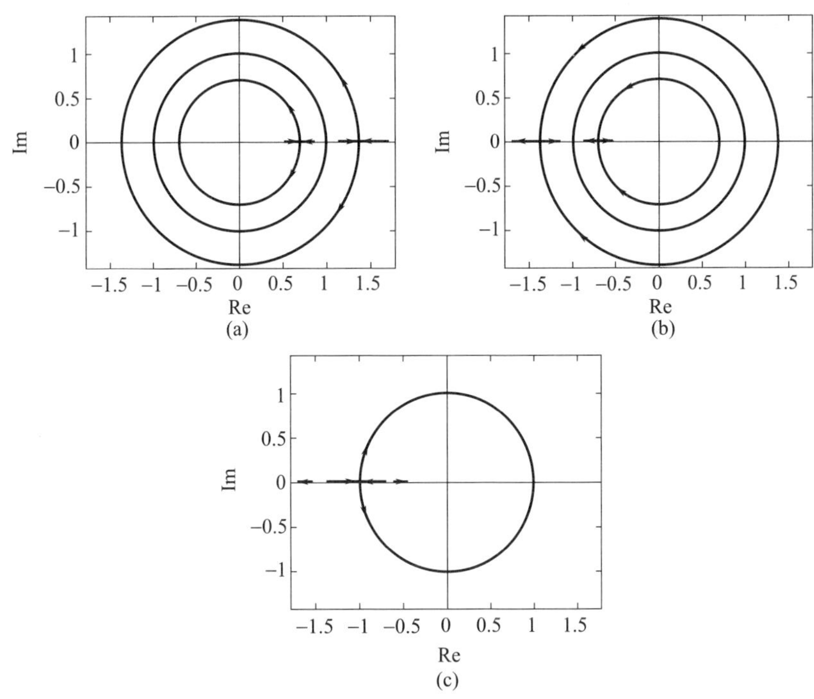

图 3-9　轨道延拓过程中轨道单值矩阵特征根分布变化图

在第一次实鞍分岔前，周期轨道的拓扑结构类型为 P3 型，随着雅可比积分的增加，拓扑结构由 P3 型变为 PDRS1，随后变为 P1 型。当拓扑结构为 PDRS1 时，实鞍分岔发生。和之前一样，只有一条对应雅可比积分为 $-33.98\times10^{-6}\mathrm{km}^2/\mathrm{s}^2$ 的周期轨道拓扑类型为 PDRS1 型，分岔前后的轨道均为不稳定轨道。第一次切分岔后，从图 3-9 中可以看到第一次实鞍分岔后到第二次实鞍分岔前，特征根分布从实数的正半平面运动到负半平面。如果特征根的分布没有发生这样的变化,那么第二次实鞍分岔后的延拓中永远不可能出现倍周期分岔。在第二次实鞍分岔前,周期轨道的拓扑结构类型为 P1 型,是不稳定轨道。随着雅可比积分的增加,拓扑结构由 P1 型变为 PDRS1 型,发生实鞍分岔,随后变为 P3 型,依然是不稳定轨道。随着雅可比积分的进一步增加,拓扑结构变为 PPD4 型,发生倍周期分岔,随后周期轨道的拓扑类型变为 P4 型。所以图 3-7(a)~(d)均为不稳定轨道区域。

在平衡点附近周期轨道的延拓在轨道振幅足够小时没有分岔现象[3],之前多位研究人员的研究中也没有发现平衡点附近周期轨道延拓中的分岔现象[4-8]。但是本书的工作表明,随着周期轨道振幅的增加,延拓中不仅存在分岔现象,甚至会存在多重分岔现象。

图 3-10 给出了在爱神星平衡点附近延拓周期轨道时得到的多重分岔现象的实例。图 3-10(a)是实鞍分岔前的周期轨道;图 3-10(b)是实鞍分岔后到第一次切分岔之间的周期轨道;图 3-10(c)是第一次切分岔后到第一次倍周期分岔前的周期轨道;图 3-10(d)是两次倍周期分岔之间的周期轨道;图 3-10(e)是第二次倍周期分岔后到第二次切分岔前的周期轨道;图 3-10(f)是第二次切分岔后的周期轨道。和前面类似,左侧的图像给出了周期轨道在 $Oxyz$ 中的位置,右侧图像给出了轨道在 xz 平面中的投影。延拓过程中轨道的雅可比积分从 $-38.79\times10^{-6}\text{km}^2/\text{s}^2$ 变为 $17.93\times10^{-6}\text{km}^2/\text{s}^2$,轨道周期从 $1.9165\times10^4\text{s}$ 变为 $2.1482\times10^4\text{s}$。实鞍分岔发生时,轨道的雅可比积分为 $-31.39\times10^{-6}\text{km}^2/\text{s}^2$,周期为 $1.9561\times10^4\text{s}$;第一次切分岔时,轨道的雅可比积分为 $-22.59\times10^{-6}\text{km}^2/\text{s}^2$,周期为 $2.0073\times10^4\text{s}$;第一次倍周期分岔时,轨道的雅可比积分为 $-0.19\times10^{-6}\text{km}^2/\text{s}^2$,周期为 $2.1098\times10^4\text{s}$;第二次倍周期分岔时,轨道的雅可比积分为 $1.01\times10^{-6}\text{km}^2/\text{s}^2$,周期为 $2.1135\times10^4\text{s}$;第二次切分岔时,轨道的雅可比积分为 $16.41\times10^{-6}\text{km}^2/\text{s}^2$,周期为 $2.1482\times10^4\text{s}$。在这个延拓中,周期轨道的雅可比积分变化范围较前面几次延拓要大得多。图 3-11 反映了轨道延拓过程中轨道雅可比积分与周期的对应关系。图 3-12 展示了特征根拓扑结构在多重分岔中的变化路径。

在实鞍分岔前(图 3-11 区域①),周期轨道的拓扑结构类型为 P1 型,随着雅可比积分的增加,拓扑结构由 P1 型变为 PDRS1 型,发生实鞍分岔,随后变为 P3 型。这个过程中,只有一条对应雅可比积分为 $-31.39\times10^{-6}\text{km}^2/\text{s}^2$ 的周期轨道,拓扑类型为 PDRS1 型,分岔前后的轨道均为不稳定轨道。实鞍分岔后到第一次切分岔前(区域②),周期轨道的拓扑结构类型为 P3 型,是不稳定轨道。随着雅可比积分的增加,拓扑结构由 P3 型变为 P6 型,发生实鞍分岔,随后变为 P4 型,依然是不稳定轨道。随着雅可比积分的进一步增加(区域③),拓扑结构变为 PPD4 型，发生第一次倍周期分岔，随后周期轨道的拓扑类型再次变为 P3 型，仍为不稳定轨道。在两次倍周期分岔之间（区域④），复平面 –1 附近的一对特征根随着雅可比积分的增加先相互远离，接着相互靠近，在雅可比积分为$1.01\times10^{-6}\mathrm{km}^2/\mathrm{s}^2$时再次在 –1 点发生碰撞，拓扑类型由 P3 型再次变成 P4 型，发生第二次倍周期分岔。第二次倍周期分岔后（区域⑤），位于单位圆上和实轴上的特征根均随着雅可比积分增加向 1 运动，实轴上的一对特征根先在 1 处发生碰撞，拓扑类型变为 P5 型，随后该对特征根离开实轴进入单位圆，轨道的拓扑类型随即变为 P2 型（区域⑥），由不稳定轨道变为稳定轨道。所以图 3 – 10（a）～（e）所示的轨道均为不稳定轨道，图 3 – 10（f）为稳定轨道。

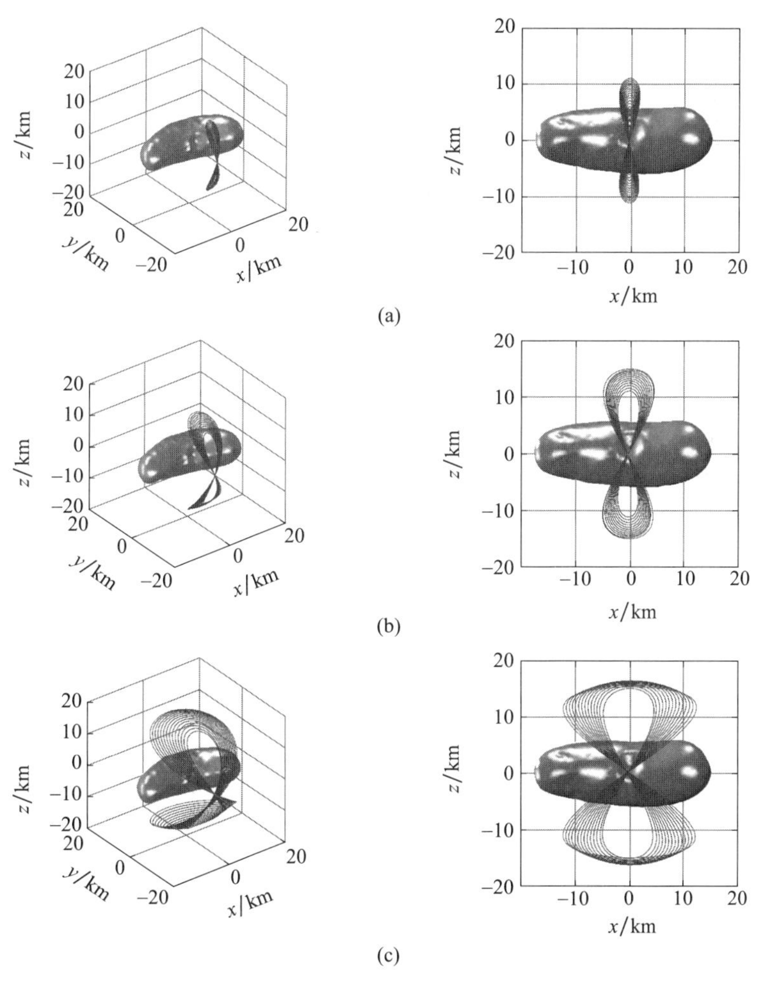

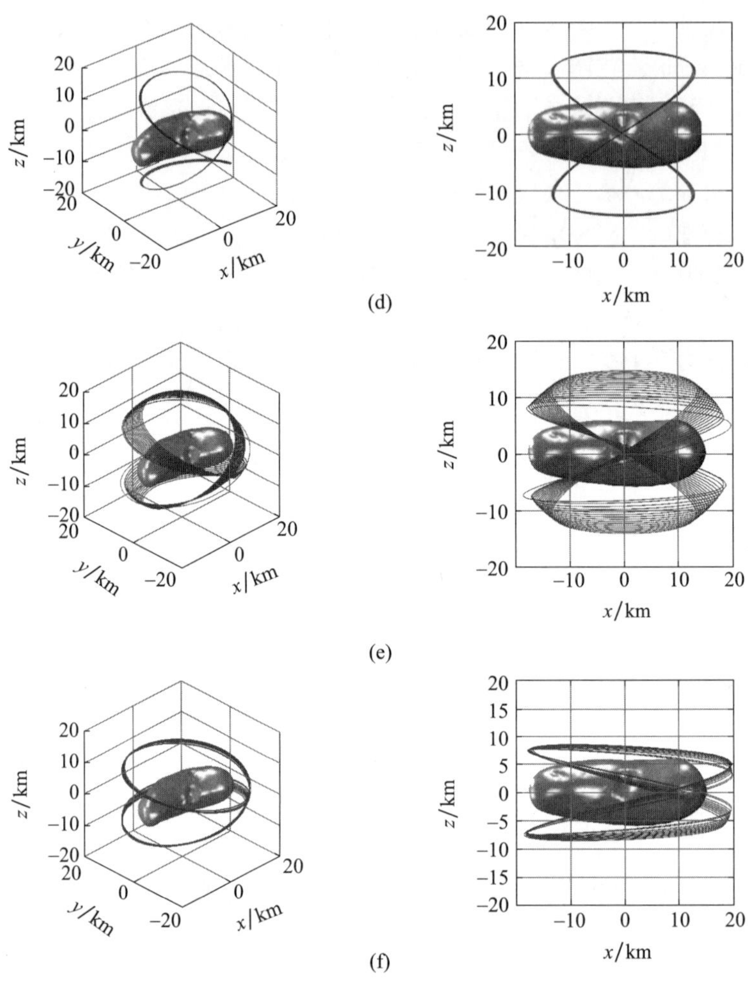

图 3-10　平衡点附近延拓中包含多重分岔现象的爱神星附近周期轨道族

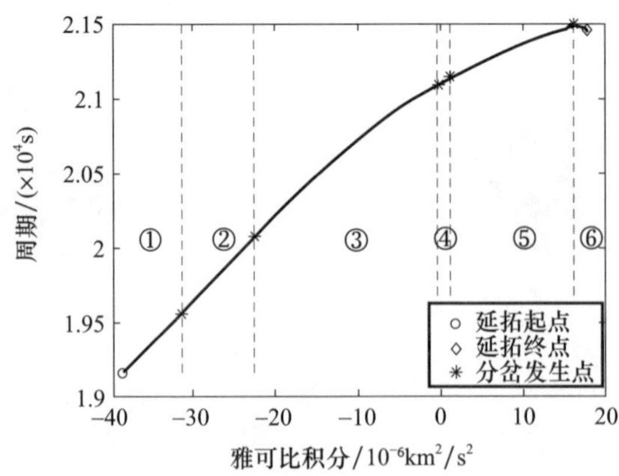

图 3-11　轨道延拓过程中雅可比积分与周期变化图

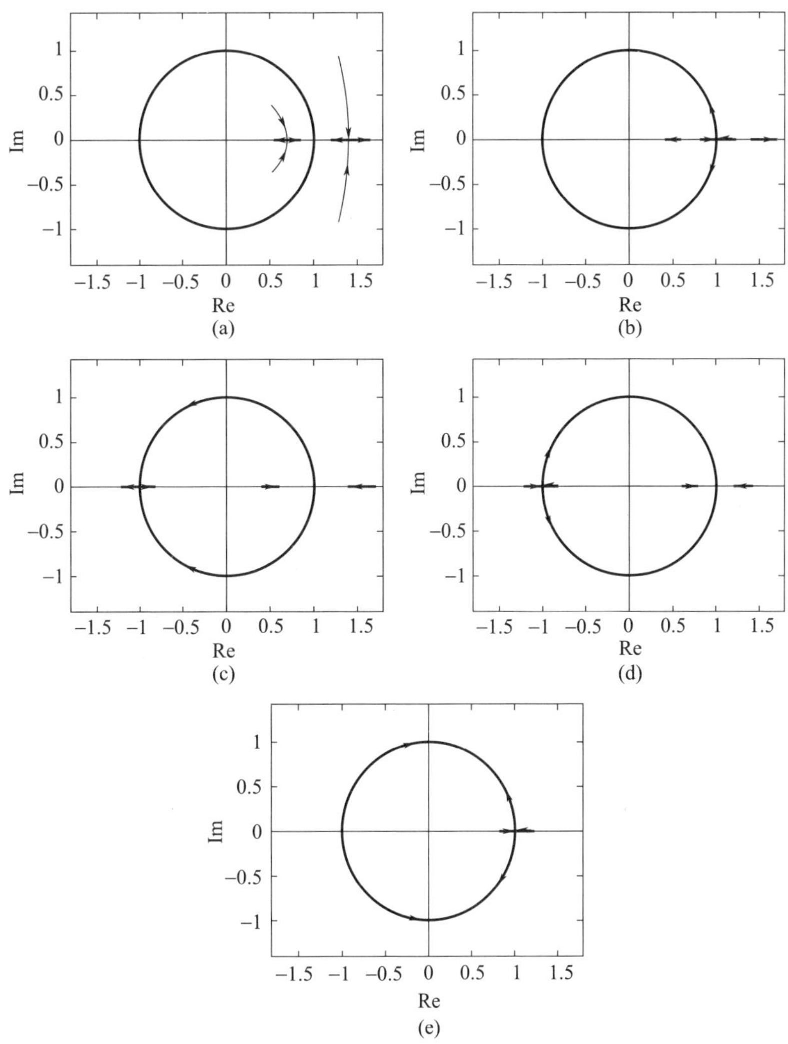

图 3 - 12　(见彩图)轨道延拓过程中轨道单值矩阵特征根分布变化图

在本节的研究中,在实际小天体附近的周期轨道延拓中发现了大量丰富的多重分岔现象,并以其中 4 次延拓为例对这些多重分岔的过程、雅可比积分与周期的变化、特征根分布的变化进行了较为详尽的唯象研究。结合图 3 - 1 和图 3 - 4 还可以发现赤道面上存在稳定轨道区域与不稳定轨道区域交替出现的情况。事实上,这种由多重分岔带来的稳定区域与不稳定区域交替出现的情况在其他小天体附近也有发现,在 3.4 节中会以艾女星为例研究不稳定周期轨道向拟周期轨道的演化。

3.4 不同稳定性区域中周期轨道受扰比较

在 Ni 等发现爱神星赤道面上近圆轨道存在稳定区域与不稳定区域交替出现后[9]，Lan 等用同样的方法对艾女星赤道面上的近圆轨道进行了类似研究，在艾女星赤道面附近同样发现了近圆轨道存在 4 个交替出现的稳定区域与不稳定区域，并给出了这 4 个区域中轨道对应的雅可比积分和周期变化范围[10]。

为了研究周期轨道在稳定区域内与不稳定区域内的演化差别，分别在 Lan 等所述的艾女星附近稳定区域Ⅰ和不稳定区域Ⅱ中各选取一条周期轨道，对轨道状态量$[\boldsymbol{r}^{\mathrm{T}},\boldsymbol{v}^{\mathrm{T}}]^{\mathrm{T}}$分别施加 0.25%、0.5% 和 1% 的扰动，利用 RK78 方法数值积分 2000 天，观察轨道在 $x=0$，$\dot{x}>0$ 的庞加莱截面 v_z-z 上的行为，分别得到如图 3-13和图 3-14 所示的相图[10]。

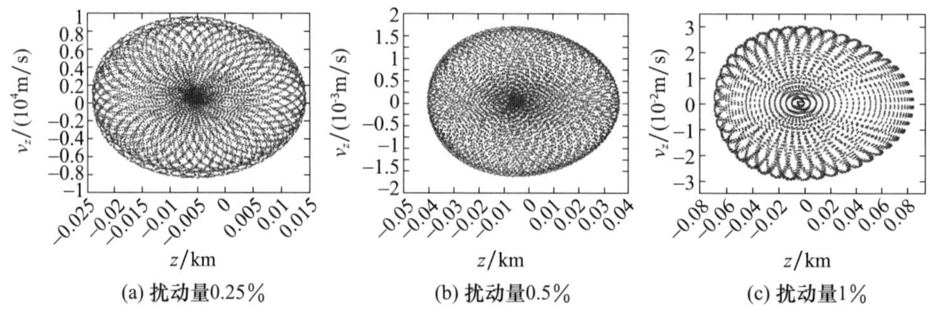

(a) 扰动量0.25%　(b) 扰动量0.5%　(c) 扰动量1%

图 3-13　艾女星赤道面稳定区域内一条周期轨道受扰后在庞加莱截面 v_z-z 上的相图

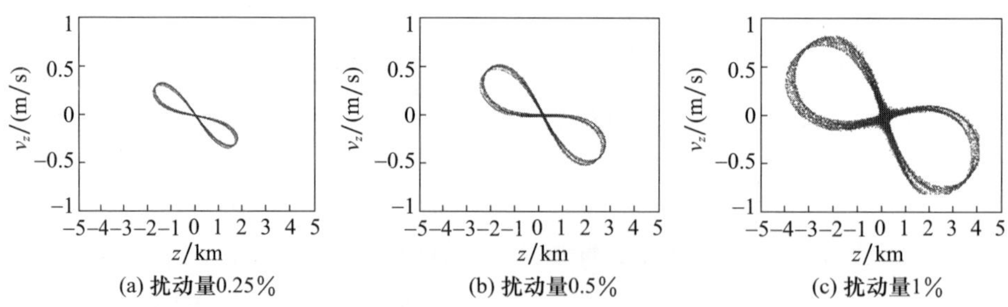

(a) 扰动量0.25%　(b) 扰动量0.5%　(c) 扰动量1%

图 3-14　艾女星赤道面不稳定区域内一条周期轨道受扰后在庞加莱截面 v_z-z 上的相图

从图 3-14 中可以发现，尽管无论在稳定区域还是不稳定区域中，周期轨道受扰后都会变成拟周期轨道，但二者受扰后在庞加莱截面上的相图无论是形状还是范围都有较大区别。图 3-13 中相图形状为卵形，且分布区域在 z 轴方向 10^{-1}km 量级、v_z轴方向 10^{-6}m/s 量级的范围内；图 3-14 中相图形状为“8”字形，分布区域在 z 方向 10^1km 量级、在 v_z 轴方向 10^0m/s 量级的范围内。这说明在不稳定区域内，周期轨道对于扰动更加敏感，受到与原状态量相比相同量级的扰动后运动状态的变化与稳定区域内轨道相比会更大。

艾女星有一颗自然卫星艾卫，根据 Veverka 等的观测，艾卫绕艾女星运动的半长轴约为 108km，偏心率约为 0.207，倾角约为 8°，周期约为 1.54 天[11]。从艾卫运动的半长轴来看，其运动范围属于艾女星赤道附近的稳定运动区域 I。根据艾卫绕艾女星运动的轨道根数，生成一组二体运动下艾卫的状态量，并以此作为初值，在艾女星多面体模型下用 RK78 法数值积分 2000 天得到图 3－15(a)蓝色所示的拟周期轨道。从图 3－15(b)的 $x=0, \dot{x}>0$ 的庞加莱截面 v_z-z 上的相图可以发现该相图的形状与图 3－13 示稳定区域内周期轨道受扰动后形成拟周期轨道的相图相似。图 3－16 给出了艾卫的半长轴、偏心率和倾角在积分过程中的变化情况，虚线表示 Veverka 等的观测数据[11]。从图 3－16 中还可以看到，多面体下数值积分的结果与观测数据有较好的对应关系，因而艾卫实际可能运行在这样的一条拟周期轨道上。

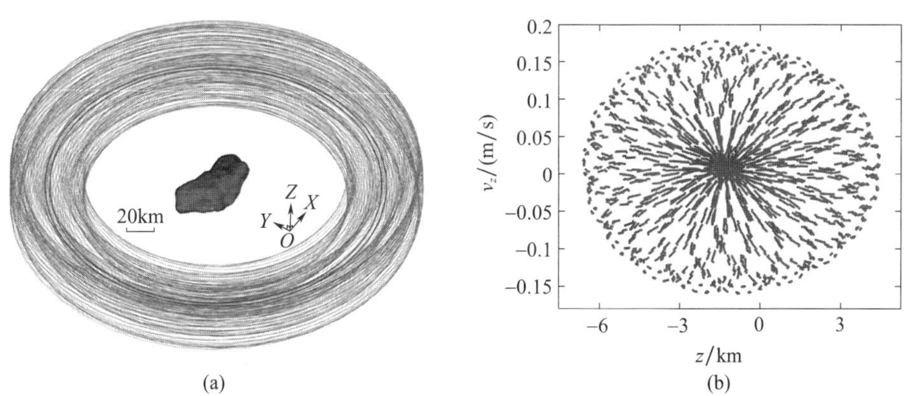

图 3－15　(见彩图)艾卫在艾女星多面体模型下用 RK78 法数值积分 2000 天得到的运动轨道和庞加莱截面 v_z-z 上的相图

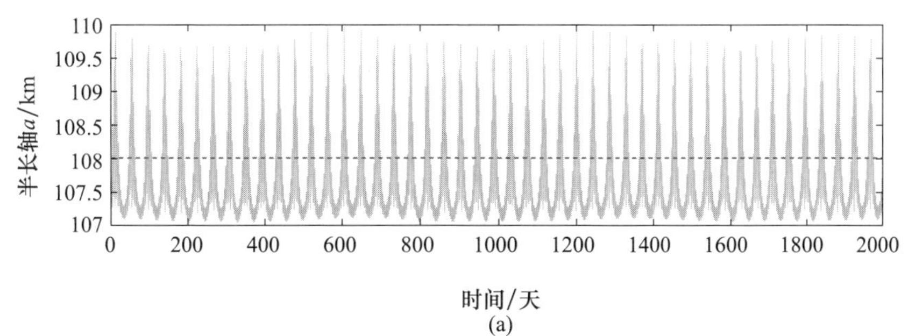

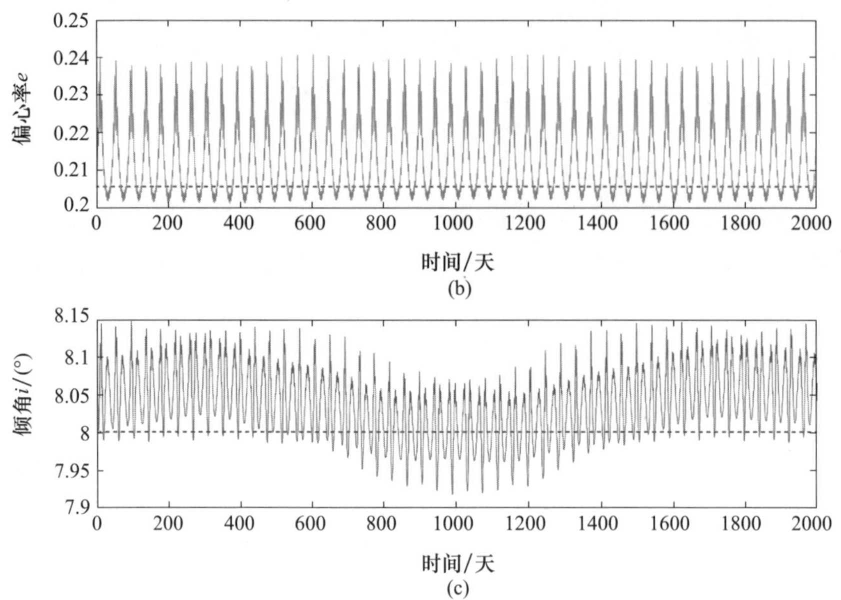

图 3-16 艾卫在艾女星多面体模型下用 RK78 法数值积分 2000 天得到的轨道根数变化(虚线为 Veverka 等人[11]的数据)

3.5 周期轨道延拓中的收敛特性

利用雅可比常数作为参数,一条周期轨道通常可以被延拓为周期轨道族,然而延拓在雅可比常数达到局部极值的情形下会终止。如果在延拓过程中,雅可比常数稳定变化,周期轨道族可能收敛到近圆周期轨道。当质点距离小行星足够远时,可得到引力势能近似满足

$$U \approx 0, \nabla U \approx 0 \tag{3-1}$$

假设初始周期轨道的雅可比积分为 C_1,其表达如下:

$$\dot{x}^2 + \dot{y}^2 + \dot{z}^2 - \omega^2(x^2 + y^2) + 2U = C_1 \tag{3-2}$$

从小行星动力学方程可知,当质点距小行星较远时,有

$$\begin{cases} \dot{z} = C_2 \\ \dot{x}^2 + \dot{y}^2 - \omega^2(x^2 + y^2) \approx C_1 - C_2 \end{cases} \tag{3-3}$$

式中:C_2 为积分常数。

考虑到引力场在无穷远处的对称性,可得

$$C_2 = 0,\ z = 0 \tag{3-4}$$

容易看出圆轨道对应着动力学方程的一组解。这意味着,周期轨道族在延拓过程中可能会收敛到赤道平面的近圆轨道。为了进一步分析,假设近圆轨道平均半径为 R,质点在近圆轨道速度为 v,由式(3－3)可得

$$v^2 \approx \omega^2 (R^2 + C_3) \tag{3-5}$$

式中:$C_3 = (C_1 - C_2)/\omega^2$。

如果周期轨道绕小行星 N 圈,则轨道周期为

$$T_{\mathrm{P}} = \frac{2\pi RN}{v} \tag{3-6}$$

将式(3－5)代入式(3－6)可得

$$\frac{T_{\mathrm{P}}}{T} \approx N\sqrt{\frac{R^2}{R^2 + C_3}} \tag{3-7}$$

式中:T 为小行星自转周期。

从式(3－7)可知,质点周期和小行星自转周期比随着半径增大而收敛到正整数 N,即

$$\lim_{R \to \infty} \frac{T_{\mathrm{P}}}{T} = N \tag{3-8}$$

从而得到周期轨道族延拓过程的如下收敛特性。

结论:如果基于雅可比常数的周期轨道延拓过程总能持续下去,那么这族周期轨道最终收敛到赤道平面的近圆轨道,周期比收敛到近圆轨道的重数。

下面以 216Kleopatra 和 22Kalliope 为例来说明周期轨道族延拓过程的收敛现象。

3.5.1　216Kleopatra

以[－0.7496,－0.4121,0.1982]①为初始位置和[－3.4200,4.6317,－2.4383]为初始速度的周期轨道是非常典型的。为了深入分析,通过计算轨道的周期比、平均半径、最大曲率半径、最大挠率来刻画轨道的重要特征。图 3－17 给出了这些量在延拓过程中的变化趋势。图 3－17(a)给出了周期比随雅可比常数从2∶1 递减到 1∶1 的变化曲线以及随着雅可比常数从 2∶1 递增到 3∶1 的变化曲线。特别地,当雅可比常数递减到 $-2.2851 \times 10^3\,\mathrm{m^2/s^{-2}}$ 时,尖点 1(cuspidal point)出现,周期比为 1.9129∶1,之后周期比递减收敛到 1∶1。类似地,当雅可比常数增加到 $1.5149 \times 10^3\,\mathrm{m^2/s^2}$ 时,尖点 2 出现,周期比为 2.0697∶1,之后周期比收敛到 3∶1。

---

① 这里都是归一化数据,其中长度 $L = 219.04\mathrm{km}$,速度 $v = L/T$,$T = 5.385\mathrm{h}$。对于小行星 22Kalliope 而言,$L = 191.94\mathrm{km}$,$T = 4.1480\mathrm{h}$。

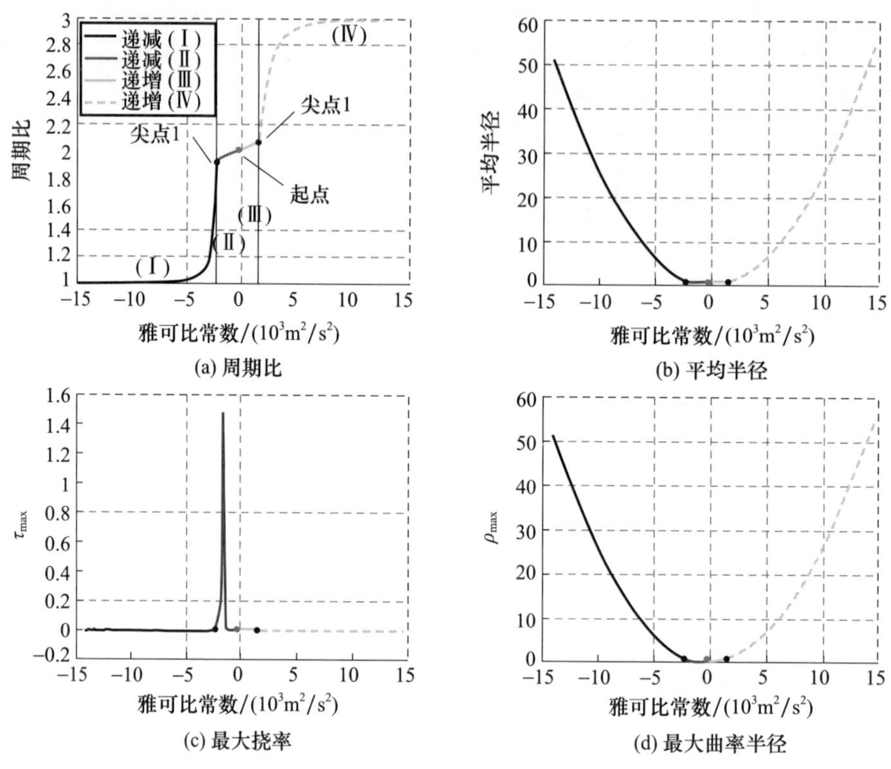

图 3-17 (见彩图)双向延拓过程中 216Kleopatra 周期轨道族的 4 种特征变化

图 3-18 给出了 4 个阶段代表性的周期轨道。从图 3-18(b)中可以看出,随着雅可比常数的减小,周期轨道逐渐靠近赤道平面,最终收敛到近圆轨道;从图 3-18(c)中可以看出,随着雅可比常数的增大,周期轨道逐渐靠近赤道平面,最终收敛到重数为 3 的近圆轨道。

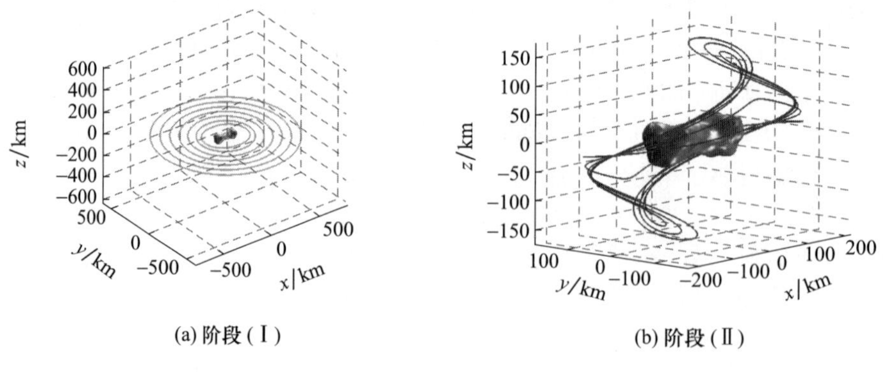

(a) 阶段(Ⅰ)　　(b) 阶段(Ⅱ)

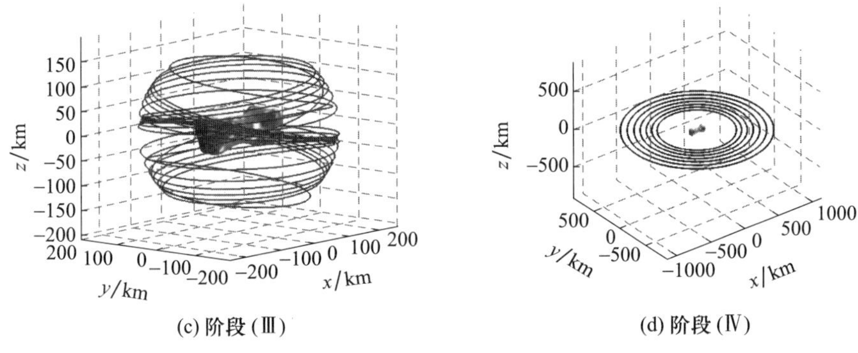

(c) 阶段(Ⅲ)　　(d) 阶段(Ⅳ)

图3-18　图3-17中4个阶段的代表性轨道

考虑到图3-17中出现的尖点,图3-19给出了对应周期轨道的Floquet乘子变化趋势。

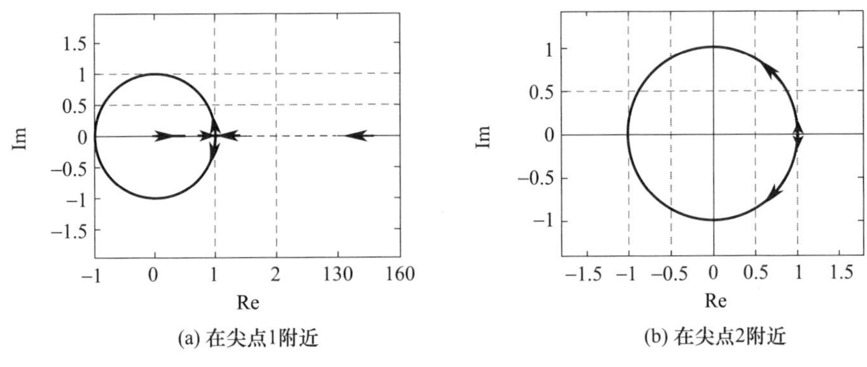

(a) 在尖点1附近　　(b) 在尖点2附近

图3-19　图3-17尖点1、2附近Floquet乘子的变化趋势

从图3-19中可以看出随着雅可比常数的递减,尖点1附近周期轨道的拓扑结构变化为Case P3→Case P6→Case P4,这对应着切分岔。尖点1对应的周期轨道拓扑结构是情形P6。类似地,随着雅可比常数的递增,尖点2附近周期轨道的拓扑结构变化为Case P2→Case P5→Case P2,这对应着伪切分岔。尖点1对应的周期轨道拓扑结构是情形P5。

3.5.2　22Kalliope

对于小行星22Kalliope,这里采用初始位置[0.6771,0.1570,0.1329],初始速度[2.0190,-7.3259,-2.3770]来讨论周期轨道的延拓过程。

类似于之前的讨论,图3-20给出了22Kalliope引力场中周期轨道的4种特征随雅可比常数的变化曲线。图3-20(a)中画出了尖点,这对应着图3-20

(b)~(d)中的转折点。可以看出,随着雅可比常数的增加,周期比收敛到 2∶1,平均半径和最大曲率半径逐渐增加,最大挠率逐渐减小到 0。整个延拓过程可以分为 3 个阶段,每个阶段的代表性轨道见图 3-21。

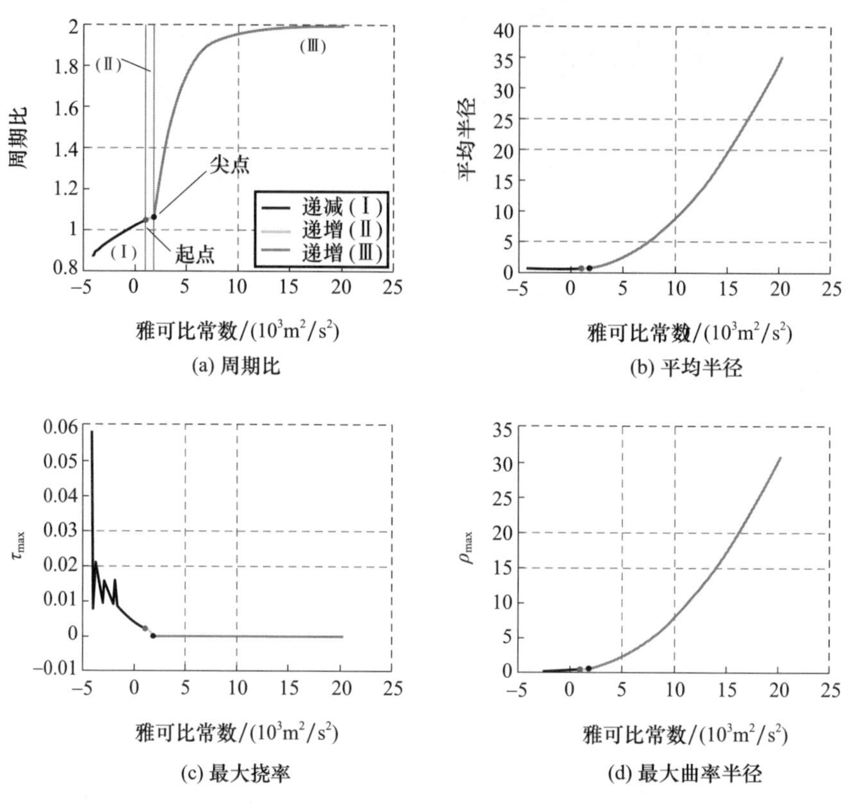

(a) 周期比

(b) 平均半径

(c) 最大挠率

(d) 最大曲率半径

图 3-20 (见彩图)延拓过程中 22 Kalliope 周期轨道族的 4 种特征变化

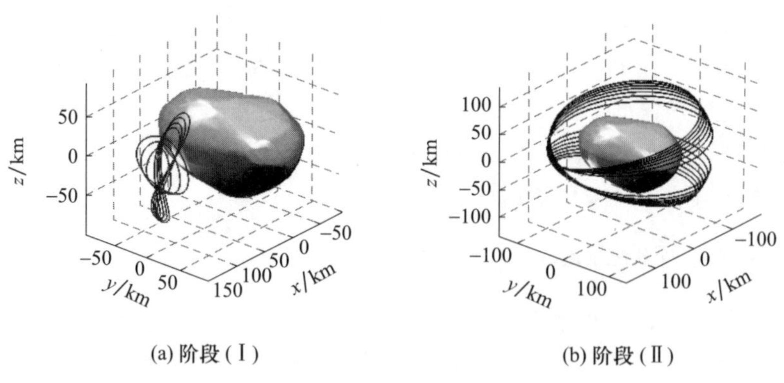

(a) 阶段(Ⅰ)

(b) 阶段(Ⅱ)

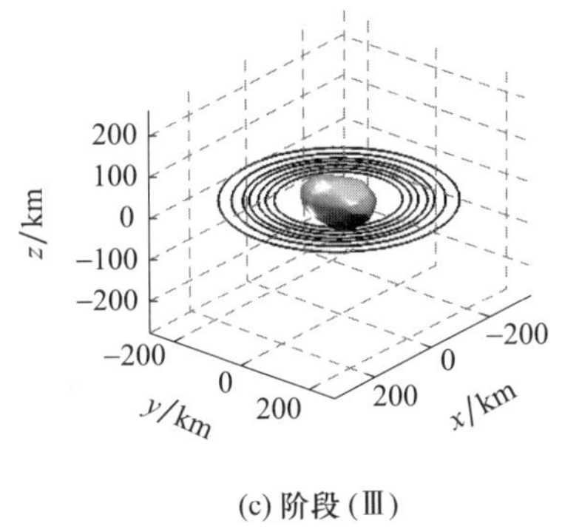

(c) 阶段(Ⅲ)

图 3 – 21　图 3 – 20 中 3 个阶段的代表性轨道

从图 3 – 21 可以看出,随着雅可比常数的递减,周期轨道族收缩到某个点,经过计算可知该点是类型 5 平衡点。通过计算尖点附近对应的 Floquet 乘子可知切分岔出现在延拓过程中,具体的变化趋势见图 3 – 22。

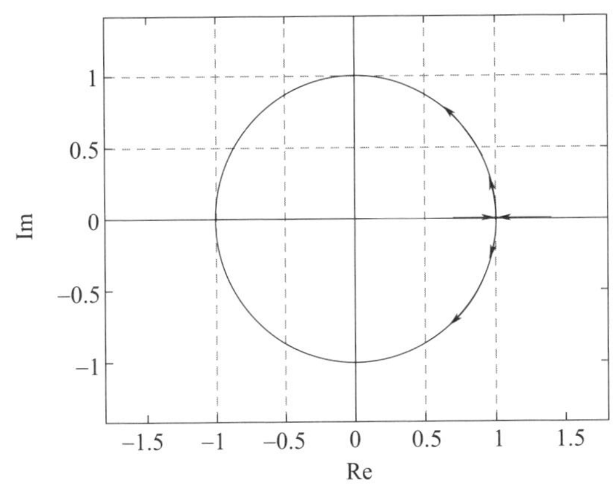

图 3 – 22　　图 3 – 20 尖点附近 Floquet 乘子的变化趋势

3.6　小结

本章研究了周期轨道延拓中可能出现的分岔组合现象,给出了 10 种理论上可能在周期轨道延拓中出现的多重分岔组合。这些组合共有 25 种拓扑类型的变化路径,其中有 15 种路径涉及轨道延拓中轨道稳定性的转换,包括 10 种存在 2 次稳定性的转换,使得同一族延拓轨道中交替出现稳定与不稳定区域。

通过对爱神星附近的周期轨道进行延拓,得到了理论上 10 种多重分岔基本组合中除去 4 种包含 Neimark – Sacker 分岔组合以外的其他 6 种，即倍周期分岔—倍周期分岔、倍周期分岔—切分岔、倍周期分岔—实鞍分岔、切分岔—切分岔、切分岔—实鞍分岔和实鞍分岔—实鞍分岔，发现了新的真实非线性动力学现象。通过双重倍周期分岔、双重切分岔、三重分岔、多重分岔这 4 个有代表性的算例，详细展示了轨道延拓中多重分岔现象，并对算例中分岔的产生、轨道稳定性的变化、轨道雅可比积分和周期等进行了详细分析。发现了最多包含五重分岔的周期轨道延拓路径。

对艾女星赤道平面附近稳定区域和不稳定区域中周期轨道受扰后长期积分，表明小天体附近周期轨道受扰后会变为拟周期轨道，且不稳定区域中周期轨道受扰后变化更大。将艾女星卫星艾卫的轨道数据与艾女星附近稳定区域参数进行比较，并在艾女星多面体模型引力场中进行长期积分，比较庞加莱截面的相图，可以发现艾卫在绕艾女星进行拟周期运动。

以 216 Kleopatra、22 Kalliope 为例分析了基于雅可比常数的周期轨道延拓过程中的收敛及分岔，指出如果延拓过程总能进行下去，这族周期轨道最终将收敛到赤道平面的近圆轨道，周期比收敛到近圆轨道的重数。

参考文献

[1] JIANG Y, BAOYIN H, LI H. Periodic motion near the surface of asteroids[J]. Astrophys. Space Sci, 2015, 360(2): 63.

[2] JIANG Y, YU Y, BAOYIN H. Topological classifications and bifurcations of periodic orbits in the potential field of highly irregular – shaped celestial bodies[J]. Nonlinear Dyn, 2015, 81(1 – 2): 119 – 140.

[3] JIANG Y. Equilibrium points and periodic orbits in the vicinity of asteroids with an application to 216 Kleopatra[J]. Earth Moon Planets, 2019, 115(1 – 4): 31 – 44.

[4] CHANUT T G G, WINTER O C, AMARANTE A, et al. 3D plausible orbital stability close to asteroid(216) Kleopatra[J]. Monthly Notices of the Royal Astronomical Society, 2015, 452(2): 1316 – 1327.

[5] ELIPE A, LARA M. A simple model for the chaotic motion around(433) Eros[J]. Journal of the Astronautical Sciences, 2003, 51(4): 391 – 404.

[6] JIANG Y, BAOYIN H. Orbital mechanics near a rotating asteroid[J]. J. Astrophys. Astron, 2014, 35(1): 17 – 38.

[7] JIANG Y, BAOYIN H, WANG X. et al. Order and chaos near equilibrium points in the potential of rotating highly irregular – shaped celestial bodies[J]. Nonlinear Dyn, 2016, 83(1): 231 – 252.

[8] LIU X, BAOYIN H, MA X. Equilibria, periodic orbits around equilibria, and heteroclinic connections in the gravity field of a rotating homogeneous cube[J]. Astrophysics and Space Science, 2011, 333(2): 409 – 418.

[9] NI Y, JIANG Y, BAOYIN H. Multiple bifurcations in the periodic orbit around Eros [J]. Astrophysics and Space Science, 2016, 361(5): 170.

[10] LAN L, NI Y, JIANG Y, et al. Motion of the moonlet in the binary system 243 Ida[J]. Acta Mechanica Sinica, 2018, 34(1): 215 – 224.

[11] VEVERKA J, THOMAS P C, HELFENSTEIN P, et al. Dactyl: Galileo observations of Ida's satellite[J]. Icarus, 1996, 120(1): 200 – 211.

第 4 章

拟周期轨道的周期性定量分析

4.1 引言

通过第 2 章和第 3 章的研究,已经发现由于太阳引力摄动和小天体自身引力场不规则度的影响,小天体附近已经搜索得到的周期轨道很容易受到扰动,同时周期轨道的稳定区域与不稳定区域也会交替出现。一些轨道会发生逃逸或者与小天体发生碰撞,但是还有大量周期轨道的行为介于二者之间,从周期运动变成拟周期运动。图 2 – 33、图 2 – 38 和图 3 – 15 分别给出了艳后星、地理星和艾女星附近实际的拟周期轨道实例。当对小天体进行近距离环绕探测时,探测器在拟周期轨道上运动可以充分利用小天体的引力进行长期探测,无须耗费燃料对抗小天体引力作用而把探测器强行控制在精确的周期轨道上。

Chanut 等对于爱神星和艳后星附近不同初始条件下轨道在长期演化后是否与小天体发生碰撞进行了分析,但是对于不和小天体发生碰撞的轨道没有进一步的考察[1-2]。本书希望对拟周期运动进行定量分析并加深对拟周期轨道的认识。利用快速李雅普诺夫指标(FLI)和正交快速李雅普诺夫指标(OFLI)等基于李雅普诺夫指数(LCE)的指标可以从系统受微小扰动后变化的角度对小天体附近的拟周期轨道进行分析,但是本书所研究的小天体附近轨道运动发生在六维相空间中，利用基于LCE的指标需要在十二维相空间中进行积分，耗时较长。由于频率可以反映轨道的周期性，本章分析傅里叶变换后运动频率在频域空间的分布情况，定义了频率熵。通过频率熵描述轨道运动频率的集中程度，直接考察轨道自身的运动周期性，以此定量分析拟周期轨道。

4.2节首先简要介绍基于LCE的分析方法，随后介绍熵指标的提出思路，给出频率熵的定义，推导其对于正弦展开函数周期性的理论表达式，并总结其变化规律。4.3节在Hénon－Heiles系统和圆限制性三体系统这两个二维平面系统中，通过与OFLI进行对比，验证频率熵的正确性与适用性，发现频率熵不仅可以正确反映轨道的周期性，还可以区分OFLI所不能区分的螺线轨道与周期轨道的差别。4.4节中应用频率熵定量分析在多面体模型下艾女星与格勒夫卡星附近的拟周期轨道。

4.2　拟周期轨道的定量分析方法

4.2.1　基于李雅普诺夫指数的分析方法

LCE是非线性动力学领域中常用来区分有序运动与混沌运动的指标，对于系统式(2－69)，LCE的定义为微小扰动 $\delta\boldsymbol{x}$ 在时间趋于无穷时的增长速率[3]：

$$\mathrm{LCE}=\lim_{t\to\infty}\frac{\log\|\delta\boldsymbol{x}(t)\|}{t} \tag{4-1}$$

其中 $\delta\boldsymbol{x}$ 满足微分方程

$$\delta\dot{\boldsymbol{x}}(t)=\frac{\partial\boldsymbol{f}}{\partial\boldsymbol{x}^{\mathrm{T}}}[\boldsymbol{x}(t)]\delta\boldsymbol{x}(t) \tag{4-2}$$

因为LCE理论要求时间趋于无穷，在实际计算时往往要根据有限的计算时间对其进行估计，并且更加关注如何取得可靠极限值的截断时间。Froeschlé等提出了FLI[4]：

$$\mathrm{FLI}(\boldsymbol{x}(0),\delta\boldsymbol{x}(0),T)=\sup_{0<k<T}\log\|\delta\boldsymbol{x}(k)\| \tag{4-3}$$

并根据这个FLI随时间的对数指数增加、线性增加还是不增加来判断离散映射是有序的还是混沌的，是一般共振还是周期的。

因为连续系统中即便是周期轨道也可能存在扰动沿轨道切方向不断增长的情况，Fouchard等提出了取扰动在与轨道运动正交方向投影的 $\delta\boldsymbol{x}_o$ 计算的OFLI[5]

$$\mathrm{OFLI}(\boldsymbol{x}(0),\delta\boldsymbol{x}(0),T)=\max_{0<k<T}\log\|\delta\boldsymbol{x}_o(k)\| \tag{4-4}$$

并在Hénon－Heiles系统和圆限制性三体系统中验证了OFLI对周期轨道和混沌

轨道的区分。

基于 LCE 的方法本质上是考察运动附近微小扰动随时间的变化程度,从而确定运动的有序与混沌。这是一种经过大量实践被证明为十分有效的方法,4.3 节中会把在 4.2.2 节中提出的基于频域分析的熵方法所得到的结果与基于 LCE 的方法进行比较,说明其正确性,同时也通过例子说明当微小扰动随时间变化程度很小时,轨道不一定是周期轨道,此时基于 LCE 的方法对此类轨道缺乏区分。

4.2.2 基于频域分析的熵方法

拟周期运动可以看成多个不可通约周期运动的组合,为了分解拟周期运动中的不同运动所对应的频率,可以运用傅里叶变换对运动进行频域分析。这种思路在非线性动力学中十分常见,Swinney 等在 Couette－Taylor 流实验中通过比较连续流动的频谱强度判断转捩[6],Robutel 等用频域分析的方法研究太阳系中的全局动力学问题[7],Dei Tos 等通过快速傅里叶变换修正圆限制性三体问题中共线平动点附近的晕轨道[8]。本书对拟周期轨道长期积分的数据运用傅里叶变换,通过计算频域中频率的集中程度分析拟周期运动的周期性强弱。

为了计算频域中频率的集中程度,可以借用香农描述随机试验结果不确定性的指标香农熵。如果一次试验有 r 个可能的结果,每个结果出现的概率分布是 $p_1,p_2,\cdots,p_r$,则香农熵可以写为[9]

$$H_S = \sum_{i=1}^{r} p_i \log(1/p_i) \tag{4-5}$$

若 $p_i=0$,则 $p_i\log(1/p_i)=0$。例如,若 $p_1=1$ 并且 $p_2=p_3=\cdots=p_r=0$,那么试验没有任何不确定性,事件 1 永远会发生,可以完全预测结果。此时 $H_S=0$;如果 r 个结果等概率发生,$p_i=1/r$,此时试验结果不确定性最强,$H_S=\log r$;当 $p_1+p_2+\cdots+p_r=1$ 时,H_S介于 $0\sim\log r$ 之间,并且随着试验结果的不确定性增加而增加。图 4－1 给出了当 $r=50$ 时,不同确定性大小的试验对应的香农熵。

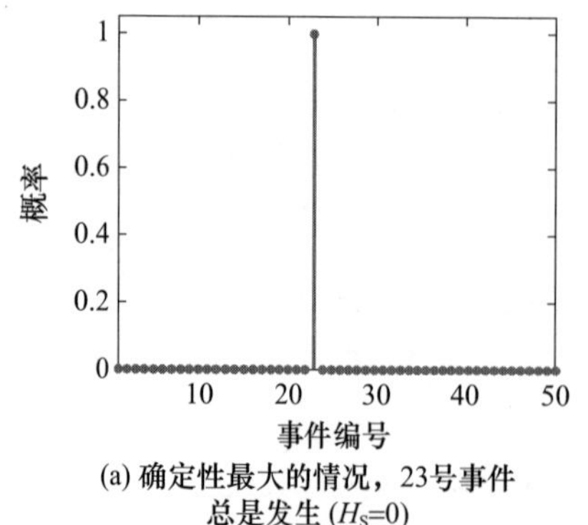

(a) 确定性最大的情况,23号事件总是发生 (H_S=0)

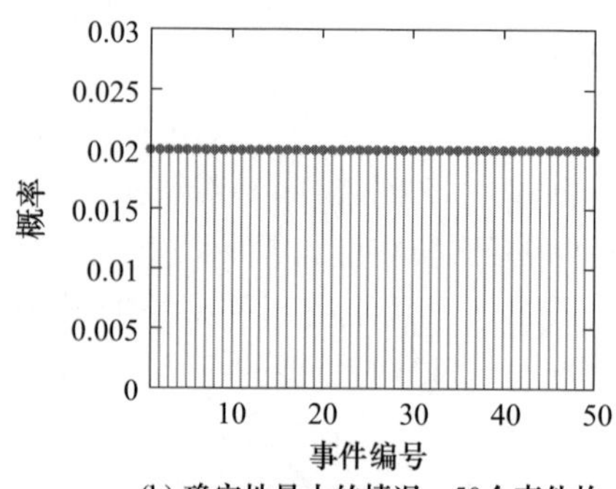

(b) 确定性最小的情况,50个事件均有0.02的概率发生 (H_S=log 50=3.9120)

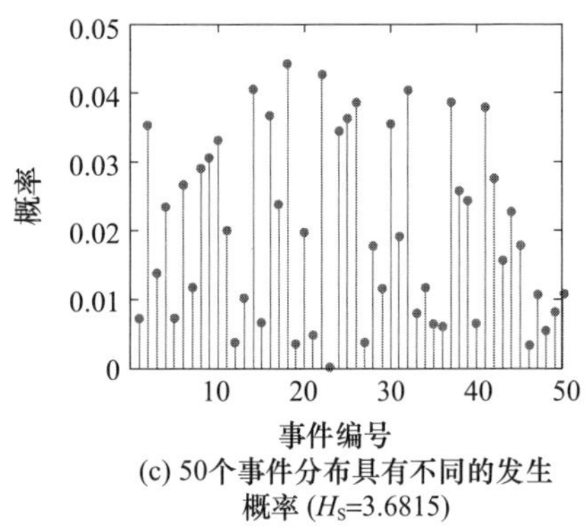

(c) 50个事件分布具有不同的发生概率 (H_S=3.6815)

图 4－1　离散系统在不同概率分布下的香农熵

由香农熵的定义，可以类似地计算拟周期轨道在傅里叶变换后频域分布的集中程度。对频域中每个频率 ω 所对应的频率能量强度 $\hat{x}(\omega)$，定义

$$f(\omega) = |\hat{x}(\omega)|^2 \tag{4-6}$$

并对 f 进行归一化

$$p(\omega) = \frac{f(\omega)}{\int f(\omega)\mathrm{d}\omega} \tag{4-7}$$

使得 $\int p(\omega)\mathrm{d}\omega = 1$，那么可以给出指标频率熵，即

$$S = \int p(\omega)\log p(\omega)\mathrm{d}\omega \tag{4-8}$$

若 $p(\omega)=0$，则令 $p(\omega)\log p(\omega)=0$。式(5－8)与式(5－5)有所区别：在式(5－5)中，每个事件发生的概率介于 0～1，并且概率的和等于 1；在式(5－8)中，$p(\omega)$介于 0～∞，在整个频域上的积分等于 1。并且由于希望频率在频率上分布更集中(周期性更强)的轨道有更高的指标，被积函数中是 $p(\omega)\log p(\omega)$ 而非 $p(\omega)\log[1/p(\omega)]$。这种情况下，如果频域上的分布趋于 δ 函数，即运动的频率是完全确定的，那么 S 会以对数函数趋于无穷($\log\infty$)；如果频率在整个频域上趋于均匀分布，那么 S 会以对数函数趋于负无穷($\log -\infty$)。图 4－2 给出了简单的例子：图 4－2(a)是 $p(\omega)$ 分别为 0.5、1 和 2 时频域分布图，S 分布分别为 $-\log 2$、0 和 $\log 2$；图 4－2(b)是频率熵与(a)图分布的频率 $p(\omega)$ 大小的对应关系。

接下来通过对周期轨迹应用频率熵，验证傅里叶变换后在频域上分布更集中的轨道具有更高的频率熵。首先解析地推导周期函数的频率熵表达式，随后通过数值实验辅证解析表达式所得到的结论。

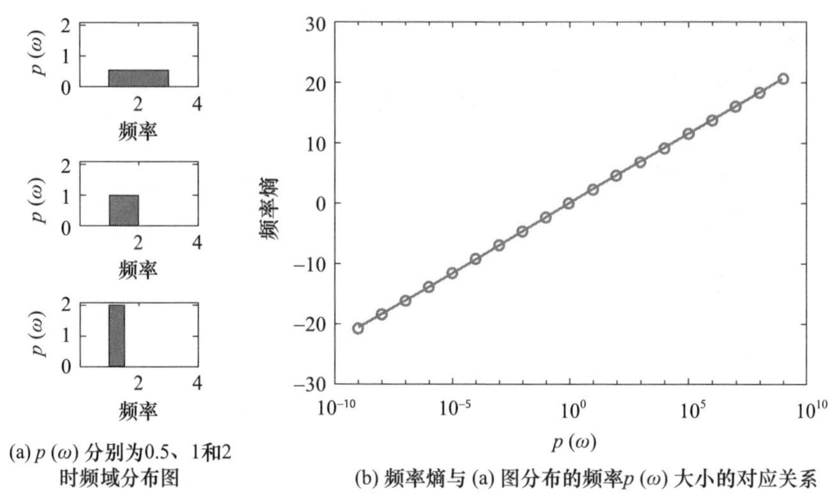

(a) $p(\omega)$ 分别为0.5、1和2时频域分布图

(b) 频率熵与 (a) 图分布的频率 $p(\omega)$ 大小的对应关系

图 4－2　不同频率分布所对应的频率熵

对于一条圆形轨道,其在 x 方向的运动可以表示为 $x_1 = \cos t$。对 x_1 进行傅里叶变换得到

$$\hat{x}_1 = \pi\delta(\omega - 1) \tag{4-9}$$

根据式(5－6)和式(5－7)可得

$$f_1(\omega) = |\hat{x}_1|^2 = \pi^2\delta^2(\omega - 1) \tag{4-10}$$

$$p_1(\omega) = \frac{f_1(\omega)}{\int f_1(\omega)\mathrm{d}\omega} = \frac{\delta^2(\omega - 1)}{\int \delta^2(\omega - 1)\mathrm{d}\omega} \tag{4-11}$$

因为 $\delta(x)$ 可以看作 0 均值正态分布函数

$$\delta_a(x) = \frac{1}{a\sqrt{\pi}}\mathrm{e}^{-x^2/a^2} \tag{4-12}$$

在 $a \to 0^+$ 时的极限,所以有

$$\frac{[\delta_a(x-1)]^2}{\int [\delta_a(x-1)]^2\mathrm{d}x} = \frac{\mathrm{e}^{-2(x-1)^2/a^2}}{a^2\pi} \cdot a\sqrt{2\pi} = \frac{2\mathrm{e}^{-2(x-1)^2/a^2}}{a\sqrt{2\pi}} \tag{4-13}$$

$$\int \frac{[\delta_a(x-1)]^2}{\int [\delta_a(x-1)]^2\mathrm{d}x}\mathrm{d}x = \int \frac{2\mathrm{e}^{-2(x-1)^2/a^2}}{a\sqrt{2\pi}}\mathrm{d}x = 1 \tag{4-14}$$

另外,显然有

$$\int \frac{[\delta_a(x-1)]^2}{\int [\delta_a(x-1)]^2\mathrm{d}x}\mathrm{d}x = \int \frac{2\mathrm{e}^{-2(x-1)^2/a^2}}{a\sqrt{2\pi}}\mathrm{d}x = 1 \tag{4-15}$$

因此，对于 $\hat{x}_1=\pi\delta(\omega-1)$，有

$$\int p_1(\omega)\mathrm{d}\omega=\int\frac{\delta^2(\omega-1)}{\int\delta^2(\omega-1)\mathrm{d}\omega}\mathrm{d}\omega=1 \tag{4-16}$$

这意味着，$p_1(\omega)$的表达式满足前面的归一化要求。根据式（5－8）频率熵 S_1 可以写为

$$S_1=\int p_1(\omega)\log p_1(\omega)\mathrm{d}\omega \tag{4-17}$$

对于另外一条周期轨道 x 方向运动 $x_2=\cos t+\cos 2t$，对 x_2进行傅里叶变换得到：

$$\hat{x}_2=\pi\delta(\omega-1)+\pi\delta(\omega-2) \tag{4-18}$$

同理，可以写出

$$p_2(\omega)=\frac{f_2(\omega)}{\int f_2(\omega)\mathrm{d}\omega}=\frac{[\delta(\omega-1)+\delta(\omega-2)]^2}{\int(\delta(\omega-1)+\delta(\omega-2))^2\mathrm{d}\omega} \tag{4-19}$$

因为 $\delta(x-1)\cdot\delta(x-2)=0$，所以 $p_2(\omega)$可以化简为

$$\begin{aligned}p_2(\omega)&=\frac{[\delta(\omega-1)]^2+[\delta(\omega-2)]^2}{\int[\delta(\omega-1)]^2+[\delta(\omega-2)]^2\mathrm{d}\omega}=\frac{[\delta(\omega-1)]^2+[\delta(\omega-2)]^2}{\int[\delta(\omega-1)]^2\mathrm{d}\omega+\int[\delta(\omega-2)]^2\mathrm{d}\omega}\\&=\frac{[\delta(\omega-1)]^2}{\int[\delta(\omega-1)]^2\mathrm{d}\omega+\int[\delta(\omega-1)]^2\mathrm{d}\omega}+\\&\quad\frac{[\delta(\omega-2)]^2}{\int[\delta(\omega-2)]^2\mathrm{d}\omega+\int[\delta(\omega-2)]^2\mathrm{d}\omega}\\&=\frac{1}{2}\left\{\frac{[\delta(\omega-1)]^2}{\int[\delta(\omega-1)]^2\mathrm{d}\omega}+\frac{[\delta(\omega-2)]^2}{\int[\delta(\omega-2)]^2\mathrm{d}\omega}\right\}\end{aligned} \tag{4-20}$$

又因为

$$\int\frac{\delta^2(\omega-1)}{\int\delta^2(\omega-1)\mathrm{d}\omega}\mathrm{d}\omega=1 \tag{4-21}$$

所以

$$\int p_2(\omega)\mathrm{d}\omega=\frac{1}{2}\int\frac{\delta^2(\omega-1)}{\int\delta^2(\omega-1)\mathrm{d}\omega}+\frac{\delta^2(\omega-2)}{\int\delta^2(\omega-2)\mathrm{d}\omega}\mathrm{d}\omega=1 \tag{4-22}$$

同样满足归一化要求。根据式（4－8）频率熵 S_2可以写为

$$S_2=\int p_2(\omega)\log p_2(\omega)\mathrm{d}\omega$$

$$= \int \frac{1}{2}\left\{\frac{[\delta(\omega-1)]^2}{\int[\delta(\omega-1)]^2 d\omega} + \frac{[\delta(\omega-2)]^2}{\int[\delta(\omega-2)]^2 d\omega}\right\}\cdot$$

$$\log\frac{1}{2}\left\{\frac{[\delta(\omega-1)]^2}{\int[\delta(\omega-1)]^2 d\omega} + \frac{[\delta(\omega-2)]^2}{\int[\delta(\omega-2)]^2 d\omega}\right\}d\omega \tag{4-23}$$

根据δ函数的性质,式(4-23)可以转化为

$$S_2 = \int\frac{1}{2}\frac{[\delta(\omega-1)]^2}{\int[\delta(\omega-1)]^2 d\omega}\log\frac{1}{2}\frac{[\delta(\omega-1)]^2}{\int[\delta(\omega-1)]^2 d\omega}d\omega +$$

$$\int\frac{1}{2}\frac{[\delta(\omega-2)]^2}{\int[\delta(\omega-2)]^2 d\omega}\log\frac{1}{2}\frac{[\delta(\omega-2)]^2}{\int[\delta(\omega-2)]^2 d\omega}d\omega \tag{4-24}$$

显然

$$\int\frac{1}{2}\frac{[\delta(\omega-1)]^2}{\int[\delta(\omega-1)]^2 d\omega}\log\frac{1}{2}\frac{[\delta(\omega-1)]^2}{\int[\delta(\omega-1)]^2 d\omega}d\omega$$

$$= \int\frac{1}{2}\frac{[\delta(\omega-2)]^2}{\int[\delta(\omega-2)]^2 d\omega}\log\frac{1}{2}\frac{[\delta(\omega-2)]^2}{\int[\delta(\omega-2)]^2 d\omega}d\omega \tag{4-25}$$

所以 S_2可以重新写为

$$S_2 = \int\frac{1}{2}\frac{[\delta(\omega-1)]^2}{\int[\delta(\omega-1)]^2 d\omega}\log\frac{1}{2}\frac{[\delta(\omega-1)]^2}{\int[\delta(\omega-1)]^2 d\omega}d\omega +$$

$$\int\frac{1}{2}\frac{[\delta(\omega-1)]^2}{\int[\delta(\omega-1)]^2 d\omega}\log\frac{1}{2}\frac{[\delta(\omega-1)]^2}{\int[\delta(\omega-1)]^2 d\omega}d\omega$$

$$= \int\frac{1}{2}p_1(\omega)\log\frac{1}{2}p_1(\omega)d\omega + \int\frac{1}{2}p_1(\omega)\log\frac{1}{2}p_1(\omega)d\omega$$

$$= \int p_1(\omega)\log\frac{1}{2}p_1(\omega)d\omega \tag{4-26}$$

因此,尽管频率熵 S_1和 S_2随着时间 t 的增加均以对数函数趋于无穷,但是二者的差

$$S_1 - S_2 = \int p_1(\omega)\log p_1(\omega)d\omega - \int p_1(\omega)\log\frac{1}{2}p_1(\omega)d\omega$$

$$= \int p_1(\omega)\log 2 d\omega = \log 2\int p_1(\omega)d\omega = \log 2 \tag{4-27}$$

是常数。利用离散傅里叶变换分别计算 x_1和 x_2的轨道从 0 ~ t 时刻的频率熵 S_1和 S_2,t 从 1.0×10^2s 变化至 3.0×10^4s。由图 4-3 可以很明显地看到,S_1和 S_2随时间 t 以对数函数增加,二者的差始终为 log 2。

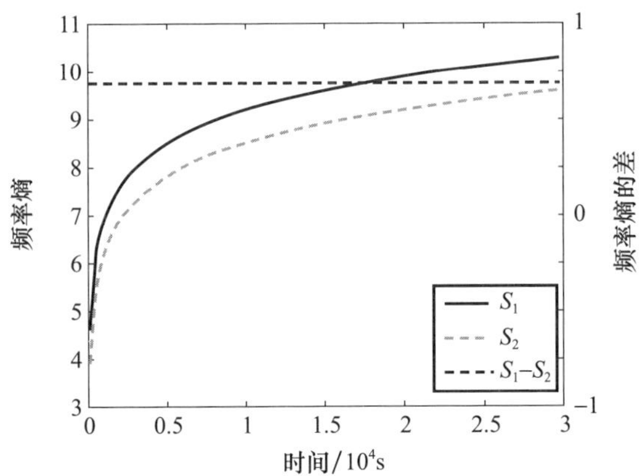

图 4－3　$x_1=\cos t$ 的频率熵 S_1 和 $x_2=\cos t+\cos 2t$ 的频率熵 S_2 随时间的变化

（二者频率熵的差 $\Delta S=S_1-S_2=\log 2=0.6931$）

一般地，任意轨道 $x_3=\sum\limits_{i=1}^{m}a_i\cos\omega_i t$ 和 $x_4=\sum\limits_{j=1}^{n}b_j\cos\phi_j t$，二者频率熵的差为

$$S_3-S_4=\sum\frac{a_i^2}{a}\log\left(\frac{a_i^2}{a}\right)-\sum\frac{b_j^2}{b}\log\left(\frac{b_j^2}{b}\right)\tag{4-28}$$

式中：$a=\sum a_i^2$；$b=\sum b_j^2$。

式（4－28）的证明过程和推导具体过程可参见附录 A。

根据式（4－28），如果令

$$x_5=\cos(0.002\pi t)+3\cos(0.06\pi t)$$

$$x_6=\cos(0.02\pi t)+2\cos(0.04\pi t)+3\cos(0.03\pi t)$$

则

$$S_5-S_6=\frac{1}{10}\log\left(\frac{1}{10}\right)+\frac{9}{10}\log\left(\frac{9}{10}\right)-\frac{1}{14}\log\left(\frac{1}{14}\right)-\frac{4}{14}\log\left(\frac{4}{14}\right)-\frac{9}{14}\log\left(\frac{9}{14}\right)=0.5054\tag{4-29}$$

利用离散傅里叶变换分别计算 x_5 和 x_6 的轨道从 0～t 时刻的频率熵 S_5 和 S_6，并让 t 从 1.0×10^4s 变化至 3.0×10^6s。由图 4－4 可以很明显地看到，S_5 和 S_6 随时间 t 以对数函数增加，二者的差始终为 0.5054。

只要采样频率相对信号频率足够大，傅里叶变换的采样数便不会影响轨道在特定时刻的频率熵。如果采样时间是周期的整数倍，那么采样时间的长短也不会改变频率熵的差。对于 $x_7=\cos(0.002\pi t)$ 和 $x_8=\cos(0.04\pi t)+2\cos(0.06\pi t)$ 这两条轨道，对比表 4－1 中情况 1、4、5 可以验证这一结论。对比情况 1、2、3 则可以验证频率熵 S 随时间以对数函数增加。

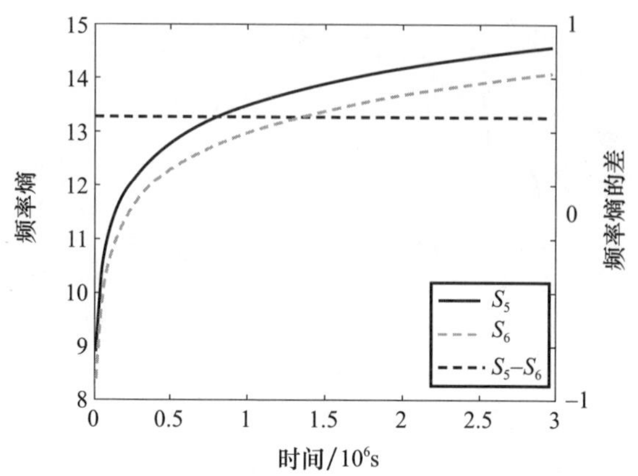

图 4-4　频率熵 S_5 和 S_6 随时间的变化

（二者频率熵的差 $\Delta S = S_5 - S_6 = 0.5054$）

如果采样时间并非周期的整数倍，那么在轨道一个周期内频率熵会先减小后增加。以 $x_9 = \cos(0.2\sqrt{2}\pi t)$ 为例，其周期为 $5\sqrt{2}$s。如果设采样频率为 100Hz，它的频率熵会以对数函数的速度如图 4-5 中虚线所示振荡上升。为了修正这个问题，可以选取

$$S_T = \sup_{0 \leqslant t \leqslant T} S(t) \tag{4-30}$$

计算得到图 4-5 中实线，可以看出按照上述公式所计算的频率熵依然随时间以对数函数增长。

表 4-1　离散傅里叶变换中采样数以及采样时间对频率熵的影响对比

情况	1	2	3	4	5
采样数 N/个	3.0×10^6	3.0×10^6	3.0×10^6	3.0×10^5	3.0×10^4
采样时间 t/s	3.0×10^4	3.0×10^5	3.0×10^6	3.0×10^4	3.0×10^4
S_7	10.30895	12.61154	14.91412	10.30895	10.30895
S_8	9.80855	12.11114	14.41372	9.80855	9.80855
$S_7 - S_8$	0.5004				
频率熵理论差	0.5004				
log10	2.3026				

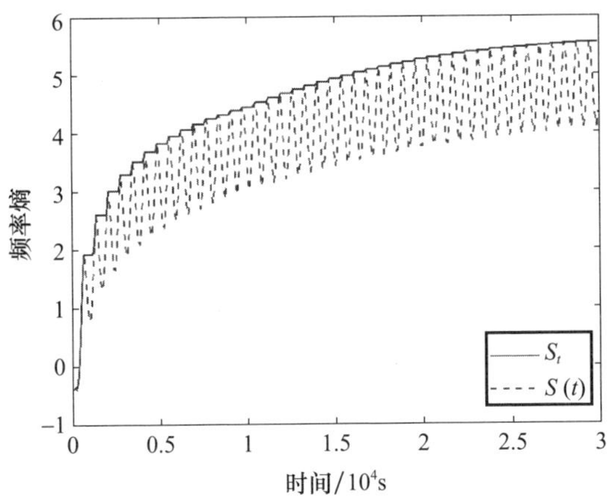

图 4-5　x_9 的频率熵变化(取式(5-30)计算可避免频率熵在周期间的振荡)

4.3　简化动力学模型下轨道的分析

本节将在两个经典的动力学系统中应用频率熵进行分析。本节中的例子将说明利用频率熵对轨道进行频域分析不仅可以良好地分析轨道周期性,并且与单纯利用诸如 OFLI 之类的李雅普诺夫指标分析动力系统相比,可以给出更多有关周期轨道和拟周期轨道的信息。具体而言,在频率熵极大值点附近往往存在周期性更加明显的拟周期轨道,并且利用频率熵可以区分出被 OFLI 误判为周期轨道的螺线轨道。

在多自由度系统中,分别独立计算每个自由度运动的频率熵,并取其最小值作为系统的频率熵。频率熵计算如下:

$$S(t) = \min\{S_x(t), S_y(t)\} \tag{4-31}$$

4.3.1　Hénon-Heiles 系统中的轨道

Hénon-Heiles 系统是一个非受摄的双自由度系统[10]。该系统的势能函数写为

$$U(x,y) = \frac{1}{2}\left(x^2 + y^2 + 2x^2y - \frac{2}{3}y^3\right) \tag{4-32}$$

因此,系统的运动方程为

$$\begin{cases} \ddot{x} = -\dfrac{\partial U}{\partial x} = -x - 2xy \\ \ddot{y} = -\dfrac{\partial U}{\partial y} = -y - x^2 + y^2 \end{cases} \tag{4-33}$$

系统的能量函数为

$$E = U(x,y) + \frac{1}{2}(\dot{x}^2 + \dot{y}^2) \tag{4-34}$$

给定 E 为常数,设 $x = \dot{y} = 0$,对每个初值 y,可以通过上述方程解出 $\dot{x}$。

分别以 $y = -0.121$(混沌轨道),$y = 0.2$(拟周期轨道),$y = 0.25480176$(周期轨道)作为初值[5],对轨道积分 10000 个时间单位,以 100 的频率对所有 y 分量进行采样并进行离散傅里叶变换,并按照式(4-6)~式(4-8)计算其频率熵。由图 4-6 给出的频域分布图可以看到,混沌轨道频域上的尖峰不明显,且在尖峰的邻域有一些同等量级的其他频率出现。而在周期轨道和拟周期轨道的频域图上则看不到尖峰附近有其他频率,因此它们频域图中频率分布更加集中,频率的尖峰也更加明显。周期轨道频域图中的尖峰比拟周期轨道频域图中的尖峰要更加明显,主频率的能量强度也高于拟周期轨道对应的主频率能量强度。这 3 条轨道在 $t = 10000$ 时刻的熵分别为 9.4595,8.1403 和 9.0435,很好地反映了周期轨道的周期性最强,混沌轨道的周期性最弱。从图 4-6(c)中还可以看出对于初值为 $y = 0.25480176$ 的轨道,其频域图上反映出两个主要频率,分别是 0.163 和 0.326,第二个频率恰好为第一个频率的 2 倍。

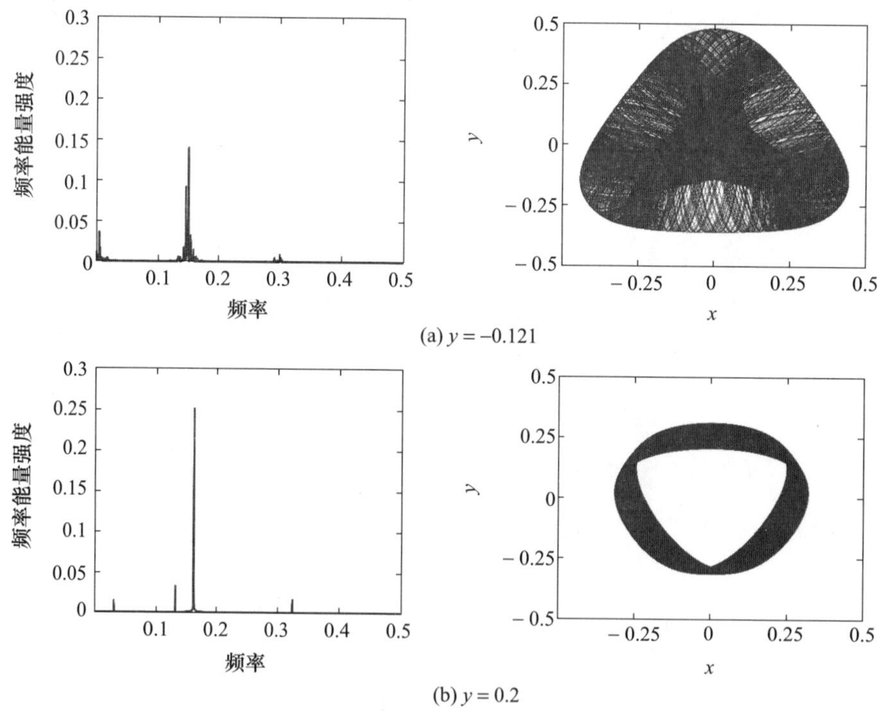

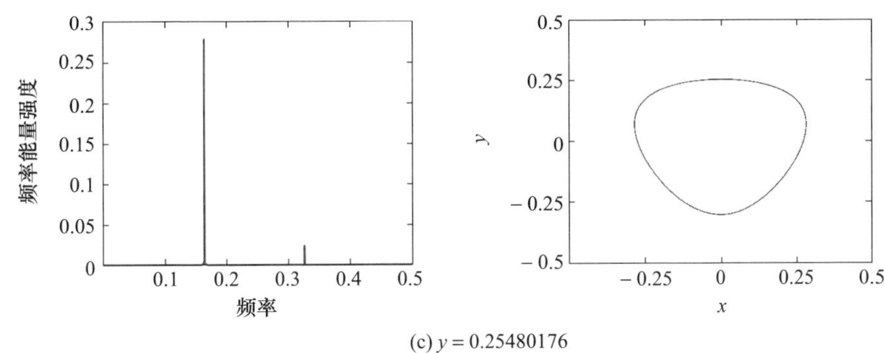

(c) $y=0.25480176$

图 4-6　初始条件分别为 $y=-0.121$、$y=0.2$、$y=0.25480176$ 时，系统在 y 轴方向运动的频域图（左）和运动轨迹（右）

令 $E=1/12, x=\dot{y}=0$，在 $y\in[-0.35, 0.45]$ 范围内均匀取 2001 个初值，分别计算积分到 100π 时刻轨道所对应的频率熵和 OFLI，得到图 4-7。在图 4-7(a)的极大值点附近通常可以找到拟周期轨道，而(b)无法给出相关信息。以图 4-7(a)中 $y=0.071596$ 和 $y=0.183407$ 这两个极值点为例，图 4-8(a)展示了当 y 在 0.071596 附近变化时，积分 t 到 1000、2000、5000、10000 和 20000 时刻所得轨道；图 4-8(b)给出了当 y 在 0.071596 附近变化时，与上述相同时刻所得轨道。在图 4-8 中，所有轨道都在不变环面上运动，对应频率熵极大值点的初值积分后的轨道都有更好的周期性，同时在 x 和 y 方向的频率的比也更接近简单整数比。对应于图 4-8 中初值 $y=0.071596094$ 和 $y=0.183407$ 的轨道很难单纯通过图 4-8(b)发现相关信息。

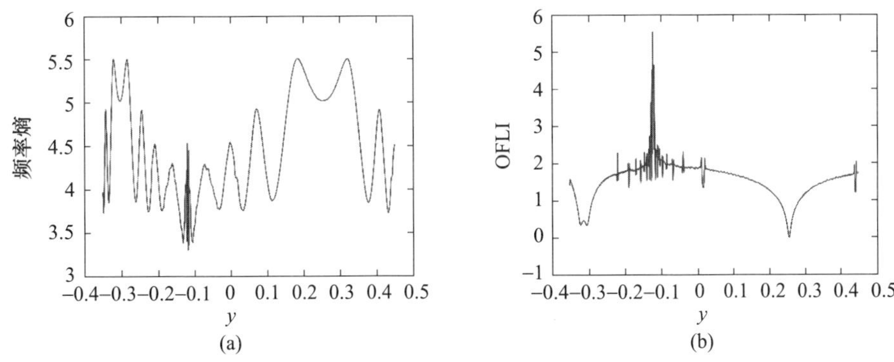

图 4-7　频率熵和 OFLI 对比图
（$E=1/12$，初始 $y=-0.35\sim0.45$，积分时间 100π）

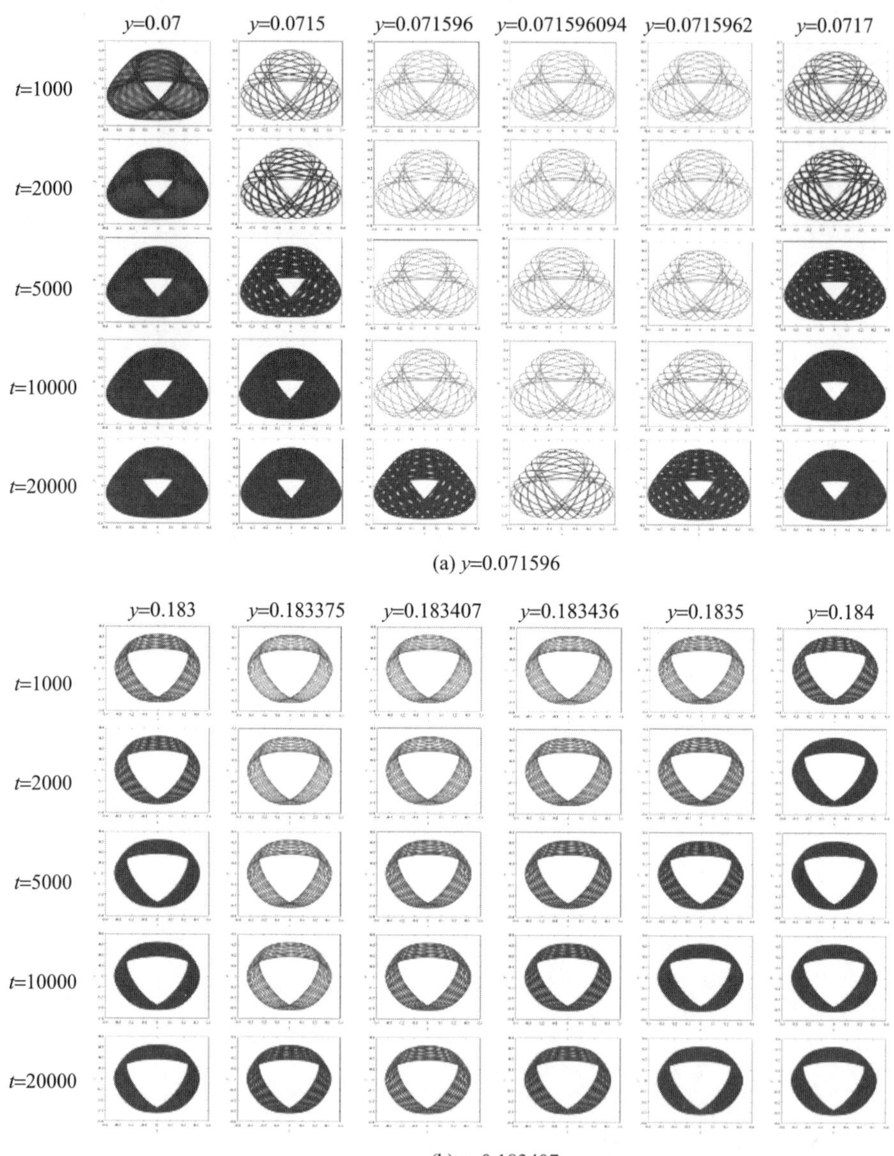

(a) y=0.071596

(b) y=0.183407

图 4－8 在 $y=0.071596$ 和 $y=0.183407$ 附近，轨道随初值和积分时间变化情况

由于在积分过程中存在数值误差，以及采样时间不是轨道周期的整数倍，在图 4－8(a)中没有在对应周期轨道的初值 $y=0.25480176$ 处[5]出现极大值。如果用式(4－30)重新在 $E=1/12$，$x=\dot{y}=0$，在 $y\in[-0.35,0.45]$ 范围内计算积分到 100π 时刻，则可以得到图 5－9 所示的频率熵随初值 y 变化的

分布图。对比图 4 - 7(a)和图 4 - 9,尽管两图中频率熵极大值所对应的 y 不尽相同,但是4 - 7(a)中的极大值点如 $y = 0.071596$ 和 0.183407 依然位于图 4 - 9中极大值点附近。这些数值实验表明,对于给定的积分时间,可以在频率熵极大值点附近找到在该积分时刻周期性比较好、轨道运动规律性更强的拟周期轨道。

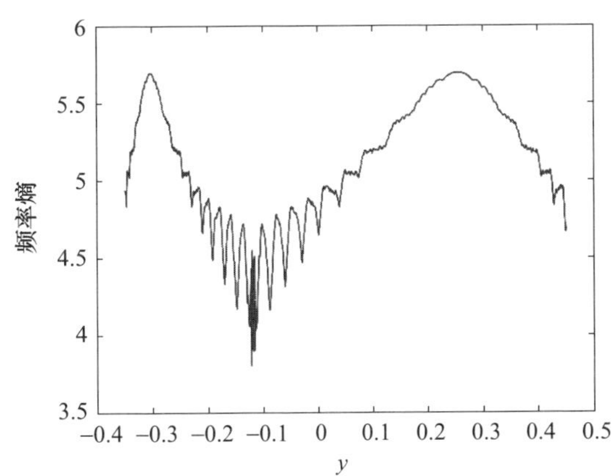

图 4 - 9　利用式(4 - 30)计算得到的频率熵随初值变化,$E = 1/12$,初始 y 介于 - 0.35 ~ 0.45,积分时间 100π

利用频率熵同样可以通过频率分析发现系统中的混沌运动。在图 4 - 7(a)和图 4 - 9 中高频率熵区域中间都有一个低频率熵区域。在低频率熵区域中,频率熵由于系统中存在混沌运动区域以及相空间中存在的一系列孤岛而变化剧烈。相比之下高频率熵区域中频率熵的变化就明显平缓得多。这也同图 4 - 7(b)中用 OFLI 描述所反映的变化趋势一致。

最后,令 $x = \dot{y} = 0$,在 $y \in [-0.3, 0.4]$,$E \in [0.08, 0.18]$ 范围内均匀划分 1401 × 1001 个网格点,在每个点上根据方程式(4 - 34)确定 $\dot{x}$,由此完全确定系统初值并令积分时间为 100π,计算轨道频率熵得到图 4 - 10。该图中深蓝色区域对应发生混沌运动的初值,亮黄色区域对应频率比为小整数的拟周期轨道和周期轨道初值,即本书中所谓运动更“规律”,周期性更强的轨道。文献[5]的图 9 与本书图 4 - 10 趋势一致,但是并没有反映与拟周期轨道有关的信息。除此之外,计算频率熵的耗时也少于计算 OFLI:利用 20 个 Intel Xeon E5 - 2690 CPU @ 3.00GHz,在 MATLAB R2014a 中并行计算图 4 - 10 需要 26875s,而在同样的网格、积分时间和积分精度下用相同的计算机和程序复现文献[5]的图 9 需要 45330s。

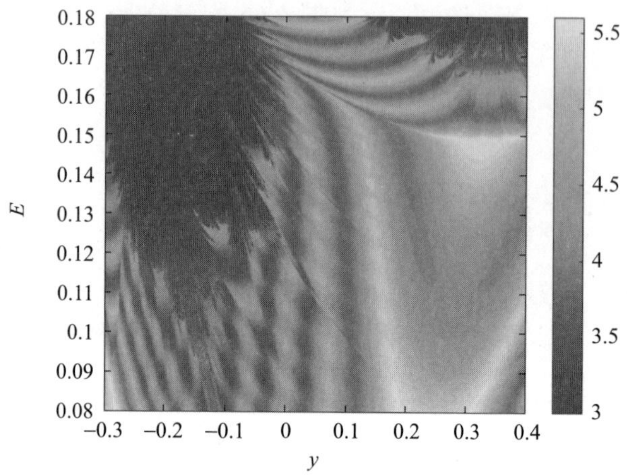

图4-10 (见彩图)根据不同的 E 和 y 确定初值并积分得到的频率熵分布图
(深蓝色区域对应发生混沌运动的初值,亮黄色区域对应周期性较好的拟周期轨道和周期轨道,积分时间 100π)

4.3.2 圆限制性三体系统中的轨道

圆限制性三体系统是一个受摄且退化的牛顿系统[11]。在圆限制性三体系统中,小天体 P_3 的质量 m_3 远小于大天体 P_1 和 P_2 的质量 $m_1=1-\mu$ 和 $m_2=\mu(\mu<0.5)$。两个大天体绕他们的公共质心 O 做圆轨道运动。在旋转坐标系 Oxy 中,P_1 和 P_2 的坐标分别为 $(-\mu,0)$ 和 $(1-\mu,0)$,m_3 的运动方程为

$$\begin{cases}\ddot{x}=2\dot{y}+x-(1-\mu)\dfrac{x+\mu}{{r_1}^3}-\mu\dfrac{x-1+\mu}{{r_2}^3}\\[2ex]\ddot{y}=-2\dot{x}+y-(1-\mu)\dfrac{y}{{r_1}^3}-\mu\dfrac{y}{{r_2}^3}\end{cases}\tag{4-35}$$

式中:${r_1}^2=(x+\mu)^2+y^2$,${r_2}^2=(x-1+\mu)^2+y^2$。

系统的雅可比积分 C 在旋转坐标系 Oxy 中写为

$$C=x^2+y^2+\frac{2(1-\mu)}{r_1}+\frac{2\mu}{r_2}-\dot{x}^2-\dot{y}^2\tag{4-36}$$

圆限制性三体问题在天体力学是一个被广泛使用的简化模型,在本小节研究中,如无进一步说明,均取 $\mu=0.5$,$C=4$。给定 $y=\dot{x}=0$,对每个给定的初值 x,通过方程解出对应的 $\dot{y}$,从而确定系统初始状态。

分别以 $x=-0.09$(混沌轨道),$x=-0.22$(拟周期轨道),$x=-0.25065550$(周期轨道)作为初值[5],和4.3.1节一样,对轨道积分10000个时间单位(旋转坐标系的自转周期为 2π 个时间单位),以100的频率对所有 x 分量进行采样并进

行离散傅里叶变换,并计算其频率熵。由图4－11可以看到,混沌轨道、拟周期轨道和周期轨道在频域上的频率分布特性和图4－6相似。在图4－11(a)的频域图中,频率区间(0,1)内每个频率尖峰附近都有其他量级非常接近的其他频率出现,频率能量强度也远小于拟周期轨道(图4－11(b))和周期轨道(图4－11(c))中的情况;另外,图4－11(a)的频域图中,频率在区间(1,2)内分布与(b)和(c)相比要均匀得多,几乎难以分辨频率尖峰的存在。而在拟周期轨道和周期轨道的频域分布图中,在频率尖峰附近没有其他频率有相同量级的能量强度。3条轨道在积分10000单位时间时的频率熵分别为2.0730(混沌轨道)、7.5000(拟周期轨道)和8.3868(周期轨道),和4.3.1节一样,反映了周期轨道的周期性最强,混沌轨道的周期性最弱。从图4－11(c)中还可以看出对于初值为$y=-0.25065550$的轨道,其频域图上反映出3个主要频率,分别是0.7543、1.5086和2.2628,频率的比恰好为1∶2∶3;3个频率对应的能量强度分布为0.2329、0.0016和0.0043。

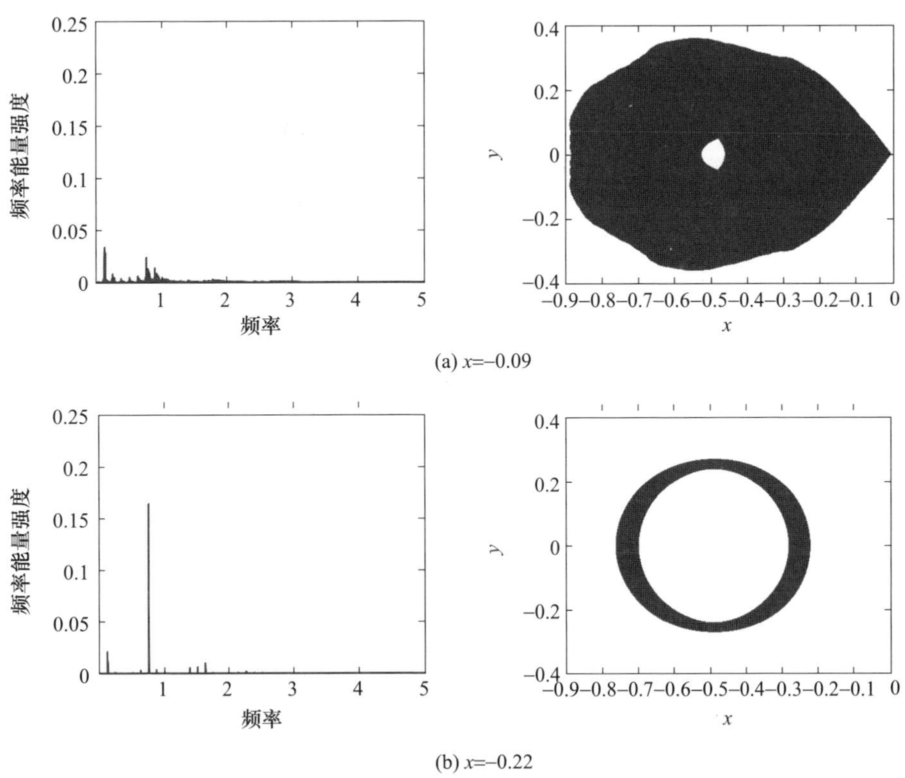

(a) $x=-0.09$

(b) $x=-0.22$

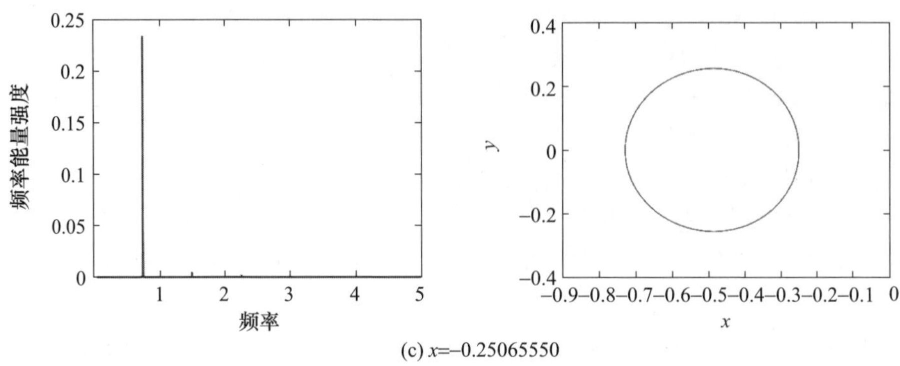

(c) x=−0.25065550

图 4−11 初始条件分别为 $x=-0.09$、$x=-0.22$ 和 $x=-0.25065550$ 时，系统在 x 方向运动的频域图(左)和运动轨迹(右)

令 $C=4$，$y=\dot{x}=0$，在 $x\in[-0.49,-0.01]$范围内均匀取 2001 个初值，计算积分到 150 时刻轨道所对应的频率熵，得到图 4−12。从中可以看到存在 3 个混沌运动区域，频率熵在这个区域中很小并且取值变化很大，其原因在 4.3.1 节已有说明。频率熵变化平缓的区域中可以看到 5 个极大值点，以图 4−12 中 $x=-0.126993$和 $x=-0.351045$ 这两个极值点为例，图 4−13(a)展示了当 x 在 -0.126993附近变化时，积分 t 到 200、500、1000、2000 和 5000 时刻所得轨道；图 4−13(b)给出了当 x 在 -0.351045 附近变化时，与上述相同时刻所得轨道。在图 4−13 中，所有轨道都在不变环面上运动，对应频率熵极大值点的初值积分后的轨道都有更好的周期性。图 4−12 中另外 3 个极大值点 x 为 -0.4254、-0.25065550和 -0.0345 则对应了周期轨道的初值。

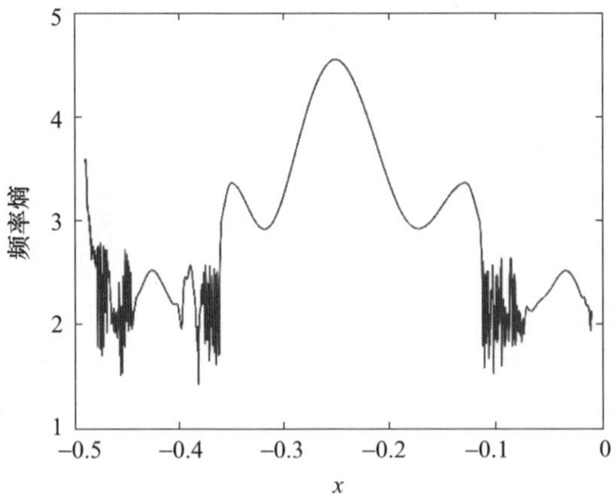

图 4−12 频率熵随初值 x 的变化关系图

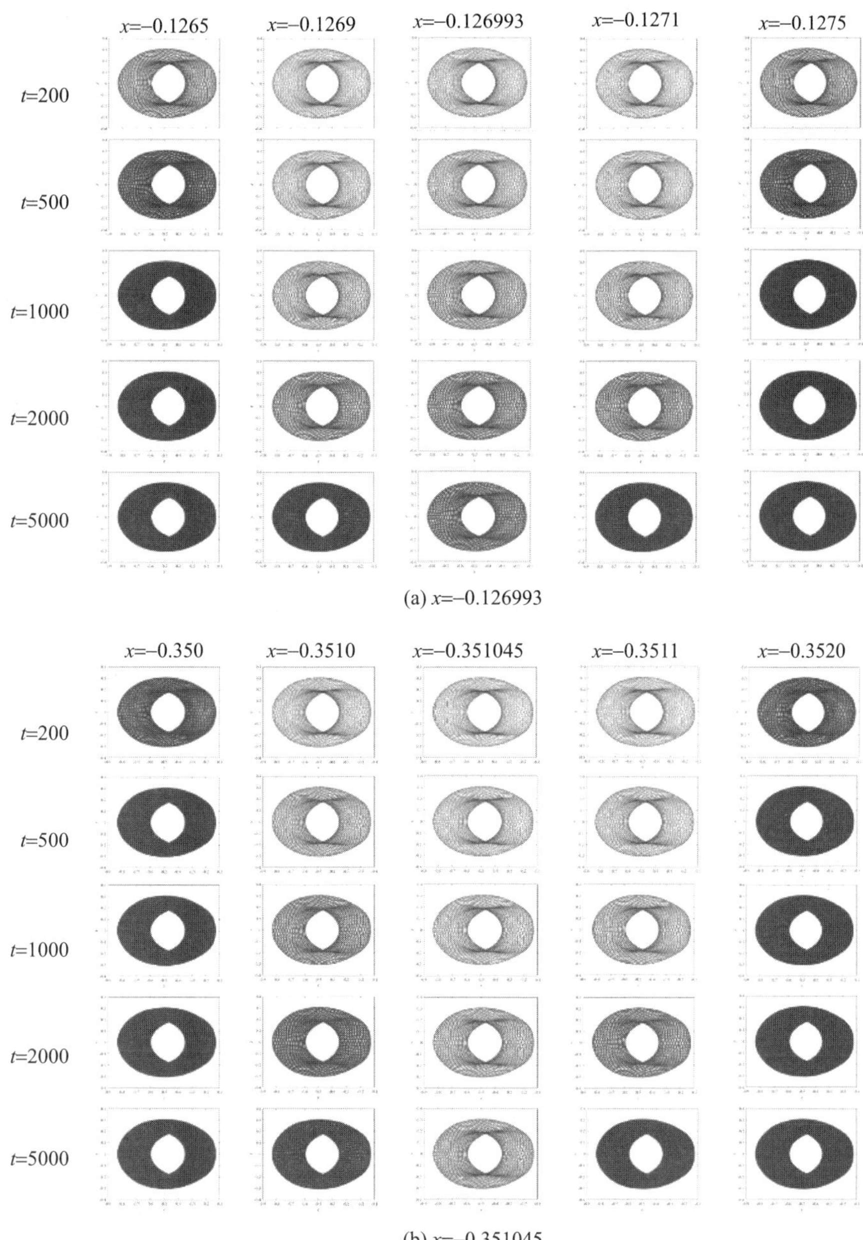

(a) $x=-0.126993$

(b) $x=-0.351045$

图 4-13　在 $x=-0.126993$ 和 $x=-0.351045$ 附近，轨道随初值和积分时间变化情况

为了验证频率熵对不同轨道行为能提供足够丰富的信息，在 $x \in [-0.49, -0.01]$，$C \in [-1,5]$ 范围内均匀划分 2001×601 个网格点，对每个网格点根据方程式(4－36)确定 $\dot{y}$，随后根据所对应的轨道初值积分 150 单位时间，再计算所得轨道的频率熵，计算结果如图 4－14 所示。在该图中颜色趋于亮黄色的地方意味着轨道频域上的频率尖峰越明显越集中，轨道的周期性也就更明显。在 $3.4 < C < 3.8$ 区域的深蓝色区域对应混沌运动。这个区域的混沌运动是由两个大天体对小天体强烈的引力摄动造成的，其具体机理在文献[5]中有详细说明。图 4－14 和 Fouchard 以及 Hénon 之前的工作结果(文献[5]图 13；文献[12]图 3)基本吻合并且体现了相似的性质。在 $C > 4$ 的部分不仅反映了文献[5]图 13(b)中 A 区域黑线所述的周期轨道现象，同时还有其他亮黄色区域反映了轨道周期性比较好的轨道，说明用频率熵可以提供除周期轨道外更多的轨道信息。

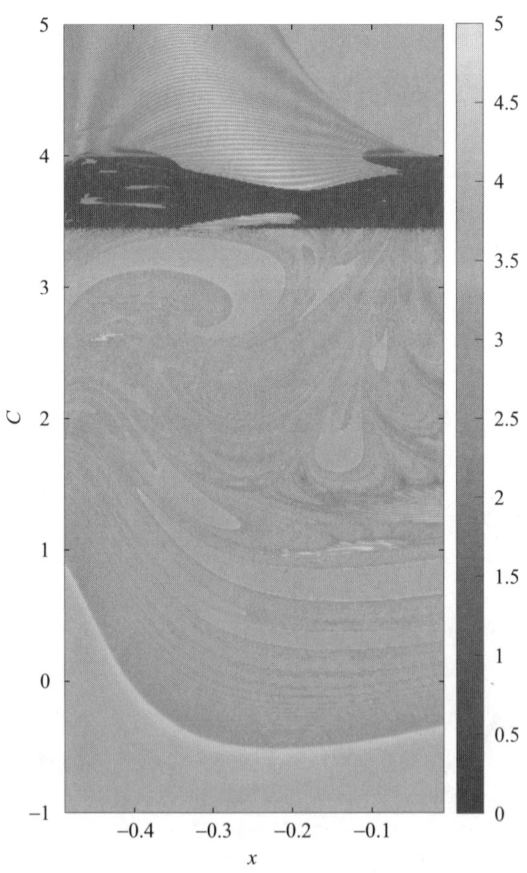

图 4－14 (见彩图)根据不同的 C 和 x 确定初值并积分得到的频率熵分布图(积分时间 150)

与 4.3.1 节类似，计算频率熵的时间消耗也要少于计算 OFLI。利用 20 个 Intel Xeon E5 - 2690 CPU @ 3.00GHz，在 MATLAB R2014a 中并行计算得到图 4 - 14需要 65571s，而在同样的网格、积分时间和积分精度下用相同的计算机和程序复现文献[5]的图 13 需要 113754s。

另外，图 4 - 14 在对应于文献[5]的图 13(b)的 B 区域和 C 区域没有反映出文献[5]图中的黑色线条，而文献[5]认为 B 区域和 C 区域中的黑色线条和 A 区域中的黑色线条都反映了周期轨道。为了说明这一点，首先令 $C=3$，绘制图 4 - 15所示的 OFLI 随初值 x 的变化图，在 $x\in[-0.3,-0.2]$ 区间的两个极小值点对应着文献[5]的图 13(b)中 B 区域上黑线与 $C=3$ 的交点。根据图 4 - 15 取初值 $x=-0.25912$，$y=\dot{x}=0$，并根据 $C=3$ 求出 $\dot{y}$ 确定轨道初值，积分 150 时间单位，根据积分结果绘制图 4 - 16。从该图中可以看出这是一条螺线轨道，而基于李雅普诺夫指数的 OFLI 指标不能区分出这类轨道与运动在不变圆环面上周期轨道、拟周期轨道的区别。这个例子也说明，初始微小扰动误差不会指数发散的轨道不一定就是周期轨道。实际上，文献[5]的图 13(b)中 C 区域中的黑线所代表的轨道行为和图 4 - 16 一样：如果取 $C=1.75$，$x=-0.15928$ 或者 $x=-0.13315$，即对应 $C=1.75$ 时 OFLI 随初值变化图的极小值点，积分后的轨道也是螺线轨道。

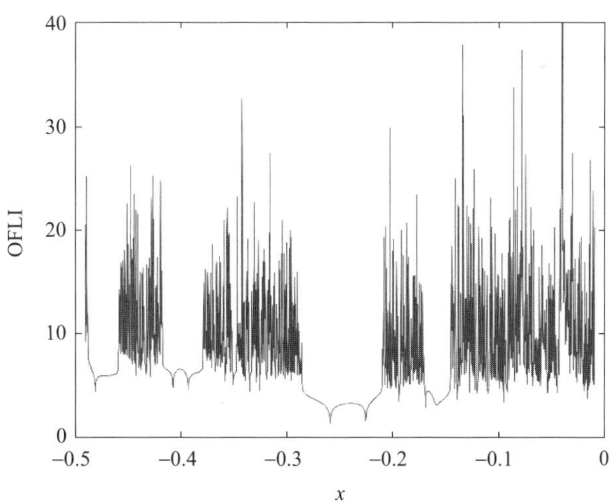

图 4 - 15　OFLI 随初值变化图（$C=3$，在 $x\in[-0.49,-0.01]$ 均匀划分 2001 个网格，令 $y=\dot{x}=0$ 并通过 C 求出 $\dot{y}$ 确定轨道初值，积分 150 时间单位。）

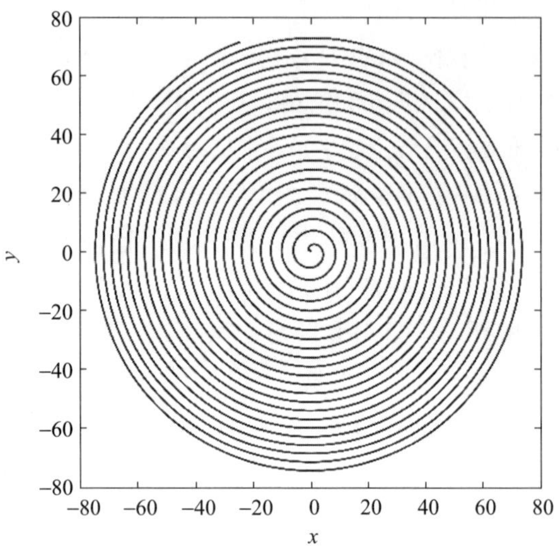

图 4－16　对应 $C=3$，初值为 $x=-0.25912$，$y=\dot{x}=0$ 的轨道

（该轨道对应文献[5]图 13(b)中 B 区域上黑线所代表的一类轨道）

4.4　小天体附近轨道的分析

本节在多面体模型引力场下，以艾女星和格勒夫卡星为例计算小天体附近轨道的频率熵并以此定量分析小天体附近轨道的周期性。

艾女星和格勒夫卡星无论是大小、形状还是外部平衡点的稳定性都不相同。表 4－2 给出了二者的物理参数[13-17]。本节中小天体的多面体模型由 Neese 根据雷达观测的数据给出[18]。小天体附近的轨道在系统运动方程下根据 RK78 数值积分计算。

表 4－2　艾女星和格勒夫卡星的物理参数

小天体	艾女星	格勒夫卡星
尺寸/km	57.8×30.5×22.6	0.685×0.489×0.572
密度/(kg/m³)	2.6×10^3	2.7×10^3
质量/kg	4.2×10^{16}	2.10×10^{11}
自转周期/h	4.63	6.026

续表

小天体	艾女星				格勒夫卡星			
平衡点位置和稳定性	x/km	y/km	z/km	稳定性	x/m	y/m	z/m	稳定性
	31.397	9.963	0.034	不稳定	564.128	-23.416	-2.882	不稳定
	-2.161	23.573	0.098	不稳定	-571.527	39.808	-6.081	线性稳定
	-33.356	4.850	-1.088	不稳定	21.647	537.470	-1.060	不稳定
	-1.415	-29.413	-0.379	不稳定	26.365	-546.646	-0.182	线性稳定

4.4.1 艾女星附近的拟周期轨道

图4-17给出了一条艾女星附近的一条拟周期轨道，其初值如表4-3所示，积分时间1.0×10^{8}s。

表4-3 图5-17所示艾女星附近拟周期轨道初值

x/km	y/km	z/km	v_x/(m/s)	v_y/(m/s)	v_z/(m/s)
89.4871	74.3733	-33.7861	29.49	-30.33	-9.59

在图4-17中，拟周期轨道位于三维空间中的一个花环区域，在对轨道数据进行傅里叶变换后从图4-18中可以看出很明显的拟周期运动特征。对这条轨道分别计算x、y、z 3个维度的频率熵可得$S_x=S_y=17.1996$，$S_z=17.1926$。而诸如$x^*=\cos t, y^*=\sin t, z^*=\cos(2t)$的周期轨道从$t=0$s积分到$t=1.0\times10^{8}$s后频率熵为$S_{x*}=S_{y*}=S_{z*}=18.4207$。根据4.2节的结论，在相同积分时间内，周期轨道的频率熵最高，通过比较小天体附近轨道的频率熵可以对小天体附近的轨道进行定量分析。

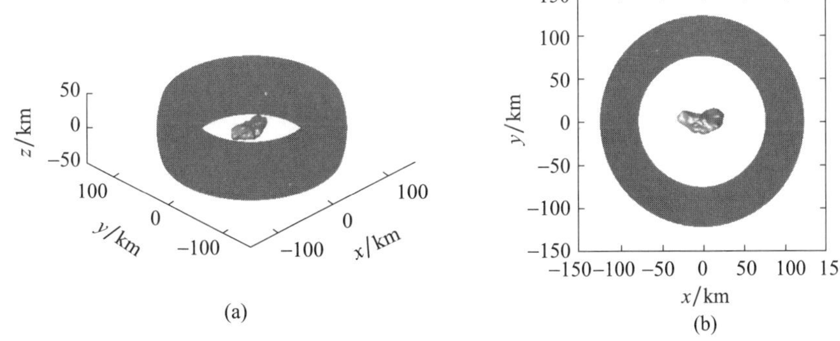

图4-17 艾女星附近一条拟周期轨道（积分时间$t=1.0\times10^{8}$s）

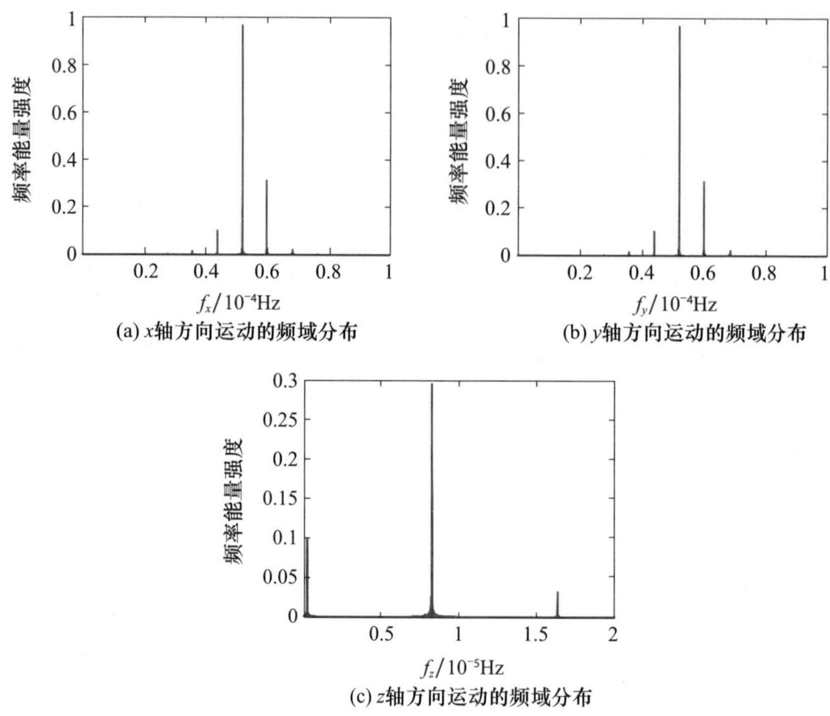

图 4-18　x 轴方向、y 轴方向和 z 轴方向运动在傅里叶变换后频域分布

通过分析图 4-18 中傅里叶变换的结果，可以看到 x 和 y 轴方向的频域分布中，最高的 3 个峰值分别位于 9.18×10^{-5} Hz，9.99×10^{-5} Hz 和 4.38×10^{-5} Hz，它们对应的能量强度分别为 0.969、0.315 和 0.103。如果一条轨道在 x 轴方向上的运动就是由这 3 个频率组成的，设

$$x' = 0.103\cos(2\pi\times4.38\times10^{-5}t) + 0.969\cos(2\pi\times5.18\times10^{-5}t) + 0.315\cos(2\pi\times5.99\times10^{-5}t) \tag{4-37}$$

那么它的频率熵的理论值为

$$18.4207 + \frac{0.103^2}{1.0488}\log\frac{0.103^2}{1.0488} + \frac{0.969^2}{1.0488}\log\frac{0.969^2}{1.0488} + \frac{0.315^2}{1.0488}\log\frac{0.315^2}{1.0488} = 18.0521 \tag{4-38}$$

而对 x' 进行傅里叶变换后数值求得的频率熵恰好也为 18.0521。$S_{x'} = 18.0521$ 和 $S_x = 17.1996$ 的误差是由频域图中其他频率的存在造成的。在图 4-18(a)和(b)中，频域中的 3 个最高尖峰附近的频率能量仅占整个频域能量的 60%。用相同的方法，可以看到 z 方向的频域分布中，最高的 3 个峰值分别位于 8.29×10^{-6} Hz、2.22×10^{-7} Hz 和 1.64×10^{-5} Hz，它们对应的能量强度分别为 0.295、0.0983 和 0.0325。如果一条轨道在 z 方向上的运动就是由这 3 个频率组成

的,设

$$z' = 0.0983\cos(2\pi \times 2.22 \times 10^{-7}t) + 0.295\cos(2\pi \times 8.29 \times 10^{-6}t) + 0.0325\cos(2\pi \times 1.64 \times 10^{-5}t) \tag{4-39}$$

那么它的频率熵的理论值为

$$18.4207 + \frac{0.0983^2}{0.0977}\log\frac{0.0983^2}{0.0977} + \frac{0.295^2}{0.0977}\log\frac{0.295^2}{0.0977} + \frac{0.0325^2}{0.0977}\log\frac{0.0325^2}{0.0977} = 18.0399 \tag{4-40}$$

而对 z' 进行傅里叶变换后数值求得的频率熵为 18.0396。虽然不严格等于理论值 18.0399,但是误差仅有 0.017%。$S_{z'} = 18.0399$ 和 $S_z = 17.1926$ 的误差也是由频域图中其他频率的存在造成的。在图 5-18(a)和(b)中,频域中的 3 个最高尖峰附近的频率能量仅占整个频域能量的 52%。

本小节的工作通过分析小天体附近一条具体的拟周期轨道说明了频率熵在分析拟周期轨道中的应用。如果有多条轨道,则可以通过比较各条轨道频率熵的大小对它们的周期性进行排序。

4.4.2　格勒夫卡星附近的拟周期轨道

本小节研究两组格勒夫卡星附近的轨道,通过频率熵定量分析它们的周期性。第一组轨迹如图 4-19 所示,它们分别以表 4-4 中的初值,在 RK78 数值积分下积分 9.0×10^6 s 得到。计算这 8 条轨道在各个时刻的频率熵绘制图 4-20。根据在 $t = 9.0 \times 10^6$ s 时刻的频率熵,可以对这 8 条轨道在这段时间运动的周期性进行排序:

(g) > (e) > (d) > (h) > (f) > (a) > (c) > (b)

表 4-4　在图 4-19 中 8 条轨道的初值

轨道	x/m	y/m	z/m	v_x/(m/s)	v_y/(m/s)	v_z/(m/s)
(a)	199 ~ 311	-302.412	21.385	0.0964	0.0453	-0.0169
(b)	-230.376	-297.859	784.038	0.0307	0.0221	0.0189
(c)	-386.741	178.200	-38.018	-0.0593	-0.0449	0.0205
(d)	-193.016	-606.909	-71.613	-0.0373	0.0515	0.0149
(e)	26.728	-652.815	-47.209	-0.0467	-0.0016	-0.0077
(f)	-512.004	16.620	-4.066	0.0112	-0.0265	0.0129
(g)	51.862	-780.369	-3.724	-0.0821	-0.0028	-0.0003
(h)	-51.291	-517.164	-292.830	-0.0042	0.0188	0.0309

这个结果说明图 4 - 19(g)中的轨道具有最大的频率熵,因此周期性也最强,而图 4 - 19(b)中的轨道频率熵最小,因此周期性最弱。图 4 - 19(a)(c)(f)中的轨道具有相似的几何形态,通过频率熵可以判断出(f)的周期性最好,这也印证了人们的一般直觉。对于肉眼难以分辨的(a)和(c)来说,利用频率熵就可以定量说明(a)的周期性好于(c),由此可以定量评估轨道。从频率熵的大小可以断定,(g)中的轨道周期性要远好于(e)和(h)中的轨道,并且(e)中的轨道也要好于(f)中的轨道。

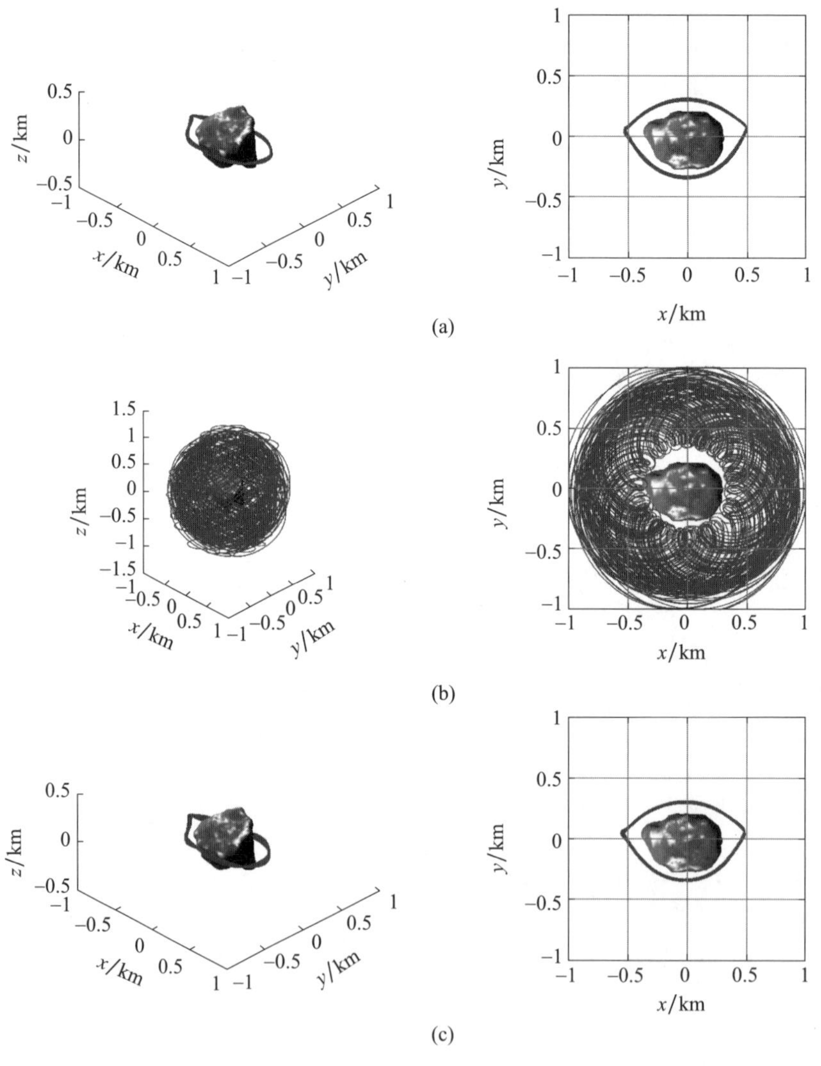

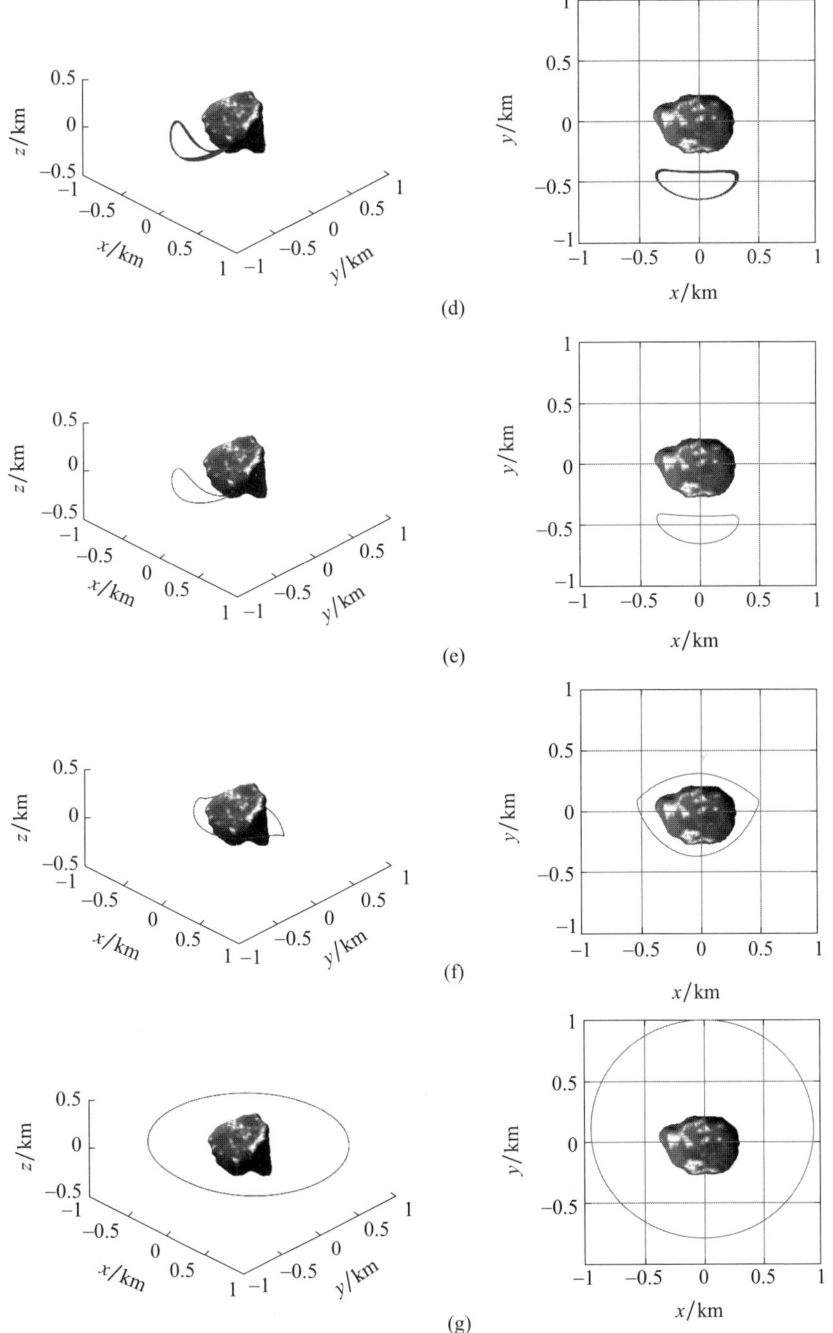

(d)

(e)

(f)

(g)

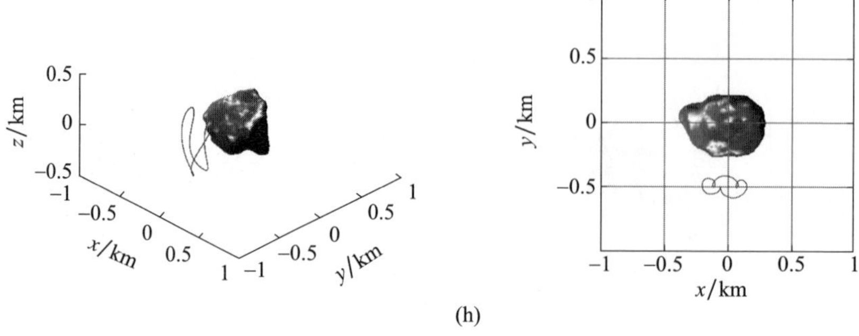

图 4 - 19　格勒夫卡星附近的 8 条轨道($t=9.0\times10^6$ s)

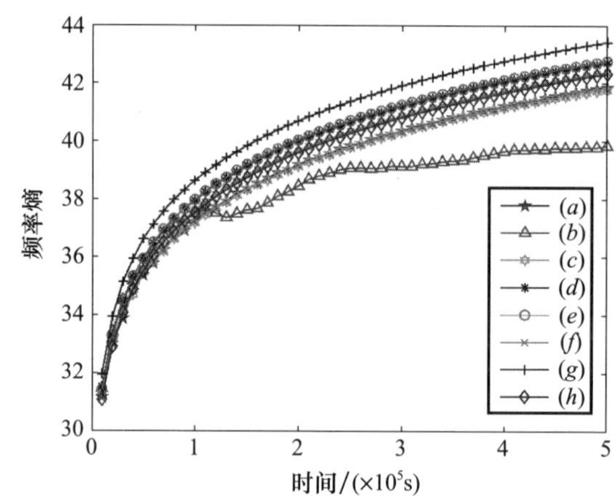

图 4 - 20　在图 4 - 19 中 8 条轨道频率熵随时间的变化

第二组轨迹如图 4 - 21 所示,它们分别以表 4 - 5 中的初值,在 RK78 数值积分下积分 2.0×10^6 s 得到。计算这 5 条轨道在各个时刻的频率熵绘制图 4 - 22。根据在 $t=2.0\times10^6$ s 时刻的频率熵,可以对这 5 条轨道在这段时间运动的周期性进行排序:

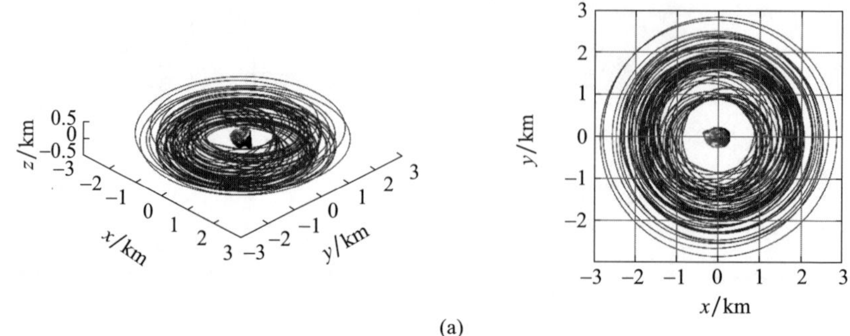

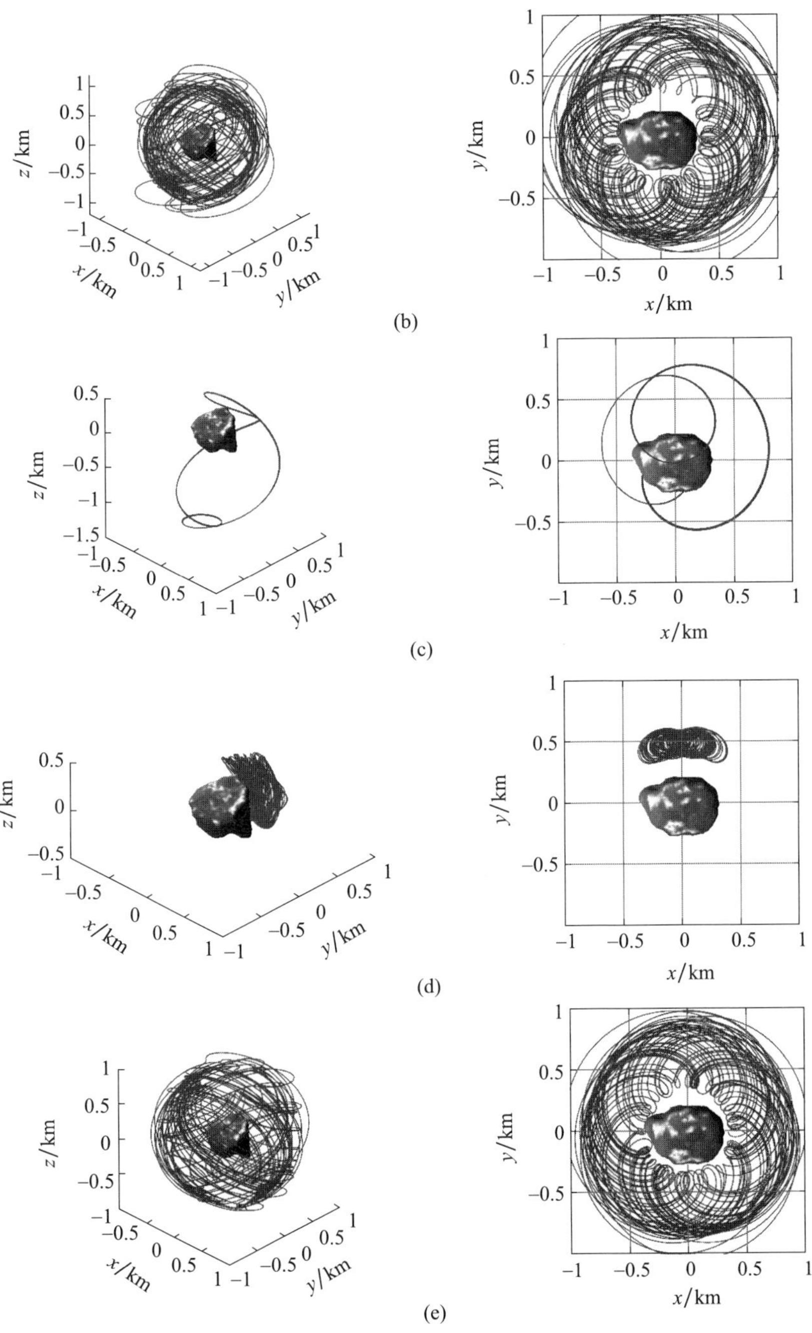

图 4－21　格勒夫卡星附近的 5 条轨道（$t = 2.0 \times 10^6$ s）

表 4-5　在图 4-21 中 5 条轨道的初值

轨道	x/m	y/m	z/m	v_x/(m/s)	v_y/(m/s)	v_z/(m/s)
(a)	912.385	46.392	-39.291	0.0391	-0.0123	-0.0384
(b)	-362.339	-139.785	-819.084	-0.0080	-0.0115	0.0085
(c)	119.874	-164.922	-1232.626	-0.0291	-0.1050	0.0315
(d)	-141.194	358.973	-263.625	-0.0601	0.0096	0.0193
(e)	-230.376	-297.859	784.038	0.0307	0.0221	0.0189

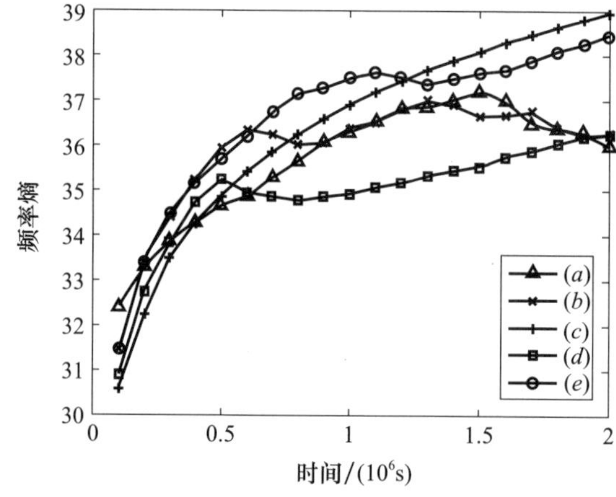

图 4-22　(见彩图)在图 4-21 中 5 条轨道频率熵随时间的变化

(c) > (e) > (b) > (d) > (a)

这个结果说明 4-21(c)中的轨道在 5 条轨道中具有最大的频率熵,因此周期性也最强,这也符合人们对于周期轨道和拟周期轨道判断的基本直觉。但是图 4-21(a)、(b)、(d)、(e)中的轨道具有相似的几何形态,这时就需要通过频率熵对它们进行定量分析。例如,根据频率熵的高低可以很快判定在 $t=2.0\times10^6$s 时刻,图 4-21(b)中轨道的周期性要远好于图 4-21(e)。

这两组轨迹的例子说明了通过频率熵可以对小天体多面体引力场下的周期轨道与拟周期轨道进行定量分析,这种方法丰富了对小天体附近轨道的分析方式,使人们可以对在小天体附近长时间运动而不与小天体碰撞的多种轨道进行更加精细的分析,而不用只把它们归于不碰撞的轨道。

4.5　小结

本章提出用频率熵指标定量分析拟周期轨道的周期性。

通过频率熵计算轨道傅里叶变换后频域中频率的集中程度。仿真发现,当采样频率足够大后,采样频率的增加不影响频率熵的计算,并且频率熵随时间以对数函数增加。推导了不同余弦函数展开形式函数之间频率熵的差,通过数值算例验证了推导的结果。

通过在 Hénon – Heiles 系统与圆限制性三体系统中应用频率熵,并和基于李雅普诺夫指数的 OFLI 指标对比,说明频率熵不仅可以区分动力系统参数变化中出现的周期运动区域、混沌运动区域,对于给定轨道运动时长还可以很好地反映运动周期性较好的拟周期轨道运动,同时区分螺线轨道和周期轨道,具有 OFLI 等李雅普诺夫指数指标所不具备的优点。说明频率熵对于一般动力系统动力学行为的分析具有重要参考作用。

利用频率熵对艾女星以及格勒夫卡星多面体引力场中多条轨道的分析,证明对于小天体附近长期运动的非碰撞轨道,可以通过频率熵对轨道的周期性强弱进行更加精细的定量计算分析,并以此为依据对周期轨道进行定量分析。

参考文献

[1] CHANUT T G G,WINTER O C,TSUCHIDA M. 3D stability orbits close to 433 Eros using an effective polyhedral model method[J]. Monthly Notices of the Royal Astronomical Society, 2014,438(3):2672 – 2682.

[2] CHANUT T G G,WINTER O C,AMARANTE A,et al. 3D plausible orbital stability close to asteroid(216)Kleopatra[J]. Monthly Notices of the Royal Astronomical Society,2015,452(2): 1316 – 1327.

[3] BENETTIN G,GALGANI L,GIORGILLI A,et al. Lyapunov characteristic exponents for smooth dynamical systems and for Hamiltonian systems;a method for computing all of them. Part 1: Theory;Part 2:Numerical applications[J]. Meccanica,1980,15(1):9 – 30.

[4] FROESCHLÉ C,LEGA E. On the structure of symplectic mappings. The fast Lyapunov indicator:a very sensitive tool[M]. Dordrecht:Springer,2001.

[5] FOUCHARD M,LEGA E,FROESCHLÉ C,et al. On the relationship between fast Lyapunov indicator and periodic orbits for continuous flows[J]. Celestial Mechanics and Dynamical Astronomy,2002,83:205 – 222.

[6] SWINNEY H L, GOLLUB J P. The transition to turbulence[J]. Physics Today, 1978, 31: 41 – 49.

[7] ROBUTEL P, LASKAR J. Frequency Map and Global Dynamics in the Solar System I: Short period dynamics of massless particles[J]. Icarus, 2001, 152(1): 5 – 28.

[8] DEI TOS D A, TOPPUTO F. Trajectory refinement of three – body orbits in the real solar system model[J]. Advances in Space Research, 2017, 59(8): 2117 – 2132.

[9] OTT E. Chaos in dynamical systems[M]. Cambridge: Cambridge university press, 2002.

[10] HÉNON M, HEILES C. The applicability of the third integral of motion: some numerical experiments[J]. The Astronomical Journal, 1964, 69: 73 – 79.

[11] SZEBEHELY V. Theory of orbits: The restricted problem of three Bodies[M]. New York: Academic Press, 1967.

[12] HÉNON M. Exploration numérique du probleme restreint. I. Masses égales; orbites périodiques [J]. Annales d'Astrophysique, 1965, 28: 499 – 511.

[13] CHESLEY S R, OSTRO S J, VOKROUHLICKÝ D, et al. Direct detection of the Yarkovsky effect by radar ranging to asteroid 6489 Golevka[J]. Science, 2003, 302(5651): 1739 – 1742.

[14] HUDSON R S, OSTRO S J, JURGENS R F, et al. Radar observations and physical model of asteroid 6489 Golevka[J]. Icarus, 2000, 148(1): 37 – 51.

[15] VOKROUHLICKÝ D, NESVORNÝ D, BOTTKE W F. The vector alignments of asteroid spins by thermal torques[J]. Nature, 2003, 425(6954): 147 – 151.

[16] WANG X, JIANG Y, GONG S. Analysis of the Potential Field and Equilibrium Points of Irregular – shaped Minor Celestial Bodies[J]. Astrophysics and Space Science, 2014, 353(1): 105 – 121.

[17] WILSON L, KEIL K, LOVE S J. The internal structures and densities of asteroids [J]. Meteoritics & Planetary Science, 1999, 34(3): 479 – 483.

[18] NEESE C E. Small Body Radar Shape Models V2. 0. EAR – A – 5 – DDRRADARSHAPE – MODELS – V2. 0[DB/OL] NASA Planetary Data System, 2004.

第 5 章
不规则小天体表面跃迁动力学与毛细作用

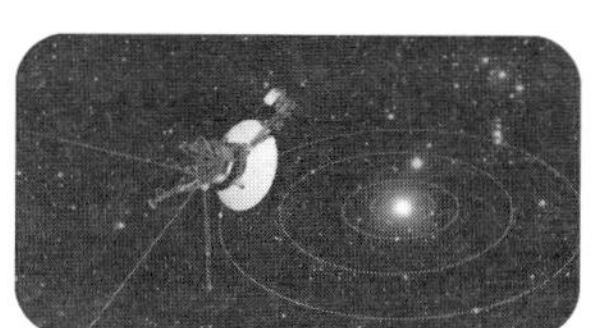
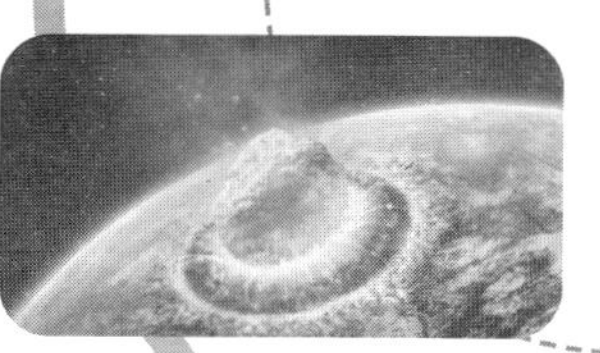

5.1 引言

本书第 2 章研究了不规则小天体引力场中的周期轨道族在参数变化下的延拓和平衡点在参数变化下的碰撞与湮灭。在掌握了小天体附近周期轨道和平衡点的相关规律之后,便可以设计其附近的探测器的周期运动轨迹和平衡点附近的运动轨迹。进一步的想法自然是能否在其表面进行着陆,研究探测器在不规则小天体表面着陆的动力学行为,此外该研究还对分析小天体表面颗粒的跃迁行为与表面塑形具有重要的基础价值。本章拟研究不规则小天体表面跃迁的动力学与毛细作用。后者也是进行小天体表面塑形研究的基础之一。

下面依次介绍小天体表面跃迁、表面平衡、表面水冰物质方面的研究进展。

此前的文献研究了小天体表面颗粒的物理和化学性质,包括彗核尘埃颗粒的电动发射与旋转发射(Oberc,1997),小行星尘埃质点的矿物学和矿物化学(Nakamura et al. ,2011)等。运动颗粒与尘埃可能由多种原因引发,包括 YORP 效应(Fahnestock and Scheeres,2009)、小天体表面的风车效应(windmill effect Oberc,1997)、小行星族与小月亮的碰撞与引力重构(Michel et al. ,2001)、碎石堆小行星(rubble - pile asteroids)的瓦解(Asphaug et al. ,1998;Jewitt et al. ,2014)。小行星 P/2013 R3 的解体生成了多于 10 个的不同小天体、大量小颗粒和一个彗星状的尘埃尾(Jewitt et al. ,2014)。绝大多数小行星和彗核都具有不规则外形(Lagerros,1997;Gutiérrez et al. ,2001),颗粒可以在不规则小天体表面移动。为了理解不规则天体表面上颗粒的动力学行为,我们需要研究这些天体的表面力学环境。此外,深空探测工程任务中着陆器或表面探测车在不规则小天体表面的移动也需要研究清楚不规则天体表面运动的规律。如果着陆器在不规则小天体表面着陆,则着陆器在不规则表面的碰撞与弹跳也存在(Bellerose et al. ,2009;Tardivel et al. ,2014)。

此前学者们选择简单形状的物体来帮助理解不规则天体的表面运动,这些简单形状的物体包括椭球(Guibout and Scheeres,2003;Bellerose and Scheeres,2008;Bellerose et al. ,2009)和立方体(Liu et al. ,2013)。Guibout 和 Scheeres(2003)讨论了旋转椭球体的表面平衡点的存在性与稳定性。Bellerose 和 Scheeres(2008)用椭球体模拟小行星的形状和引力,研究了平坦表面上的跳跃。Bellerose 等(2009)将小行星的外形假定为椭球体,考虑在匀速旋转的椭球体引力作用下,表面探测机器人的运动与控制。Liu 等(2013)计算了匀速旋转的立方体表面平衡的位置与特征值。

Guibout 和 Scheeres(2003)研究了椭球体表面的动力学方程以及表面平衡的存在性与稳定性。表面运动的 Lagrange 函数(Guibout and Scheeres,2003)与 Jacobi 积分(Bellerose and Scheeres,2008;Liu et al. ,2013)可以通过引力势与运动参数来定义。立方体表面平衡的线性稳定性可以通过表面平衡的特征值来判断(Liu et al. ,2013)。一般不规则天体引力场中的非退化平衡可以分为 8 种不同类型(Jiang et al. ,2014;Jiang,2015),天体参数变化时,平衡的位置与拓扑类型也会发生变化(Jiang et al. ,2015a,2016a)。限制在不规则小天体表面的运动与引力场中运动不同(Jiang and Baoyin,2014;Jiang et al. ,2015a;Chanut et al. ,2015),前者需要考虑不规则引力与接触力,而后者仅考虑不规则引力。通常来说,颗粒或者着陆器在不规则天体表面的跃迁或着陆过程包括轨道运动、碰撞、跳跃运动、表面运动、表面平衡。

考虑一个具有恒定摩擦因数的非光滑表面,则平衡仍然存在,但是与光滑表面上的平衡的稳定性不同(Liu et al. ,2013)。考虑精确的引力与不规则外形,Yu 和 Baoyin(2015)数值计算了小行星表面探测车的运动和颗粒迁移,发现最稳定的方向是转动极点方向,该方向可以限制探测车着陆后的自然轨迹。然而,不规则小天体表面的摩擦现象有黏滑效应(stick - slip effect, Fahnestock and Scheeres,2009;Das et al. ,2015),表面跃迁的颗粒可能是带电的(Oberc,1997)。Pástor(2014)计算了圆形限制性三体问题中尘埃颗粒的平衡点的位置,但这与表面跃迁过程中的带电颗粒的运动不同，后者也需深入研究。

在小天体水冰物质的研究方面，此前若干文献的研究认为地球上的水来源于小行星（Morbidelli et al.，2000；Mottl et al.，2007；Campins et al.，2010）。Kanno 等（2003）分析了红外光谱的波长从而确认了水和冰在 D 类小行星上的存在性。小行星可能释放流星体，流星体坠落地球成为流星雨或陨星从而将物质带到地球（Treiman et al.，2004；Vereš et al.，2008；Ray and Misra，2014；Patil et al.，2015）。Treiman 等（2004）研究了来自小行星 4 Vesta 的 Serra de Magé 钙长辉长无球粒陨石 Eucrite，并在该陨石中发现了石英，认为石英来源于液态水的沉积，而水可能来源于小行星 4 Vesta。Campins 等（2010）报道了小行星 24 Themis 表面存在水和冰，并且这些水和冰具有普遍的分布。彗星上也往往有水的存在。Sunshine 等（2006）检测到彗星 9P/Tempel 上有水和冰的存在，指出该彗核表面沉积物是松散的聚集体（loose aggregates）。Taylor（2015）详细报道了来源于小行星 4 Vesta 上的 Eucrite 陨石中有水的存在。

本章希望研究小行星表面毛细作用的水的高度，该研究与小行星表面平衡与表面运动密切相关。此前的研究讨论了旋转椭球上表面平衡的动力学（Guibout and Scheeres，2003）、旋转椭球体的平坦表面的弹跳动力学（Bellerose and Scheeres，2008；Bellerose 等，2009）、小行星（25143）Itokawa 表面的接触与碰撞动力学行为（Tardivel and Scheeres，2014），以及小行星引力场中平衡点的拓扑分类（Jiang et al.，2014）。Guibout 和 Scheeres（2003）发现旋转椭球体表面平衡的稳定性与旋转椭球体的形状有关。Bellerose 和 Scheeres（2008）使用旋转椭球体来模拟小行星，讨论了旋转椭球体表面稳定与不稳定平衡附近的动力学行为，可以帮助人们理解小行星表面平衡附近的动力学行为。Jiang 等（2014）使用小行星的精确的形状模型讨论了 4 个小行星，即 216 Kleopatra、1620 Geographos、4769 Castalia 和 6489 Golevka 引力场中平衡点附近的动力学行为。Jiang（2015）发现小行星平衡的稳定性和平衡附近周期轨道的稳定性存在对应关系。然而小行星表面毛细管中水的高度依赖于小行星的不规则外形与小行星的引力势，不同的表面产生不同的毛细管中水的高度，从而使不同的表面的摩擦因数不同，导致表面平衡的稳定性不同。

本章研究旨在考虑小天体的不规则形状和其产生的不规则引力场，来分析凹凸不平的地形地貌上的颗粒运动；提出并证明了一个有关表面平衡的特征值的恒等式，该恒等式意味着非退化表面平衡点的个数为偶数，并且非退化表面平衡点在小天体参数变化下只能成对变化。对于颗粒在光滑表面和非光滑表面跃迁两种情形，推导了相对于表面平衡点的线性化运动方程和表面平衡的特征方程，给出了表面平衡的线性稳定性的充分条件。退化表面平衡可以消失或者变为偶数个非退化表面平衡，或者变为任意个退化表面平衡和偶数个非退化表面平衡;但任何时候都不能变为奇数个非退化表面平衡。

以小行星 6489 Golevka 为例来计算颗粒在 3 个不同区域上方释放后的轨道运动、碰撞与跳跃运动、表面运动和表面平衡,3 个区域为平坦表面、凹区域、凸区域。结果表面在凸区域上方释放的颗粒需要明显长的时间和轨迹才能静止于表面平衡位置,而平坦表面和凹区域上方释放的颗粒在静止于表面平衡前经历明显短的时间和运动轨迹。

进一步地,使用毛细管来模拟小行星表面的缝隙。研究不规则小行星表面固定位置和方向的毛细管中液体长度随着毛细管位置变化的分布情况。该研究可以在以下四个方面得到应用:第一,该研究有助于帮助进一步研究小行星表面水和冰的分布情况,水和冰的不同分布和毛细管中液体长度的不同分布相关(Campins et al. ,2010)。第二,百万年量级上,水可以腐蚀小行星表面及其内部的结构,大量小行星的表面物质与形状通过表面侵蚀发生了变化;特别是对于碎石堆状(rubble – pile)的小行星来说(Michel et al. ,2003),长期的侵蚀作用可能导致小行星的断裂与解体。第三,毛细管中液体高度不同可以影响小天体表面气体和尘埃颗粒的电动与旋转喷射(Oberc,1997)。在太阳光压力的作用下,喷射可能形成小天体表面的迷你喷泉(mini – fountain),毛细管中液体长度分布的变化引起喷泉的高度及喷泉包络的半径发生变化(Oberc,1997)。第四,探测器可以携带一些液体到达小行星表面,因而毛细管中液体长度的研究也可能应用于未来的小行星任务(Barucci et al. ,2011)。

笔者发现小行星的引力场和自旋速度对于小行星表面的毛细管中液体长度有显著的影响,该结论对单个小行星(single asteroid)、双小行星(binary asteroids)和三小行星(triple asteroids)均成立。笔者推导了多小行星系统中任意一个小行星表面毛细管中液体长度的表达式。以小行星 433 Eros 为例来研究小行星表面毛细作用,该小行星具有不规则的、细长状的和凹状的外形,对于研究不同的表面对毛细作用的影响有良好的代表性。毛细管中液体长度取决于毛细管的位置和方向,也和小行星的引力、自旋速度有关。笔者考虑了两种情况,第一种情况是毛细管的方向与小行星的局部表面垂直,第二种情况是毛细管的方向与小行星质心至毛细管处位置连线矢量平行,在这两种情况下,研究了毛细管中液体长度随着毛细管位置变化的分布情况。

5.2 不规则小天体表面平衡与表面运动动力学

本节笔者研究不规则小天体表面运动的动力学。仅研究颗粒完全在小天体表面运动的情形,不考虑跳跃时候的情况。当颗粒在不规则小天体表面运动时,考虑摩擦力(friction force)的存在,则颗粒最终会静止于小天体表面平衡位置。

5.2.1 光滑表面上的动力学

本节笔者考虑简单情况,小天体的不规则几何外形及其产生的引力予以考虑,但是摩擦力不考虑,即假定表面是光滑的。这种情况在物理模型上是较为简单的,此前有学者曾以光滑椭球体来模拟小天体,研究旋转光滑椭球体的表面平衡(Guibout and Scheeres,2003;Bellerose and Scheeres,2008;Bellerose et al.,2009)。本节将小天体的不规则几何外形及其产生的引力予以考虑,小天体的自旋自然也在考虑的范围内。不规则小天体的物理与不规则几何表面模型及产生的引力采用多面体模型(Werner,1994;Werner and Scheeres,1997)和散体动力学离散元模型(Richardson,1995)经由观测数据(Stooke,2002)构建。

不规则小天体光滑表面的颗粒运动相对于小天体固连坐标系的动力学方程为

$$\begin{cases}\ddot{\boldsymbol{r}} = -2\boldsymbol{\omega}\times\dot{\boldsymbol{r}} - \dot{\boldsymbol{\omega}}\times\boldsymbol{r} - \dfrac{\partial V(\boldsymbol{r})}{\partial \boldsymbol{r}} + \lambda\nabla W \\ W(\boldsymbol{r}) = 0\end{cases} \tag{5-1}$$

式中:$\boldsymbol{\omega}$ 为小天体自旋角速度矢量;$V(\boldsymbol{r}) = -(\boldsymbol{\omega}\times\boldsymbol{r})\cdot(\boldsymbol{\omega}\times\boldsymbol{r})/2 + U(\boldsymbol{r})$;$W(\boldsymbol{r})$ 为不规则小天体表面几何外形函数。

表面是光滑的,没有摩擦力的作用,表面平衡附近的相对于表面平衡的线性化方程为

$$\begin{cases}\ddot{\xi} = -2\omega_y\dot{\zeta} + 2\omega_z\dot{\eta} - V_{xx}\xi - V_{xy}\eta - V_{xz}\zeta \\ \ddot{\eta} = -2\omega_z\dot{\xi} + 2\omega_x\dot{\zeta} - V_{xy}\xi - V_{yy}\eta - V_{yz}\zeta, \\ \ddot{\zeta} = -2\omega_x\dot{\eta} + 2\omega_y\dot{\xi} - V_{xz}\xi - V_{yz}\eta - V_{zz}\zeta\end{cases} \tag{5-2}$$

式中:$\boldsymbol{K}_V = \begin{pmatrix} V_{xx} & V_{xy} & V_{xz} \\ V_{xy} & V_{yy} & V_{yz} \\ V_{xz} & V_{yz} & V_{zz}\end{pmatrix}_L$ 为 $V(\boldsymbol{r})$ 的黑塞(Hessian)矩阵,$\xi = x - x_L$,$\eta = y - y_L$,$\zeta = z - z_L$。表面平衡的特征方程为

$$\begin{vmatrix} \lambda^2 + V_{xx} & -2\omega_z\lambda + V_{xy} & 2\omega_y\lambda + V_{xz} \\ 2\omega_z\lambda + V_{xy} & \lambda^2 + V_{yy} & -2\omega_x\lambda + V_{yz} \\ -2\omega_y\lambda + V_{xz} & 2\omega_x\lambda + V_{yz} & \lambda^2 + V_{zz}\end{vmatrix} = 0 \tag{5-3}$$

5.2.2 非光滑表面上的动力学

如果表面是非光滑的,即有摩擦力的作用。设表面法向单位矢量为$\boldsymbol{N}_{\perp}$,摩擦力方向的单位矢量为$\boldsymbol{N}_{\parallel}$,则

$$\boldsymbol{N}_{\perp}=\frac{\left(\frac{\partial W}{\partial x},\frac{\partial W}{\partial y},\frac{\partial W}{\partial z}\right)}{\sqrt{\left(\frac{\partial W}{\partial x}\right)^{2}+\left(\frac{\partial W}{\partial x}\right)^{2}+\left(\frac{\partial W}{\partial z}\right)^{2}}},\quad \boldsymbol{N}_{\parallel}=\frac{\ddot{\boldsymbol{r}}}{|\ddot{\boldsymbol{r}}|} \tag{5-4}$$

颗粒在小天体表面所受的法向的压力为

$$\boldsymbol{N}_{f}=(\nabla U^{*}\cdot\boldsymbol{N}_{\perp})\boldsymbol{N}_{\perp} \tag{5-5}$$

式中:$\nabla U^{*}=\nabla V+2m\boldsymbol{\Omega}\times\dot{\boldsymbol{r}}$。

记$\boldsymbol{\Theta}=\nabla U^{*}\cdot\boldsymbol{N}_{\perp}$,则摩擦力为

$$\boldsymbol{f}_{\mathrm{fric}}=\mu|\boldsymbol{N}_{f}|\boldsymbol{N}_{\parallel}=\mu\Theta\boldsymbol{N}_{\parallel} \tag{5-6}$$

式中:μ为摩擦因数(the coefficient of friction),是一个常数。此时颗粒在小天体不规则表面的运动相对于小天体固连坐标系的动力学方程可以写为

$$\begin{cases}\ddot{\boldsymbol{r}}=-2\boldsymbol{\omega}\times\dot{\boldsymbol{r}}-\dfrac{\partial V(\boldsymbol{r})}{\partial\boldsymbol{r}}-\mu\Theta\boldsymbol{N}_{\parallel}+\lambda\nabla W\\ W(\boldsymbol{r})=0\end{cases} \tag{5-7}$$

记非光滑表面有效势梯度为$\nabla V(\boldsymbol{r})=-\omega^{2}\boldsymbol{r}+\nabla U(\boldsymbol{r})-\lambda\nabla W(\boldsymbol{r})$,此时,形式上$V(\boldsymbol{r})=-(\boldsymbol{\omega}\times\boldsymbol{r})\cdot(\boldsymbol{\omega}\times\boldsymbol{r})/2+U(\boldsymbol{r})-\lambda W(\boldsymbol{r})$。

表面平衡点附近颗粒相对于表面平衡点的线性化动力学方程(Jiang, Zhang, and Baoyin, 2016b)为

$$\begin{cases}\ddot{\xi}=-2\omega_{y}\dot{\zeta}+2\omega_{z}\dot{\eta}-V_{xx}\xi-V_{xy}\eta-V_{xz}\zeta-\mu N_{x}\Theta_{x}\xi-\mu N_{x}\Theta_{y}\eta-\mu N_{x}\Theta_{z}\zeta\\ \ddot{\eta}=-2\omega_{z}\dot{\xi}+2\omega_{x}\dot{\zeta}-V_{xy}\xi-V_{yy}\eta-V_{yz}\zeta-\mu N_{y}\Theta_{x}\xi-\mu N_{y}\Theta_{y}\eta-\mu N_{y}\Theta_{z}\zeta\\ \ddot{\zeta}=-2\omega_{x}\dot{\eta}+2\omega_{y}\dot{\xi}-V_{xz}\xi-V_{yz}\eta-V_{zz}\zeta-\mu N_{z}\Theta_{x}\xi-\mu N_{z}\Theta_{y}\eta-\mu N_{z}\Theta_{z}\zeta\end{cases} \tag{5-8}$$

表面平衡的特征方程为

$$\begin{vmatrix}\lambda^{2}+V_{xx}+\mu N_{x}\Theta_{x} & -2\omega_{z}\lambda+V_{xy}+\mu N_{x}\Theta_{y} & 2\omega_{y}\lambda+V_{xz}+\mu N_{x}\Theta_{z}\\ 2\omega_{z}\lambda+V_{xy}+\mu N_{y}\Theta_{x} & \lambda^{2}+V_{yy}+\mu N_{y}\Theta_{y} & -2\omega_{x}\lambda+V_{yz}+\mu N_{y}\Theta_{z}\\ -2\omega_{y}\lambda+V_{xz}+\mu N_{z}\Theta_{x} & 2\omega_{x}\lambda+V_{yz}+\mu N_{z}\Theta_{y} & \lambda^{2}+V_{zz}+\mu N_{z}\Theta_{z}\end{vmatrix}=0 \tag{5-9}$$

表面平衡点特征方程的根称为表面平衡点的特征值,一个表面平衡点是非退化(non - degenerate)的,倘若所有的特征值都是非零的。

5.2.3　表面平衡的个数与稳定性

记 $\boldsymbol{\varepsilon}=[\xi\quad\eta\quad\zeta]^{\mathrm{T}}$，$\boldsymbol{M}=\boldsymbol{I}_{3\times3}=\begin{pmatrix}1&0&0\\0&1&0\\0&0&1\end{pmatrix}$，$\boldsymbol{G}=\begin{pmatrix}0&-2\omega&0\\2\omega&0&0\\0&0&0\end{pmatrix}$和$\boldsymbol{K}_{\Theta}=\mu\begin{pmatrix}N_x\Theta_x&N_x\Theta_y&N_x\Theta_z\\N_y\Theta_x&N_y\Theta_y&N_y\Theta_z\\N_z\Theta_x&N_z\Theta_y&N_z\Theta_z\end{pmatrix}$，则特征方程式（5－9）可以重写为

$$\boldsymbol{M}\ddot{\boldsymbol{\varepsilon}}+\boldsymbol{G}\dot{\boldsymbol{\varepsilon}}+\boldsymbol{K}_V\boldsymbol{\varepsilon}+\boldsymbol{K}_{\Theta}\boldsymbol{\varepsilon}=0 \tag{5-10}$$

令$\boldsymbol{K}_S=(\boldsymbol{K}_{\Theta}+\boldsymbol{K}_{\Theta}^{\mathrm{T}})/2$，则笔者得到下面的推论，该推论是关于表面平衡点的线性稳定性的（Jiang，Zhang，and Baoyin，2016b）。

推论 5.1　倘若矩阵$\boldsymbol{K}_V$和$\boldsymbol{K}_S$都是正定的，则不规则小天体表面颗粒运动的表面平衡点是线性稳定的。

证明：令$\boldsymbol{K}_R=\dfrac{\boldsymbol{K}_{\Theta}-\boldsymbol{K}_{\Theta}^{\mathrm{T}}}{2}$，则 $\boldsymbol{K}_{\Theta}=\boldsymbol{K}_S+\boldsymbol{K}_R$，$\boldsymbol{K}_S$ 是对称的而$\boldsymbol{K}_R$ 是反对称的。定义李雅普诺夫函数为

$$V_{\mathrm{Lyap}}=\frac{1}{2}(\dot{\boldsymbol{\varepsilon}}^{\mathrm{T}}\boldsymbol{M}\dot{\boldsymbol{\varepsilon}}+\boldsymbol{\varepsilon}^{\mathrm{T}}\boldsymbol{K}_V\boldsymbol{\varepsilon}+\boldsymbol{\varepsilon}^{\mathrm{T}}\boldsymbol{K}_S\boldsymbol{\varepsilon})$$

则

$$\dot{V}_{\mathrm{Lyap}}=\dot{\boldsymbol{\varepsilon}}^{\mathrm{T}}(\boldsymbol{M}\ddot{\boldsymbol{\varepsilon}}+\boldsymbol{K}_V\boldsymbol{\varepsilon}+\boldsymbol{K}_S\boldsymbol{\varepsilon})=-\dot{\boldsymbol{\varepsilon}}^{\mathrm{T}}\boldsymbol{G}\dot{\boldsymbol{\varepsilon}}-\dot{\boldsymbol{\varepsilon}}^{\mathrm{T}}\boldsymbol{K}_R\dot{\boldsymbol{\varepsilon}}$$

考虑到矩阵$\boldsymbol{M}$、$\boldsymbol{K}_V$ 和$\boldsymbol{K}_S$ 是正定的，并且有 $\dot{\boldsymbol{\varepsilon}}^{\mathrm{T}}\boldsymbol{G}\dot{\boldsymbol{\varepsilon}}=0$，$\dot{\boldsymbol{\varepsilon}}^{\mathrm{T}}\boldsymbol{K}_R\dot{\boldsymbol{\varepsilon}}=0$，因此 $V_{\mathrm{Lyap}}=\dfrac{1}{2}(\dot{\boldsymbol{\varepsilon}}^{\mathrm{T}}\boldsymbol{M}\dot{\boldsymbol{\varepsilon}}+\boldsymbol{\varepsilon}^{\mathrm{T}}\boldsymbol{K}_V\boldsymbol{\varepsilon}+\boldsymbol{\varepsilon}^{\mathrm{T}}\boldsymbol{K}_S\boldsymbol{\varepsilon})>0$，于是表面平衡点是线性稳定的。

该推论意味着线性化系统的零解是李雅普诺夫稳定的，式（5－7）表示系统的表面平衡是线性稳定的。

令 $\lambda_k(E_j)$为第j个平衡的第k个特征值，则可得到下面的关于平衡点个数的定理。

定理 5.1　（Jiang，Zhang，and Baoyin，2016b）倘若共有N个表面平衡，则所有表面平衡满足：

$$\sum_{j=1}^{N}\left[\operatorname{sgn}\prod_{k=1}^{6}\lambda_k(E_j)\right]=\sum_{j=1}^{N}[\operatorname{sgn}(\det(\boldsymbol{K}_V+\boldsymbol{K}_{\Theta}))]=\mathrm{const}$$

证明：

记 $\dot{\boldsymbol{\varepsilon}}=\boldsymbol{\delta}$，则方程式（5－10）可以表示为

$$\begin{bmatrix}\dot{\boldsymbol{\varepsilon}}\\\dot{\boldsymbol{\delta}}\end{bmatrix}=\begin{pmatrix}\boldsymbol{0}&\boldsymbol{I}_{3\times3}\\-\boldsymbol{M}^{-1}(\boldsymbol{K}_V+\boldsymbol{K}_{\Theta})&-\boldsymbol{M}^{-1}\boldsymbol{G}\end{pmatrix}\begin{bmatrix}\boldsymbol{\varepsilon}\\\boldsymbol{\delta}\end{bmatrix} \tag{5-11}$$

令$\boldsymbol{\chi}=\begin{bmatrix}\boldsymbol{\varepsilon}\\\boldsymbol{\delta}\end{bmatrix}$,则方程式(5－11)转化为下面的形式:

$$\dot{\boldsymbol{\chi}}=f(\boldsymbol{\chi})=\boldsymbol{A\chi} \tag{5-12}$$

其中

$$\boldsymbol{A}=\begin{pmatrix}\boldsymbol{0} & \boldsymbol{I}_{3\times 3}\\-\boldsymbol{M}^{-1}(\boldsymbol{K}_V+\boldsymbol{K}_\Theta) & -\boldsymbol{M}^{-1}\boldsymbol{G}\end{pmatrix} \tag{5-13}$$

显然

$$\det\boldsymbol{A}=\det(\boldsymbol{K}_V+\boldsymbol{K}_\Theta) \tag{5-14}$$

记

$$h(\boldsymbol{r})=\begin{pmatrix}\frac{\partial V}{\partial x} & \frac{\partial V}{\partial y} & \frac{\partial V}{\partial z}\end{pmatrix}^{\mathrm{T}}+(\mu\Theta N_x \quad \mu\Theta N_y \quad \mu\Theta N_z)^{\mathrm{T}} \tag{5-15}$$

于是$\frac{\mathrm{d}h}{\mathrm{d}\boldsymbol{r}}=\boldsymbol{K}_V+\boldsymbol{K}_\Theta$,对于构造的函数$h(\boldsymbol{r})$使用拓扑度理论并利用上述知识,得到:

$$\sum_{j=1}^{N}\left[\operatorname{sgn}\prod_{k=1}^{6}\lambda_k(E_j)\right]=\deg(f,\Omega,(0,0,0))$$

即

$$\sum_{j=1}^{N}\left[\operatorname{sgn}\prod_{k=1}^{6}\lambda_k(E_j)\right]=\sum_{j=1}^{N}[\operatorname{sgn}(\det\boldsymbol{A})]=\sum_{j=1}^{N}[\operatorname{sgn}(\det(\boldsymbol{K}_V+\boldsymbol{K}_\Theta))]=\mathrm{const} \tag{5-16}$$

推论 5.2 不规则体表面的颗粒的非退化表面平衡的个数只能成对变化。

推论 5.3 一个退化的表面平衡可以有下面四种变化之一①消失;②变为偶数个非退化的表面平衡;③变为任意个退化表面平衡;④变为偶数个非退化的表面平衡和任意个退化表面平衡。

例如,一个退化表面平衡可以变为 2 个非退化表面平衡或者变为 4 个非退化表面平衡和 3 个退化表面平衡。

推论 5.4 非退化表面平衡的个数只能是偶数,可以为 0,2,4,6,8,…等。

5.2.4 小天体表面颗粒的黏滑动力学

考虑不规则小天体表面的黏滑作用(stick－slip effect),则需要计算运动时的阻尼力(damping forces)和弹性力(spring forces)。颗粒的黏滑动力学(stick－slip dynamics)方程为

$$\begin{cases}\ddot{\boldsymbol{r}}=-2\boldsymbol{\omega}\times\dot{\boldsymbol{r}}-\frac{\partial V(\boldsymbol{r})}{\partial\boldsymbol{r}}-\eta_{\mathrm{damp}}\dot{\boldsymbol{r}}-k(\boldsymbol{r}-\boldsymbol{r}_0)-\mu\Theta\boldsymbol{N}_{\parallel}+\lambda\nabla W\\W(\boldsymbol{r})=0\end{cases} \tag{5-17}$$

表面平衡附近相对于表面平衡的线性化方程为

$$\boldsymbol{M}\ddot{\boldsymbol{\varepsilon}}+(\boldsymbol{G}+\eta_{\text{dampp}}\boldsymbol{I}_{3\times 3})\dot{\boldsymbol{\varepsilon}}+(\boldsymbol{K}_V+\boldsymbol{K}_\Theta+k\boldsymbol{I}_{3\times 3})\boldsymbol{\varepsilon}=0 \tag{5-18}$$

记

$$\boldsymbol{A}_2=\begin{pmatrix}\boldsymbol{0} & \boldsymbol{I}_{3\times 3}\\ -\boldsymbol{M}^{-1}(\boldsymbol{K}_V+\boldsymbol{K}_\Theta+k\boldsymbol{I}) & -\boldsymbol{M}^{-1}(\boldsymbol{G}+\eta_{\text{dampp}}\boldsymbol{I})\end{pmatrix} \tag{5-19}$$

则上面的线性化方程可以写为

$$\dot{\boldsymbol{\chi}}=\boldsymbol{A}_2\boldsymbol{\chi} \tag{5-20}$$

此处,有

$$\begin{cases}V(\boldsymbol{r})=-(\boldsymbol{\omega}\times\boldsymbol{r})\cdot(\boldsymbol{\omega}\times\boldsymbol{r})/2+U(\boldsymbol{r})-\lambda W(\boldsymbol{r})\\ \boldsymbol{K}_V=\begin{pmatrix}V_{xx} & V_{xy} & V_{xz}\\ V_{xy} & V_{yy} & V_{yz}\\ V_{xz} & V_{yz} & V_{zz}\end{pmatrix}_L\end{cases} \tag{5-21}$$

推论 5.5　考虑黏滑效应情况下的表面平衡的个数和每个表面平衡的位置,同考虑不变摩擦因数情况下的表面平衡的个数和每个表面平衡的位置是相同的。

换句话说,式(5-17)表示的系统的平衡点的个数和位置同式(5-7)表示的系统的平衡点的个数和位置相同。

一般来说,考虑黏滑效应情况下的表面平衡的特征值和考虑不变摩擦因数情况下的相同位置上的表面平衡的特征值是不同的。

令

$$\boldsymbol{K}_T=k\boldsymbol{I}_{3\times 3}+\frac{\boldsymbol{K}_\Theta+\boldsymbol{K}_\Theta^{\mathrm{T}}}{2} \tag{5-22}$$

则下面的推论给出了颗粒黏滑运动的平衡状态的线性稳定性。

推论 5.6　考虑小天体表面颗粒的黏滑效应,则倘若矩阵$\boldsymbol{K}_V$ 和$\boldsymbol{K}_T$ 是正定的,则颗粒的平衡状态是线性稳定的。

证明:

只给出主要过程,其他的过程同推论 1 类似。

构造李雅普诺夫函数为

$$V_{\text{Lyap}}=\frac{1}{2}(\dot{\boldsymbol{\varepsilon}}^{\mathrm{T}}\boldsymbol{M}\dot{\boldsymbol{\varepsilon}}+\boldsymbol{\varepsilon}^{\mathrm{T}}\boldsymbol{K}_V\boldsymbol{\varepsilon}+\boldsymbol{\varepsilon}^{\mathrm{T}}\boldsymbol{K}_T\boldsymbol{\varepsilon})$$

则

$$\dot{V}_{\text{Lyap}}=\dot{\boldsymbol{\varepsilon}}^{\mathrm{T}}(\boldsymbol{M}\ddot{\boldsymbol{\varepsilon}}+\boldsymbol{K}_V\boldsymbol{\varepsilon}+\boldsymbol{K}_T\boldsymbol{\varepsilon})=-\dot{\boldsymbol{\varepsilon}}^{\mathrm{T}}(\boldsymbol{G}+\eta_{\text{dampp}}\boldsymbol{I}_{3\times 3})\dot{\boldsymbol{\varepsilon}}=-\eta_{\text{dampp}}\dot{\boldsymbol{\varepsilon}}^{\mathrm{T}}\boldsymbol{I}_{3\times 3}\dot{\boldsymbol{\varepsilon}}<0$$

该推论意味着如果线性化系统式(5-18)的零解是李雅普诺夫稳定的,则系统式(5-17)的平衡状态是线性稳定的。此外,如果$|\boldsymbol{\varepsilon}|\to\infty$,则 $V_{\text{Lyap}}\to\infty$,因此

线性化系统在零解处是大范围渐近稳定的。

于是得到同定理 1 类似的定理。

定理 5.2 小天体表面颗粒黏滑运动的所有平衡状态满足条件：

$$\sum_{j=1}^{N}\left[\operatorname{sgn}\prod_{k=1}^{6}\lambda_k(E_j)\right]=\sum_{j=1}^{N}\left[\operatorname{sgn}(\det(\boldsymbol{K}_V+\boldsymbol{K}_\Theta+k\boldsymbol{I}_{3\times3}))\right]=\text{const}$$

定理中记号的意义与定理 1 相同。

证明：证明过程同定理 5.1 类似，不同之处在于：

$$\boldsymbol{A}_2=\begin{pmatrix}\boldsymbol{0} & \boldsymbol{I}_{3\times3}\\ -\boldsymbol{M}^{-1}(\boldsymbol{K}_V+\boldsymbol{K}_\Theta+k\boldsymbol{I}) & -\boldsymbol{M}^{-1}(\boldsymbol{G}+\eta_{\text{dampp}}\boldsymbol{I})\end{pmatrix} \tag{5-23}$$

$$\det\boldsymbol{A}_2=\det(\boldsymbol{K}_V+\boldsymbol{K}_\Theta+k\boldsymbol{I}) \tag{5-24}$$

函数 $h(\boldsymbol{r})$ 定义为

$$h(\boldsymbol{r})=\begin{pmatrix}\frac{\partial V}{\partial x} & \frac{\partial V}{\partial y} & \frac{\partial V}{\partial z}\end{pmatrix}^{\mathrm{T}}+(\mu\Theta N_x \quad \mu\Theta N_y \quad \mu\Theta N_z)^{\mathrm{T}}+k\boldsymbol{I}\boldsymbol{r} \tag{5-25}$$

推论 5.2 至推论 5.4 的结论在考虑黏滑效应的情况下也是成立的。

5.2.5 小天体光滑表面平衡的计算

这里考虑非常理想的模型，即小天体的表面是光滑的或者颗粒是光滑的。这一理想模型虽然对于一般时间尺度上的颗粒平衡来说是不可能的，但对于考虑上百万年量级上小天体的平衡形状与形状演化来说是非常重要的。此外，通过不考虑摩擦力得到的表面平衡和考虑恒定摩擦模型、考虑黏滑效应模型，或者是考虑更复杂的软球碰撞接触模型分别对比，也能帮助我们认识不同的力的模型情况下的区别与联系，以及不同的尺度上哪种模型起主要作用。

选取小行星 6489 Golevka 来计算表面平衡，因为该小行星具有典型的不规则的几何外形，有明显的凸区域、凹区域和平坦区域，对于分析不规则形状对于表面平衡和表面运动的影响非常有利。图 5－1 给出了该小行星表面高度和引力的影像图。表面高度定义为表面点到小行星质心的距离，最大高度和最小高度分别为 394.68m 和 159.26m。最大引力和最小引力分别为 2.00416×10^{-4}N 和 1.428542×10^{-4}N。此处需要特别注意的是引力是引力势的梯度，引力势的梯度和有效势的梯度是不同的概念。

图 5－2 给出了小行星 6489 Golevka 的光滑表面平衡的位置，无论表面是光滑的还是颗粒是光滑的，只要二者有一个是光滑的，就不需要考虑摩擦力。计算光滑表面平衡的方法是：计算表面点处的有效势的梯度，如果该点处有效势的梯度同该点所在的局部表面垂直，则该点是光滑表面平衡点。表 5－1 给出了光滑表面平衡的位置，可见小行星 6489 Golevka 一共有 6 个光滑表面平衡点，这里光滑表面平衡点的个数是一个偶数。注意到该小行星的引力场中，体外一共

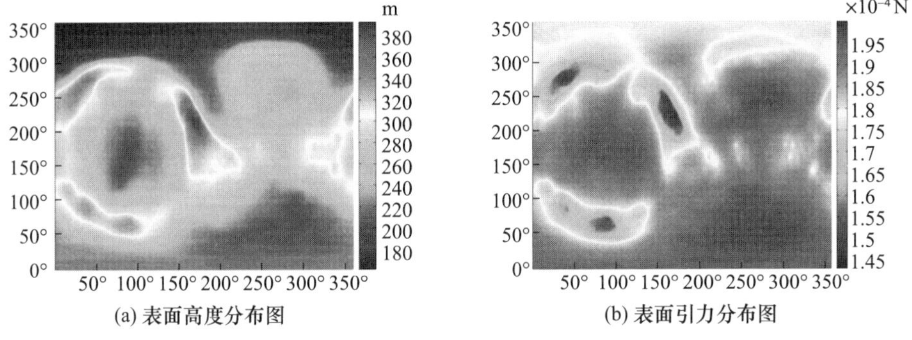

图 5－1　（见彩图）小行星（6489）Golevka 表面高度和引力的影像图
（两幅图中坐标轴的单位都是度）

有 4 个平衡点（Jiang et al. ,2014），体外平衡点和光滑表面平衡点之间的方位角和俯仰角有一定的对应关系，由于平衡点的个数不同，这种对应不是一一对应的。

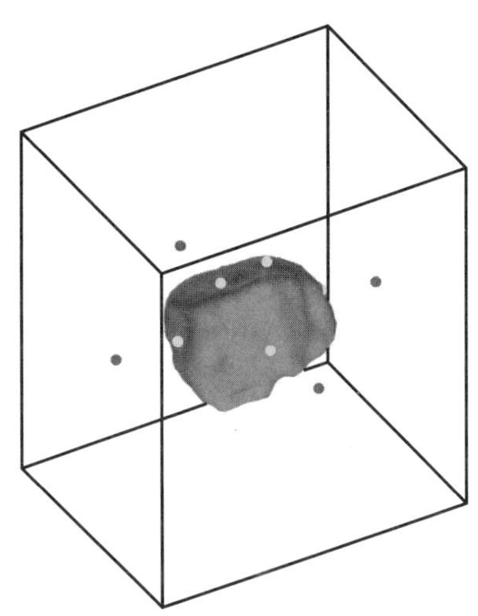

图 5－2　小行星 6489 Golevka 的光滑表面平衡同体外平衡的位置

表 5－1　小行星 6489 Golevka 的光滑表面平衡位置　　单位：m

序号	位置
1	（－99. 158，345. 034，589. 848）
2	（－7. 1560，－322. 006，591. 375）
3	（－22. 227，－839. 952，－36. 537）

续表

序号	位置
4	(-789.896,39.753,-40.270)
5	(-39.384,1007.679,12.123)
6	(597.525,-17.469,-50.793)

5.3 不规则小天体表面跳跃动力学

如果颗粒在不规则小天体表面跳跃，则颗粒的运动可以分为 2 类，即轨道运动和碰撞运动。本节笔者考虑这两类运动的动力学方程。

5.3.1 轨道运动

当颗粒在表面跃起时，颗粒相对于不规则小天体的固连坐标系的动力学方程（Jiang et al. ,2014;Jiang and Baoyin,2014）为

$$\ddot{\boldsymbol{r}} = -2\boldsymbol{\omega} \times \dot{\boldsymbol{r}} - \frac{\partial V(\boldsymbol{r})}{\partial \boldsymbol{r}} \tag{5-26}$$

每次颗粒跃起时，颗粒在轨道动力学机制的决定下运动，此时颗粒的雅可比积分是一个常数，直到下次碰撞表面开始时刻为止。颗粒的雅可比积分（Scheeres et al. ,1996;Jiang and Baoyin,2014;Chanut et al. ,2014）可以表示为

$$H = \frac{1}{2}\dot{\boldsymbol{r}} \cdot \dot{\boldsymbol{r}} - \frac{1}{2}(\boldsymbol{\omega} \times \boldsymbol{r}) \cdot (\boldsymbol{\omega} \times \boldsymbol{r}) + U(\boldsymbol{r}) \tag{5-27}$$

5.3.2 表面碰撞动力学

考虑颗粒在平坦表面上的碰撞（Bellerose and Scheeres,2008），碰撞后颗粒的速度可以表示为

$$\begin{cases} v_n = c_r v_0 \sin\alpha_0 \\ v_t = v_0 \cos\alpha_0 - \mu(1 + c_r) v_0 \sin\alpha_0 \end{cases} \tag{5-28}$$

式中：c_r 和 μ 分别为恢复系数和摩擦因数；v_0 为碰撞前的颗粒速度；α_0 为碰撞前颗粒速度和平坦表面的夹角；v_n 和 v_t 分别为碰撞后颗粒的法向速度和切向速度。

一般来说，首次碰撞后，颗粒跃起并通过短暂的轨道运动后达到第二次碰撞。在多次跃起和碰撞后（Bellerose and Scheeres,2008;Liu et al. ,2013），颗粒将不再跃起，而是在表面运动，从首次碰撞到颗粒在表面静止的时间为

$$T = \frac{2v_{0n}}{g_{0n}(1 - c_r)} \tag{5-29}$$

式中：v_{0n}为第一次碰撞前颗粒的法向速度；g_{0n}为第一次碰撞时刻颗粒所受到的相对于小天体固连坐标系的引力加速度。

如果表面是不规则的，则颗粒从首次碰撞至静止的时间间隔和颗粒的运动轨迹无法解析的表达，需要采用数值方法来计算相关的参数。

现在以 N - 体引力算法与软球离散元方法来计算颗粒在不规则小行星表面的跃迁运动（Peters and Džiugys，2002；Bierwisch et al.，2009；Schwartz et al.，2012），这种跃迁运动包括轨道运动、碰撞与跳跃运动、表面运动以及表面平衡。碰撞过程（Tardivel and Scheeres，2014）处理为软球碰撞，这意味着接触具有弹性与阻尼。为了研究跃迁颗粒的运动，一个完整的仿真必须包括颗粒和不规则小行星的引力势之间的相互作用，此前有关研究均未考虑这种相互作用（Jiang and Baoyin，2014；Jiang et al.，2014；Yu and Baoyin，2015），而是仅使用多面体模型来模拟不规则小行星。这里，将 N - 体方法首次应用到计算颗粒在不规则小行星表面的跃迁运动中，这种方法在模拟非光滑表面上的跃迁运动时有多面体模型不可比拟的优点。小行星可以被模拟为较小的硬球体组成的刚性引力聚合体（Miyamoto et al.，2007；Richardson，1995）。如图 5 - 3（a）所示，一个单分散颗粒的中等分辨率模型被应用于描述小行星的不规则几何外形和引力。Ting（1993）给出了 N - 体方法的详细介绍。简言之，每个运动的引力聚合体的动力学行为可以由刚体的运动方程来描述，运动体质心的运动服从 Newton 平动运动方程，通过蛙跳算法来积分，而引力聚合体的姿态运动方程服从刚体 Euler 方程，通过高阶时间自适应 Runge - Kutta 格式来求解，该聚合体的姿态通过四元数来表示。从小行星结构的角度来看，该模型通常可以反映 100m ~ 100km 范围内的大多数小行星的松散和多孔特性（Richardson et al.，2002），成功应用于研究空间中的碰撞过程和聚合体动力学（Matthews and Hyde，2004；Michel and Richardson，2013）。此外，为了解决小行星表面上的颗粒跃迁运动，使用固定半径的合适粒

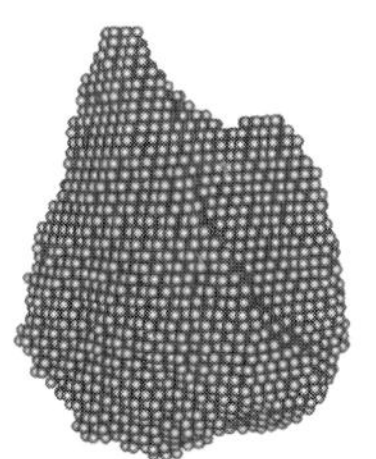
(a) 计算的小行星的引力的内部颗粒分布

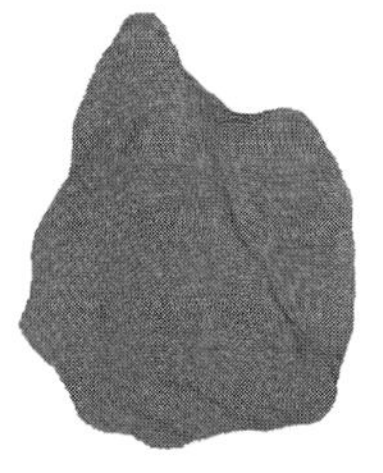
(b) 为解决跃迁运动的表面的颗粒分布

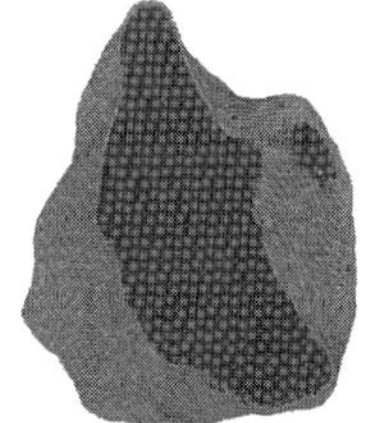
(c) 小行星体剖视图

图 5 - 3　使用由大量颗粒组成的高分辨率不规则引力与外形模型来表示一个不规则的天体的示意图
（此处以小行星 6489 Golevka 为例）

子来表示小行星的不规则表面与地形地貌,从而准确地描绘出小行星的表面的不规则特性、特殊地形地貌、山脉、山谷与狭缝、平坦区域与平原,如图 5 -3(b)和(c)所示。采用软球离散元方法来计算颗粒与表面粒子的碰撞与接触力。

使用该方法,跃迁的颗粒或者着陆过程中的着陆器上所受的力为

$$\boldsymbol{F}_g = \sum_{j=1}^{N} \boldsymbol{F}_{gj}^{(g)} + \sum_{j=1}^{N_c} \boldsymbol{F}_{gj}^{(c)} \tag{5-30}$$

式中:N 为小行星引力模型中的总的颗粒数量;N_c 为颗粒的配位数;$\boldsymbol{F}_{gj}^{(g)}$ 和$\boldsymbol{F}_{gj}^{(c)}$ 分别为作用于跃迁的颗粒或者着陆过程中的着陆器上的引力和接触力。

5.3.3 表面跳跃动力学的数值方法

在这项研究中,我们使用一个线性弹簧减振器模型用于描述法向接触力和切向滑动阻尼力,法向和切向恢复系数分别记为 ε_n 和 ε_t(Schwartz et al. ,2012)。我们同时考虑黏滑效应(stick - slip effect,Fahnestock and Scheeres,2009),取摩擦因数 μ 为 1,对应的摩擦角为 45°。

一般来说,$N \sim 10^4$ 的引力模型能够准确分辨不规则引力场(Werner and Scheeres,1997)。为了解决表面上颗粒跃迁运动的细节,小天体表面上需要大量粒子。例如对于一个 1 千米量级大小的小行星来说,它的表面模型可以由 10^5 量级个 1m 左右大小的小颗粒来覆盖构建。由于式(5 -21)中的引力模型仅考虑颗粒配位数量小于 10,即分离的颗粒数量小于 10,因此该方法的精度和效率均足够高。

5.3.4 小行星 6489 Golevka 表面跃迁动力学行为计算与分析

以小行星 6489 Golevka(Stooke,2002;Jiang et al. ,2014)为例来计算表面颗粒跃迁的动力学行为。全面分析并计算该过程中的轨道运动、碰撞与弹跳运动、表面运动、黏滑运动和表面平衡。小行星(6489)Golevka 的自旋周期为 6. 026h,体密度为 2. 7g/cm^3,3 个轴长度分别为 0. 35km、0. 25km、0. 25km(Mottola et al. ,1997)。如图 5 -3 所示,引力模型包括 10m 半径网格生成的 9450 个质量颗粒,而表面模型包括 1m 半径网格生成的 263286 个质量颗粒。跃迁的着陆器被模拟为一个质量为 $m_g = 2 \times 10^3$kg,大小 4m 的球体。选择 3 种不同的碰撞区域,包括平坦表面、凹区域和凸区域。在区域上方释放颗粒,释放的位置在[10,100]m 的范围内随机选择,颗粒相对于不规则体本体的初始速度为 0。使用上面介绍的方法来计算颗粒释放后的运动,图 5 -4 ~ 图 5 -6 给出了在上述 3 种不同的区域上方释放后的颗粒运动。颗粒的运动轨迹和速度都表示在小天体的固连坐标系中,其中颗粒的高度为颗粒相对小天体表面的高度。表 5 -2 给出了在上述 3 种不同区域上方释放后的颗粒静止前的运动时间参数。

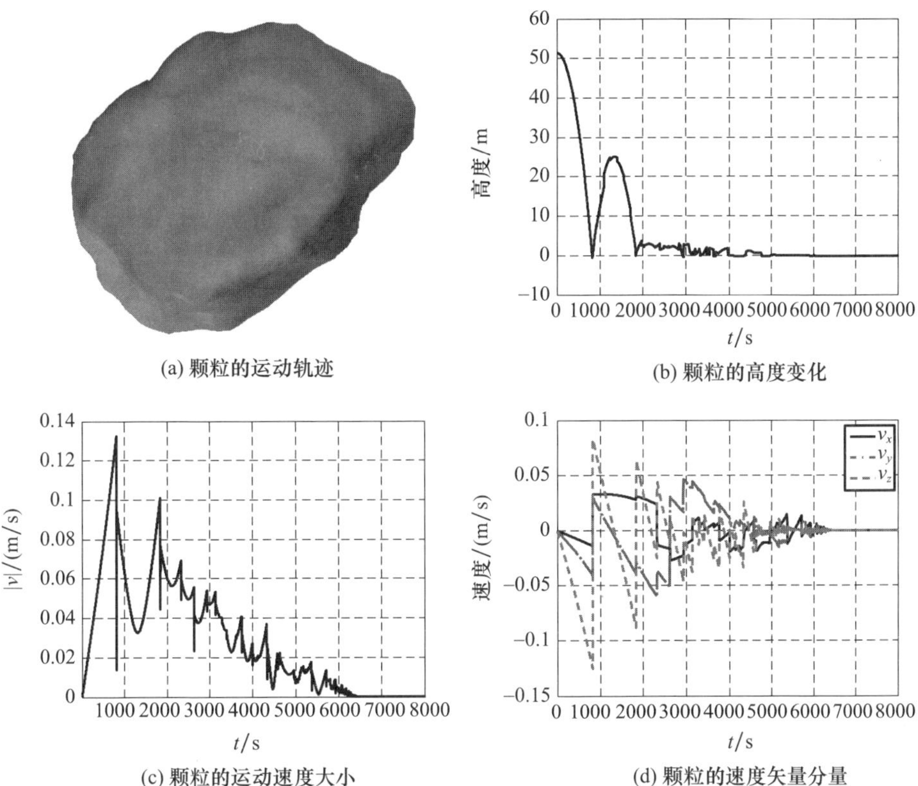

图5-4　(见彩图)不规则小行星6489 Golevka平坦表面上方释放的颗粒的运动计算结果

(颗粒的速度矢量图中红色线、蓝色线、绿色线分别为x轴、y轴、z轴的速度分量)

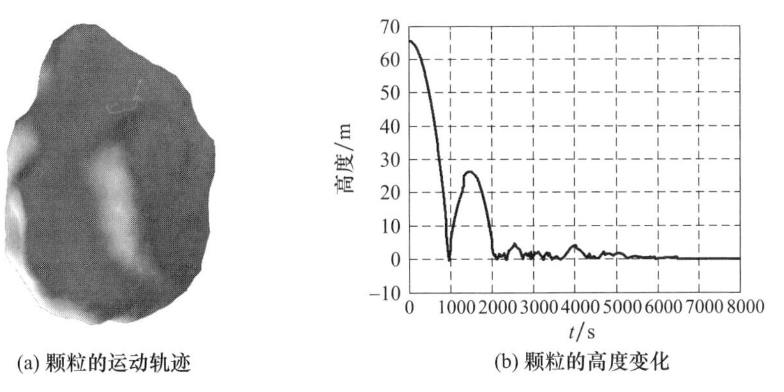

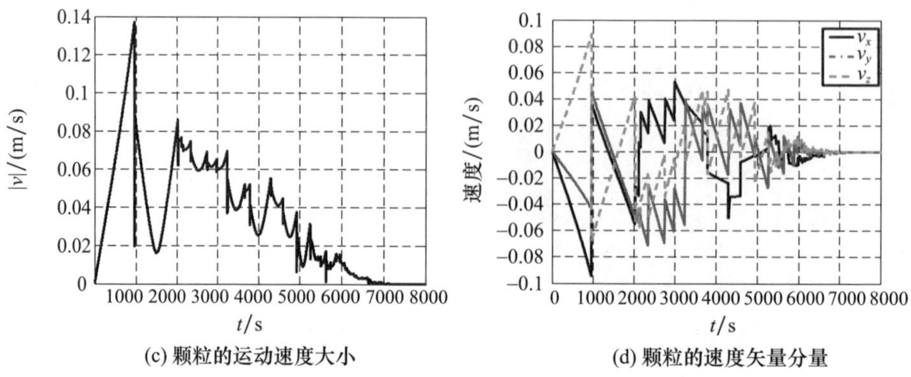

(c) 颗粒的运动速度大小

(d) 颗粒的速度矢量分量

图 5-5 （见彩图）不规则小行星 6489 Golevka 凹区域上方释放的颗粒的运动计算结果
（颗粒的速度矢量图中红色线、蓝色线、绿色线分别为 x 轴、y 轴、z 轴的速度分量）

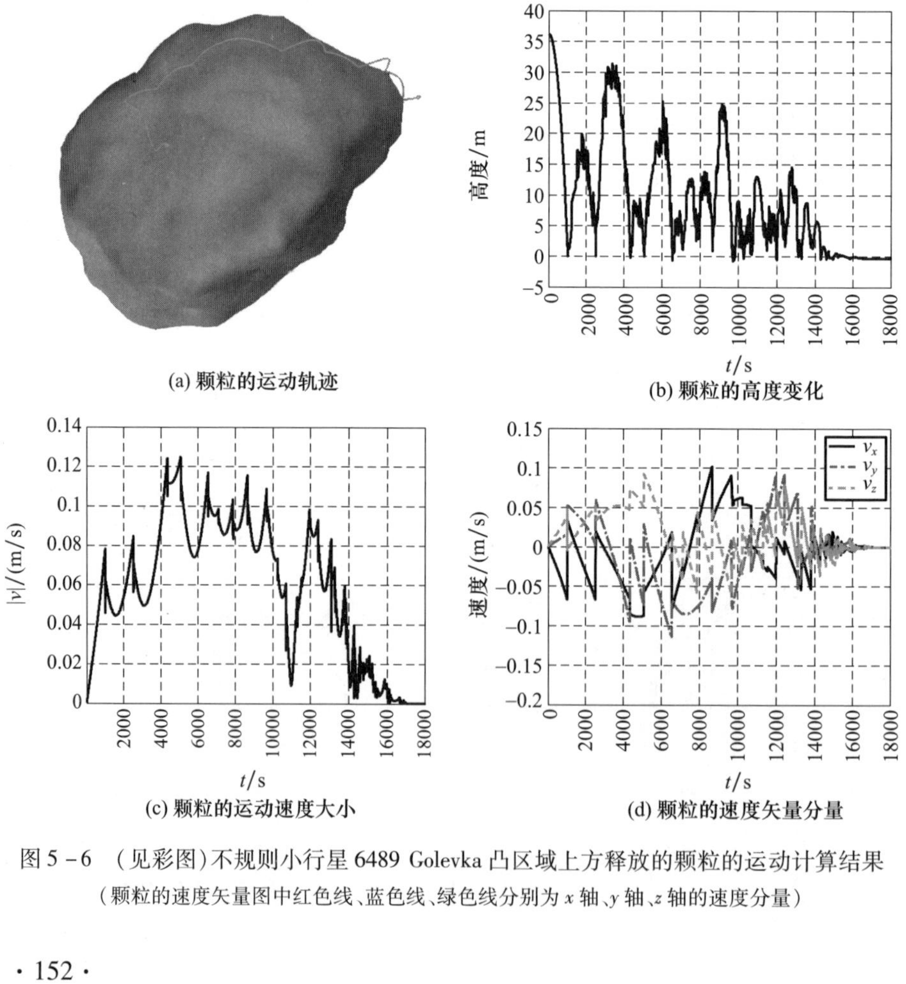

(a) 颗粒的运动轨迹

(b) 颗粒的高度变化

(c) 颗粒的运动速度大小

(d) 颗粒的速度矢量分量

图 5-6 （见彩图）不规则小行星 6489 Golevka 凸区域上方释放的颗粒的运动计算结果
（颗粒的速度矢量图中红色线、蓝色线、绿色线分别为 x 轴、y 轴、z 轴的速度分量）

表5-2　运动时间参数　　单位:s

碰撞区域	首次碰撞时刻	不再弹跳时刻①	静止时刻②
平坦表面/平原	820	1820	6446
凹区域/山谷	960	2013	7216
凸区域/山峰	1020	14270	17120

从图5-4～图5-6给出的颗粒的运动轨迹可见,释放后颗粒首先处于轨道运动状态,然后与小行星表面碰撞,之后弹起继续处于轨道运动状态;一般来说如此碰撞多次以后,颗粒不再弹起,而是在小行星表面运动。但从图5-4(b)、图5-5(b)、图5-6(b)中的颗粒高度变化图可见,颗粒在小行星表面运动一段时间后也可再次弹起,经过有限多次的碰撞以后再处于表面运动状态;这种两组有限多次碰撞弹起之间的表面运动具有相对较大的动能,导致表面运动在经过悬崖时候再度弹起,如果在颗粒轨迹经过的地方有多个悬崖,则将发生多次这样的表面运动后的再次弹起。可以将颗粒在小行星表面上及引力场中的跃迁运动简单分为轨道运动、碰撞与弹跳运动、表面运动、表面平衡共4种类型。

从运动轨迹图可见,在凸区域/山峰上方释放的颗粒经过明显较长的运动轨迹才能静止于小行星6489 Golevka的表面平衡上。而在平坦表面/平原或者凹区域/山谷上方释放的颗粒则经过明显较短的运动轨迹才可以静止于小行星6489 Golevka的表面平衡上。此外,在平坦表面/平原或者凹区域/山谷上方释放的颗粒的高度迅速降低,而凸区域/山峰上方释放的颗粒的高度降低较慢。

从颗粒的速度大小和速度分量图可见,每次碰撞时刻,颗粒的速度大小和速度分量均发生突变,反之亦然。每次弹跳后,颗粒达到最大高度,然后颗粒高度逐渐减小直至下次碰撞。虽然碰撞会使颗粒损失能量,但并非每次碰撞后的最大高度递减,而是下次碰撞后的最大高度可能大于上次碰撞后的最大高度,这和小天体的不规则外形、局部地貌以及引力场有关。如果颗粒具有足够的能力来克服不规则小行星的引力,则颗粒在碰撞后会继续弹跳;否则颗粒将在小行星表面滑动或滚动,或者是这两种运动的合成。最终,由于能量的耗散,颗粒将静止于小行星表面,静止的位置为表面平衡点。

---

① 此时,颗粒与小行星表面的距离不再大于颗粒与表面质点的半径的和。

② 此时,小行星本体系表示的颗粒速度大小值小于 10^{-4} m/s。

5.3.5 跳跃运动的蒙特卡罗模拟与探测器软着陆模型分析

本节采用具有不同位置的 100 个颗粒来模拟颗粒在小天体表面的跳跃。初始高度在[0,550]m 区间随机选择,方位角和俯仰角的区间分别为[0°,360°]和[0°,180°]。平均高度为 221.294m,最大高度为 512.1m ,最小高度为 3.0m,其他几个较小高度分别为 13.7m、36.3m、41.3m、51.4m,这样选取的好处是能充分实验探测器软着陆过程中不同相对速度的接触碰撞效果。在这些高度上相对小天体静止释放的颗粒最终会与小天体以较小的相对速度碰撞,这正好模拟了软着陆过程着陆器关机后以极小的相对速度与小天体表面碰撞的过程,例如,高度为 3.0m 的 0.0000325km/s 即 0.0325m/s 的相对速度与小行星 6489 Golevka 表面碰撞。就算是 512.1m 的释放高度,在颗粒与小天体首次碰撞时,相对表面的速度也只有 0.0002952km/s,即 0.2952m/s。换句话说,如果着陆器在该点以 0.2952m/s 的最终相对速度软着陆,那么相当于从 512.1m 的高度静止释放着陆器让其在小天体的引力作用下自然地摔下去。在这里要特别注意的是,软着陆的最终相对速度同硬着陆不同,相对于小天体的硬着陆的最终相对速度在 1km 每秒量级甚至 10km 每秒量级,但软着陆的最终相对速度必须在数分米每秒量级以下。颗粒在释放后与小天体表面的平均首次碰撞时间为 3345.5s,最大首次碰撞时间和最小首次碰撞时间分别为 40600s 和 200s。颗粒释放后经过若干次碰撞才能最终静止于小天体表面,释放后到最终静止的平均时间为 5.6099h。最大时间为 20.931h,最小时间为 0.8056h。这一结果说明,在小天体表面软着陆通常需要经过多次碰撞和弹跳,从探测器软着陆首次碰撞到最终静止需要数小时。

实际的任务结果也证实了本书的结论。欧洲航天局的罗塞塔号探测器的着陆器菲莱在着陆彗核 67P/Churyumov – Gerasimenko 的时候发生了明显观测到的 2 次弹跳,也就是说菲莱进行了 3 次观测到的着陆。菲莱的 3 次着陆彗核时间分别为协调世界时(UTC)2014 年 11 月 12 日 15 时 34 分 04 秒、17 时 25 分 26 秒和 17 时 31 分 17 秒(北京时间 2014 年 11 月 12 日 23 时 34 分 04 秒、13 日 1 时 25 分 26 秒和 13 日 1 时 32 分 17 秒)。也就是说,着陆器菲莱在彗核表面软着陆的首次着陆时刻后,经过近 2h,才最终静止于彗核表面。软着陆第一次碰撞彗核表面后的弹跳高度大约为 1km,最终软着陆位置距离事先设计好的软着陆位置为数百米,彗核 67P/Churyumov – Gerasimenko 的大小为 5.1km × 3.3km × 1.8km 的较大部分和 2.6km × 2.3km × 1.8km 的较小部分通过脖颈连接,因此,最终软着陆位置的相对误差是极大的。这是因为欧洲航天局事先并未考虑不规则小天体表面软着陆过程的接触力学、碰撞与弹跳,事实上,不规则小天体表面的探测器软着陆、硬着陆、颗粒跃迁等同火星等大行星的表面软着陆完全不同。在大行星表面，引力势的梯度远大于小天体表面引力势的梯度，量变引起质变，且小天体表面的逃逸速度很小，软着陆跃起后很小的相对速度就意味着较大的相对移动距离；此外，大行星表面的软着陆一般不会弹起，这是由大行星的引力、软着陆的相对碰撞、接触过程的表面与着陆器形变等的综合作用导致的。而小天体表面，软着陆的相对碰撞、接触过程的表面与着陆器形变等的力的效应相对于微弱的逃逸速度就会较大，如果处理不好甚至软着陆首次接触小天体表面后，着陆器都会弹起并逃逸。

计算结果和实际任务结果都表明，小天体表面的软着陆必须考虑着陆器与小天体表面的接触与碰撞过程的力学效应，要考虑二者的径向和切向形变、摩擦阻尼，以及弹跳。此前针对大行星表面的软着陆的轨迹优化设计的一整套方法，在针对小天体表面的软着陆时，只能算作软着陆前的轨迹优化设计。小天体表面的软着陆是考虑接触力学与碰撞力学效应的过程，在弹起又继续进行轨道运动，下次接触碰撞过程中继续考虑接触力学与碰撞力学的效应，如此直至着陆器静止于小天体表面。

图 5－7 给出了颗粒在小行星 6489 Golevka 表面静止释放的蒙特卡罗模拟，从力学效应上这一模拟等效于不同相对速度的软着陆过程的模拟。此外，这一模拟还能帮助我们分析小行星表面的稳定平衡区域，这是只考虑不同相对速度的软着陆过程的模拟难以具备的研究优势。图 5－7 中青色较大圆点表示颗粒的初始位置，而红色较小圆点表示颗粒在小行星表面的最终静止位置。结果表明，如果颗粒的初始释放位置在小行星的赤道平面附近，则释放后颗粒的运动轨迹和运动时间会显著比其他区域释放的要长。对于某些在赤道平面附近释放的较高高度的颗粒来说，颗粒最终会逃逸。这也告诉我们在选择软着陆区域时，如果相对位置导航或相对速度制导精度不太高，则尽量不要选择赤道附近的区域进行软着陆。

下面分析不同模型情况下的表面平衡的区别与联系。图 5－7 中红色圆点表示小行星的表面平衡，这样的表面平衡是在考虑软球接触模型的情况下计算得到的，不规则体的引力模型由 10m 半径的 9450 个圆球组成，而表面模型由 1m 半径的 263286 个圆球组成；而图 5－2 的表面平衡则是光滑表面平衡。对比这两幅图可见，本章提出的通过表面内部不同大小球的软球离散元模型处理颗粒跃迁与着陆器软着陆的方法所计算出的表面平衡，同光滑表面平衡二者之间的分布是不同的，这是由于二者之间的力的模型有着本质的不同，光滑表面平衡的模型中没有形变与摩擦等。从图 5－7 中可见，在凸区域上没有最终静止的颗粒，也就是说小天体的表面凸区域上没有稳定的表面平衡；而在凹区域和平坦表面上，存在若干最终静止的颗粒，这说明稳定表面平衡在凹区域和平坦表面上。

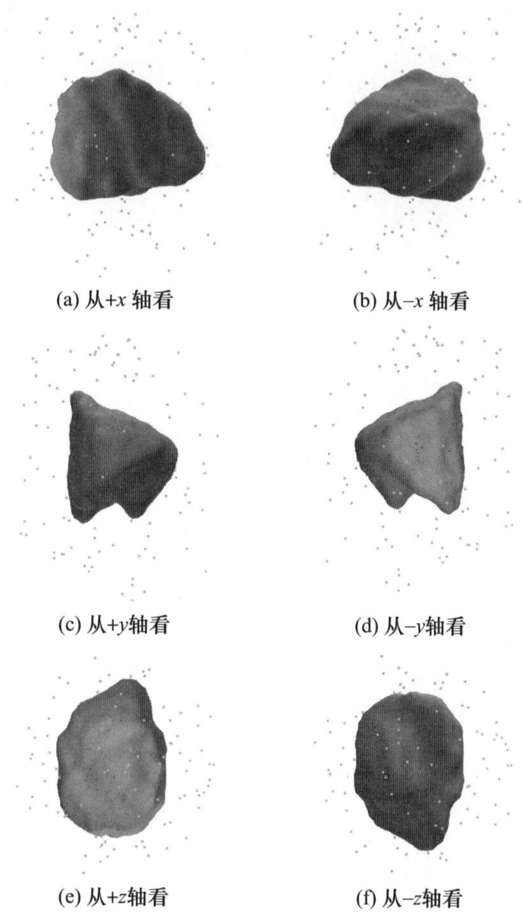

图 5－7 （见彩图）小行星 6489 Golevka 表面静止释放颗粒的蒙特卡罗模拟

5.4 小行星表面裂缝中的毛细作用以及在小行星 433 Eros 中的应用

本节首先推导小行星表面毛细管中液体高度的公式，然后分析不规则外形导致的引力有效势和引力坡度对小行星表面毛细管中液面高度分布的影响。

5.4.1 小行星表面毛细管中的液体高度

考虑小行星表面裂缝中的毛细作用，采用具有固定半径的毛细管来模拟裂缝。记 r_c 为毛细管半径，θ 为接触角，曲率半径为 $R=-\frac{r_c}{\cos\theta}$，$\gamma$ 为表面张力，则根据 Jurin 准则，毛细管中的液体高度为 $h=\frac{2\gamma\cos\theta}{\rho g_a r_c}$，其中 ρ 为液体密度，g_a 为小行星表面的引力加速度。令 α 为毛细管方向和引力方向的夹角，l 为毛细管中液体长度，则有 $l=\frac{h}{\sin\alpha}$。考虑单个小行星表面的毛细作用，则引力采用多面体模型计算。

小行星表面液体处的引力加速度为

$$g_a=\nabla V \tag{5-31}$$

假定毛细管的方向与小行星质心至毛细管处的位置矢量平行，则毛细管中的液体高度为

$$h=\frac{2m\gamma G\sigma\cos\theta}{\rho r_c\nabla V} \tag{5-32}$$

式中：m 为液体质量。

如果小行星为接触双星或者接触的多小行星体，则其本质上还是一个单小行星，其引力势可以通过式(5-33)计算：

$$U=-\sum_{i=1}^{n-1}\sum_{j=i+1}^{n}\int_{\beta_i}\int_{\beta_j}\frac{G\sigma(\boldsymbol{D}_i)\sigma(\boldsymbol{D}_j)\mathrm{d}V(\boldsymbol{D}_j)\mathrm{d}V(\boldsymbol{D}_i)}{\|\boldsymbol{A}_i\boldsymbol{D}_i-\boldsymbol{A}_j\boldsymbol{D}_j+\boldsymbol{r}_i-\boldsymbol{r}_j\|} \tag{5-33}$$

式中：β_i 为第 i 个接触体，下标 i 表示第 i 个接触体的参数；n 接触体的总数；$\boldsymbol{A}_i$ 为第 i 个接触体 β_i 的主惯量坐标系相对于惯性空间的坐标转移矩阵；$\boldsymbol{D}_i$ 为小行星质量元 $\mathrm{d}M(\boldsymbol{D}_i)=\sigma(\boldsymbol{D}_i)\mathrm{d}V(\boldsymbol{D}_i)$ 相对于 β_i 的本体坐标系的位置矢量 β_i；$\mathrm{d}V(\boldsymbol{D}_i)$ 为接触体 β_i 中的体积元；$\sigma(\boldsymbol{D}_i)$ 为 $\mathrm{d}V(\boldsymbol{D}_i)$ 的密度；$\boldsymbol{r}_i$ 为 β_i 的质心相对于小行星的质心的位置矢量。

小行星的动能可以表示为

$$T=\frac{1}{2}\sum_{i=1}^{n}\left(M_i\|\dot{\boldsymbol{r}}_i\|^2+\langle\boldsymbol{\omega},\boldsymbol{I}_i\boldsymbol{\omega}\rangle\right) \tag{5-34}$$

式中：M_i 为第 i 个接触体 β_i 的质量；$\boldsymbol{I}_i$ 为 β_i 的惯性张量。

β_i 上受到的引力合外力为

$$\boldsymbol{f}_i=-G\sum_{j=1,j\neq i}^{n}\int_{\beta_i}\int_{\beta_j}\frac{(\boldsymbol{A}_i\boldsymbol{D}_i-\boldsymbol{A}_j\boldsymbol{D}_j+\boldsymbol{r}_i-\boldsymbol{r}_j)}{\|\boldsymbol{A}_i\boldsymbol{D}_i-\boldsymbol{A}_j\boldsymbol{D}_j+\boldsymbol{r}_i-\boldsymbol{r}_j\|^3}\mathrm{d}M(\boldsymbol{D}_j)\mathrm{d}M(\boldsymbol{D}_i) \tag{5-35}$$

于是，β_i 的表面的液体处的有效势可以表达如下：

$$\begin{aligned}V_i=&\sum_{\substack{j=1\\j\neq i}}^{n}\int_{\beta_i}\int_{\beta_j}\frac{G\sigma(\boldsymbol{D}_i)\sigma(\boldsymbol{D}_j)\mathrm{d}V(\boldsymbol{D}_j)\mathrm{d}V(\boldsymbol{D}_i)}{\|\boldsymbol{A}_i\boldsymbol{D}_i-\boldsymbol{A}_j\boldsymbol{D}_j+\boldsymbol{r}_i-\boldsymbol{r}_j\|}-\frac{1}{2}\langle\boldsymbol{\omega},\boldsymbol{I}_i\boldsymbol{\omega}\rangle+\\&\frac{1}{2}\int_{\beta_i}\int_{\beta_i}\frac{G\sigma(\boldsymbol{D}_i)\sigma(\boldsymbol{D}'_i)\mathrm{d}V(\boldsymbol{D}'_i)\mathrm{d}V(\boldsymbol{D}_i)}{\|\boldsymbol{A}_i\boldsymbol{D}_i-\boldsymbol{A}_i\boldsymbol{D}'_i+\boldsymbol{r}_i-\boldsymbol{r}'_i\|}\end{aligned} \tag{5-36}$$

此时，如果毛细管的方向与小行星质心至毛细管处的位置矢量平行，则毛细管中的液体高度为

$$h = \frac{2m\gamma G\sigma\cos\theta}{\rho r_c \nabla V_i} \tag{5-37}$$

虽然式(5－32)和式(5－37)都假定毛细管方向与小行星质心至毛细管处的位置矢量平行，但毛细管的方向可以变化。例如，可令毛细管的方向与小行星表面法向平行。由式(5－36)和式(5－37)可知，对于单个的小行星来说，其表面上固定位置和方向的毛细管中的液体高度是恒定不变的。如果毛细管在小行星表面的位置或者方向发生变化，则毛细管中液体高度也将发生变化；而对于双小行星或者多小行星系统来说，在其中一个小行星表面的毛细管中的液体高度是随着时间变化的。

5.4.2 引力有效势和引力坡度分布

本节考虑小行星 433 Eros 表面的毛细力学现象。此前的研究已经给出了若干个小行星的物理与形状模型，包括 216 Kleopatra(Neese，2004)、951 Gaspra(Stooke，2002)、2063 Bacchus(Neese，2004)等。仅有小行星 433 Eros 同时具有不规则的、细长的、凹状的外形，因此选择小行星 433 Eros 来计算其表面毛细管中液体高度来观察不同外形处的物理现象具有良好的代表性。

小行星 433 Eros 的物理与几何外形模型采用 Gaskell(2008)提供的观测数据通过多面体模型构建(Werner，1994；Werner and Scheeres，1997)。该小行星的体密度为 2.67g/cm^3(Miller et al.，2002)，惯量矩为(17.09×71.79×74.49)km^2(Miller et al.，2002)，自旋周期为 9.27025547h(Petit et al.，2014)，三轴大小为(36×15×13)km(Petit et al.，2014)。图 5－7 给出了小行星 433 Eros 的有效势在 xOy 平面的等高线图，小行星 433 Eros 的不规则外形影响有效势的等高线图。从图 5－8 中可见，xOy 平面内的有效势的值存在 5 个平衡点，这 5 个平衡点是有效势在 xOy 平面的临界点，而不是整个 433 Eros 的引力场中的临界点。小行星 433 Eros 的表面附近的有效势的值为 50～60m^2/s^2。在表面的凹区域，有效势的值约为 60m^2/s^2；而在表面的凸区域，有效势的值约为 50m^2/s^2。

考虑小行星 433 Eros 表面固定一个毛细管，则可以计算毛细管中液体高度的分布。从图 5－8 中可见，小行星 433 Eros 表面凹区域附近有效势的变化范围较大，从 $+x$ 轴方向可以较好地观察表面凹区域。因此从 $+x$ 轴方向来观测所绘制的凹区域附近的毛细管中液体高度分布。

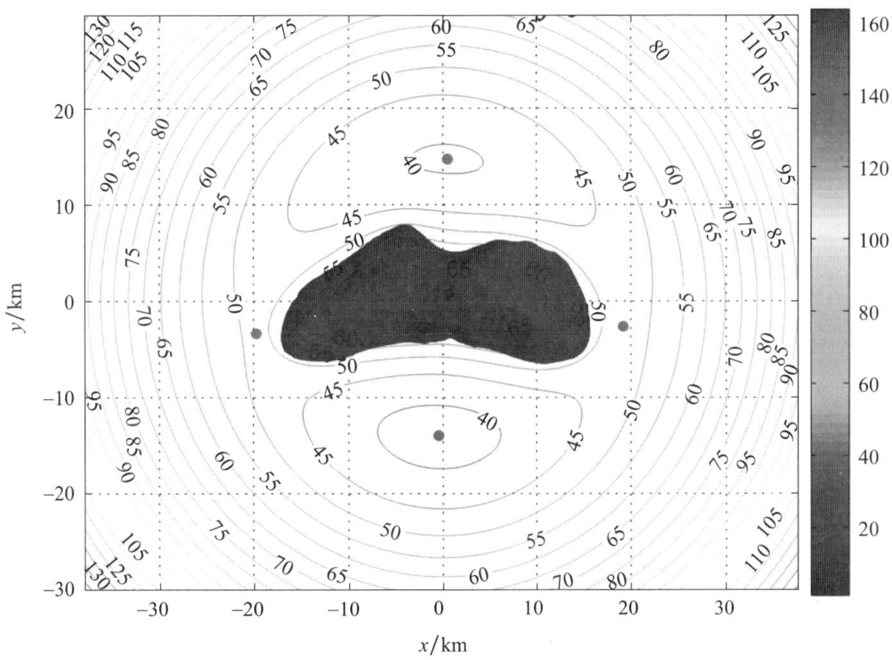

图5-8　(见彩图)小行星433 Eros的xOy平面内有效势的等高线图(有效势的单位为$1.0\mathrm{m}^2/\mathrm{s}^2$)

Stooke(2002)、Neese(2004)和Gaskell(2008)给出的数据可以经多面体模型生成小行星的引力与凹凸不平的表面(Werner,1994;Werner and Scheeres,1997)。然而,在多面体的边上,表面出现突变,会导致计算的误差比其他区域增大。为了使表面毛细管中液体高度分布的计算的精度更高,采用Nagata补丁插值方法(Nagata patch interpolation,Tong and Kim,2009;Neto et al.,2013)来计算毛细管与小行星相接触的表面。

Nagata边的插值与曲面的导数(Neto et al.,2013)可表达如下:

$$\begin{cases}\boldsymbol{r}(\xi)=\boldsymbol{r}_0+(\boldsymbol{r}_0-\boldsymbol{r}_0-\boldsymbol{c})\xi+\boldsymbol{c}\xi^2\\ \boldsymbol{r}_\xi(\xi)=(\boldsymbol{r}_1-\boldsymbol{r}_0)+(2\xi-1)\boldsymbol{c}\end{cases}\tag{5-38}$$

式中:ξ为表面的局部坐标,满足$0\leqslant\xi\leqslant1$;$\boldsymbol{r}_0$和$\boldsymbol{r}_1$为顶点的位置;$\boldsymbol{c}$为系数。小行星多面体模型构建的表面三角微元有3个顶点v_1、v_2和v_3,这3个顶点的位置分别记为$\boldsymbol{r}_{00}$、$\boldsymbol{r}_{10}$和$\boldsymbol{r}_{11}$,法向矢量分别记为$\boldsymbol{n}_{00}$、$\boldsymbol{n}_{10}$和$\boldsymbol{n}_{11}$。

对于小行星多面体模型的三角形微小元(Neto et al.,2013),插值表面可以表达如下:

$$\boldsymbol{r}(\eta,\varsigma)=\boldsymbol{c}_{00}+\boldsymbol{c}_{10}\eta+\boldsymbol{c}_{01}\varsigma+\boldsymbol{c}_{11}\eta\varsigma+\boldsymbol{c}_{20}\eta^2+\boldsymbol{c}_{02}\varsigma^2\tag{5-39}$$

式中:$\boldsymbol{r}(\eta,\varsigma)$表示插值表面上的任意点的位置矢量;$\eta$和$\varsigma$为三角形微小元上的满足$0\leqslant\eta\leqslant1$和$0\leqslant\varsigma\leqslant1$的局部坐标;$\boldsymbol{c}_{00}$、$\boldsymbol{c}_{10}$、$\boldsymbol{c}_{01}$、$\boldsymbol{c}_{11}$、$\boldsymbol{c}_{20}$和$\boldsymbol{c}_{02}$为满足下列条件的

系数矢量：

$$\begin{cases} \boldsymbol{c}_{00} = \boldsymbol{r}_{00} \\ \boldsymbol{c}_{10} = \boldsymbol{r}_{10} - \boldsymbol{r}_{00} - \boldsymbol{c}_1 \\ \boldsymbol{c}_{01} = \boldsymbol{r}_{11} - \boldsymbol{r}_{10} + \boldsymbol{c}_1 - \boldsymbol{c}_3 \\ \boldsymbol{c}_{11} = \boldsymbol{c}_3 - \boldsymbol{c}_1 - \boldsymbol{c}_2 \\ \boldsymbol{c}_{20} = \boldsymbol{c}_1 \\ \boldsymbol{c}_{02} = \boldsymbol{c}_2 \end{cases} \tag{5-40}$$

小行星多面体模型的三角形微小元上任意点的法向矢量(Bastl et al. ,2008；Neto et al. ,2013)可以通过两个矢量的外积来计算如下：

$$\begin{cases} \boldsymbol{r}_\eta(\eta,\varsigma) = \dfrac{\partial \boldsymbol{r}}{\partial \eta} = \boldsymbol{c}_{10} + \boldsymbol{c}_{11}\varsigma + 2\,\boldsymbol{c}_{20}\eta \\ \boldsymbol{r}_\varsigma(\eta,\varsigma) = \dfrac{\partial \boldsymbol{r}}{\partial \varsigma} = \boldsymbol{c}_{01} + \boldsymbol{c}_{11}\eta + 2\,\boldsymbol{c}_{02}\varsigma \end{cases} \tag{5-41}$$

倘若毛细管的方向与小行星当地表面垂直,则毛细管中的液体高度可计算如下：

$$h = \frac{2m\gamma G\sigma\cos\theta}{\rho r_c \nabla V_i}\cos(\boldsymbol{f}_i, \boldsymbol{r}_\eta(\eta,\varsigma) \times \boldsymbol{r}_\zeta(\eta,\varsigma)) \tag{5-42}$$

为了计算小行星 433 Eros 表面毛细管中液体高度的分布,取初值为:毛细管的半径为 $r_c = 0.1\text{cm}$,接触角为 $\theta = 3.0°$,液体密度为 $\rho = 1.0\text{g/cm}^3$,表面张力为 $\gamma = 70.0 \times 10^{-3}\text{N/m}$。计算小行星表面毛细管的方向与局部表面垂直和毛细管方向与小行星质心到毛细管位置连线平行两种情况下,毛细管中液体高度的分布。

图 5-9 给出了小行星 433 Eros 局部表面的毛细管方向垂直于局部表面时的毛细管中液体高度分布。可见,毛细管中液体高度值存在若干个局部极大值和局部极小值。液体高度值的全局最大值出现在凹区域。小行星 433 Eros的外形为细长状,细长状的两段附近的毛细管中液体高度值较小。在凹区域附近有 2 个凸区域,在凸区域上的毛细管中液体高度值要比凹区域上的液体高度值要小。

图 5-10 给出了小行星 433 Eros 局部表面的毛细管方向与小行星质心至毛细管位置连线矢量平行时,毛细管中液体高度分布。可见,毛细管中液体高度仍然存在多个局部极大值和局部极小值。在凹区域有一个全局最大值。与图 5-9中毛细管方向垂直于局部表面的情况类似,小行星 433 Eros 细长状两段附近的毛细管中液体高度值都较小。凹区域附近的 2 个凸区域上的毛细管中液体高度值比凹区域上的毛细管中液体高度值小。

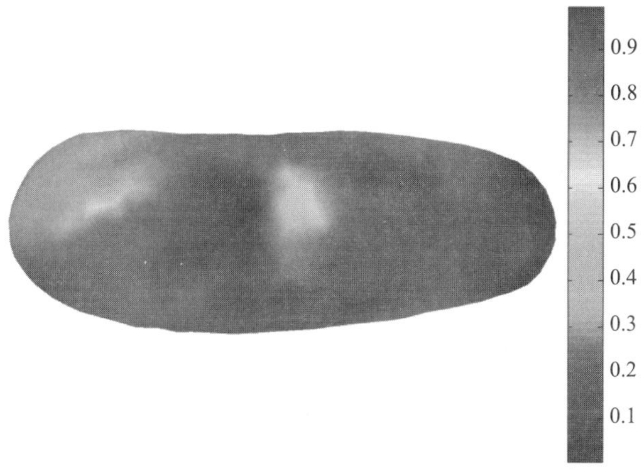

图 5 - 9　(见彩图)小行星 433 Eros 表面毛细管中液体的高度
(从小行星本体坐标系 $+x$ 轴方向来看,毛细管的
方向与毛细管处的局部表面垂直,液体高度的单位为 0.24737427cm)

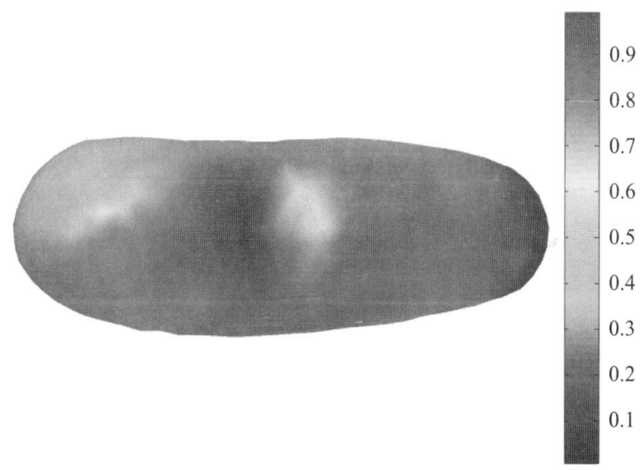

图 5 - 10　(见彩图)小行星 433 Eros 表面毛细管中液体的高度
(从小行星本体坐标系 $+x$ 轴方向来看,毛细管的方向与小行星
质心至毛细管位置连线矢量平行,液体高度的单位为 0.23498122cm)

图 5 - 11 给出了小行星 433 Eros 局部表面的毛细管方向与小行星质心至毛细管位置连线矢量平行时,毛细管中液体高度在当地表面投影值的分布。可见投影值存在若干个局部极大值与局部极小值。与图 4.6 和图 4.7 不同,毛细管中液体高度的投影值的全局最大值不在凹区域。

将图 5 - 11 和图 5 - 9、图 5 - 10 对比,可见投影高度值的分布与其余两种高度值的分布有显著不同。投影高度值还取决于表面法向矢量。

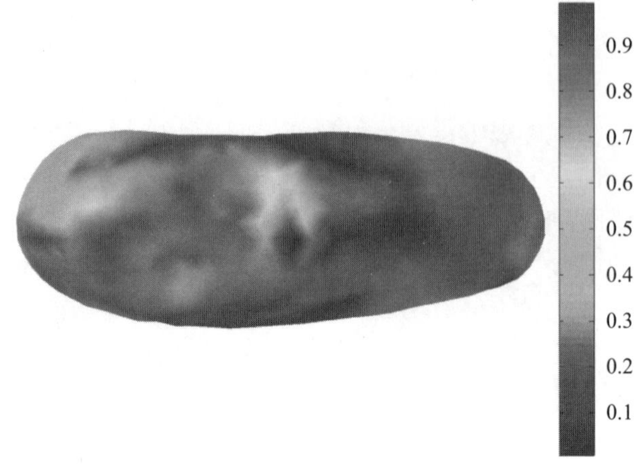

图 5－11 （见彩图）小行星 433 Eros 表面毛细管中液体的高度的投影
（从小行星本体坐标系 $+x$ 轴方向来看，毛细管的方向与小行星质心至毛细管位置连线矢量平行，液体高度的单位为 0.12138046cm）

5.5 小结

本章研究了不规则小天体表面跃迁动力学与毛细动力学，对于小天体表面颗粒跃迁来说，研究了光滑表面与非光滑表面两种情形下的表面平衡与平衡附近的动力学行为。对于每种情形，推导了表面上表面平衡附近的线性化运动方程和表面平衡的特征方程，给出了表面平衡线性稳定的充分条件。提出并证明了一个有关所有表面平衡特征值的恒等式，该恒等式可以限制表面平衡点的个数，使单个不规则体的非退化表面平衡点的个数为偶数；且在参数变化下，非退化表面平衡点的个数只能成对变化。非退化表面平衡点不是奇数。

为了验证并分析有关本章在不规则小天体表面跃迁动力学方面的研究结果，选择小行星 6489 Golevka 来计算颗粒跃迁行为。在 3 个不同区域上方释放颗粒，计算颗粒释放后的轨道运动、碰撞与弹跳运动、表面运动以及表面平衡。这 3 个区域为平坦区域/平原、凹区域/山谷、凸区域/山峰。发现凸区域/山峰上方释放的颗粒经过明显较长的轨迹才能静止于小天体表面，且颗粒高度缓慢下降。平坦区域/平原或凹区域/山谷上方释放的颗粒经过明显较短的轨迹即可静止于小天体表面，且颗粒高度迅速下降。颗粒速度发生突变当且仅当颗粒与不规则小天体表面相撞，而下次碰撞后的最大高度可能大于上次碰撞后的最大高度。由于有悬崖的存在，经过有限多次的碰撞以后处于连续的表面运动状态的颗粒在遇到悬崖后会再次在小天体表面经过若干次弹跳。最终颗粒能量耗尽而静止于表面平衡位置。蒙特卡罗模拟结果表明,在选择小天体表面软着陆区域时,如果相对位置导航或相对速度制导精度不太高,则尽量不要选择赤道附近的区域进行软着陆。

本章还研究了不规则小行星表面裂缝中的毛细作用,采用固定半径的毛细管来模拟裂缝,推导了毛细管中液体高度的表达式。将结果应用于小行星 433 Eros,该小行星具有不规则的、细长的、凹状的外形。考虑毛细管的两个不同的方位,一个是毛细管的方向垂直于毛细管位置处小行星 433 Eros 的局部表面,另一个是毛细管的方向与小行星 433 Eros 质心至毛细管位置连线矢量平行。发现凹区域上的毛细管液体高度大于凸区域上的毛细管中的液体高度。毛细管中液体高度值依赖毛细管处的位置和小行星的不规则引力。对于毛细管的不同方位的两种情况来说,毛细管中液体长度存在多个局部极大值和局部极小值,并且液体长度在小行星 433 Eros 细长状的两端都较小。在小行星 433 Eros 的凹区域附近,存在 2 个凸区域,在这 2 个凸区域上的液体长度小于凹区域上的液体长度。

参考文献

[1] OBERC P. Electrostatic and rotational ejection of dust particles from a disintegrating cometary aggregate[J]. Planetary & Space Science,1997,45(2):221 - 228.

[2] FAHNESTOCK E G,SCHEERES D J. Binary asteroid orbit expansion due to continued YORP spin - up of the primary and primary surface particle motion[J]. Icarus,2009,201(1):135 - 152.

[3] GUIBOUT V M,SCHEERES D J. Stability of Surface Motion on Rotating Ellipsoids[C]//Bulletin of the American Astronomical Society. Bulletin of the American Astronomical Society,2003.

[4] BELLEROSE J,SCHEERES D J. Dynamics and Control for Surface Exploration of Small Bodies [C]. American Institute of Aeronautics and Astronautics,2008.

[5] GUIBOUT V M,SCHEERES D J. Stability of Surface Motion on Rotating Ellipsoids[C]//Bulletin of the American Astronomical Society. Bulletin of the American Astronomical Society,2003.

[6] JIANG Y, BAOYIN H. Orbital Mechanics near a Rotating Asteroid [J]. Journal of Astrophysics&Astronomy,2014.

[7] JIANG Y,BAOYIN H,LI J,et al. Orbits and manifolds near the equilibrium points around a rotating asteroid[J]. Astrophysics and Space Science,2014a,349(1):83 - 106.

[8] JIANG Y,BAOYIN H. Orbital mechanics near a rotating asteroid[J]. J. Astrophys. Astron,2014b,35(1):17 - 38.

[9] BELLEROSE J,GIRARD A,SCHEERES D J. Dynamics and Control of Surface Exploration Robots on Asteroids[J]. Lecture Notes in Control & Information Sciences,2009,381:135 - 150.

第6章 不规则小天体密度变化下的引力场环境与平衡点

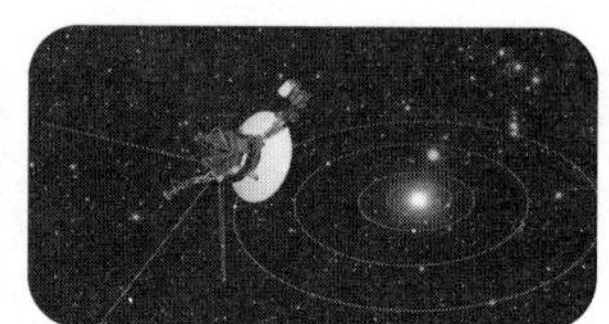
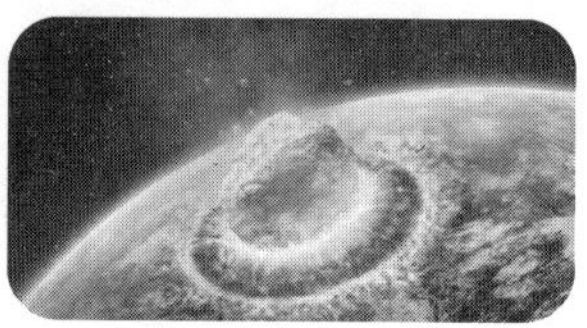

6.1 引言

通常来说,小天体的密度不会发生变化。当小天体发生断裂解体、表面物质脱落等形状变化时,可能由于小行星不同部分存在孔隙、裂缝与质量瘤而使小行星的平均密度发生变化。此外,不同的文献由于使用的观测数据、计算方法等不同,可能对小行星估计出不同的密度数据。为了分析小行星的不同密度对引力场环境及平衡点的影响,本章以双小行星系统 624 Hektor – Skamandrios 的主星 624 Hektor 为例,计算并分析不同密度值情况下,该小行星的引力场与平衡点的特性的不同。选取的小行星 624 Hektor(Kaasalainen et al. ,2002)是目前已知的唯一的日木系统 *L4* 点双特洛伊小行星系统(Jupiter binary Trojan asteroid system),其主星具有细长状/双叶结构,自旋速率为 6. 9205h。

6.2 不同密度值下小行星的引力场与平衡点

文献[1 – 3]给出了 3 个不同的密度值,即 $\rho = 6 \sim 43\mathrm{g/cm^3}$、$1.63\mathrm{g/cm^3}$ 和 $1.0\mathrm{g/cm^3}$。图 6 – 1 给出了小行星 624 Hektor 分别在这 3 个密度值下的引力场

参数。选取的坐标系为小行星主惯量坐标系，由于该小行星绕最大惯量轴旋转，故 xy 平面为赤道面。

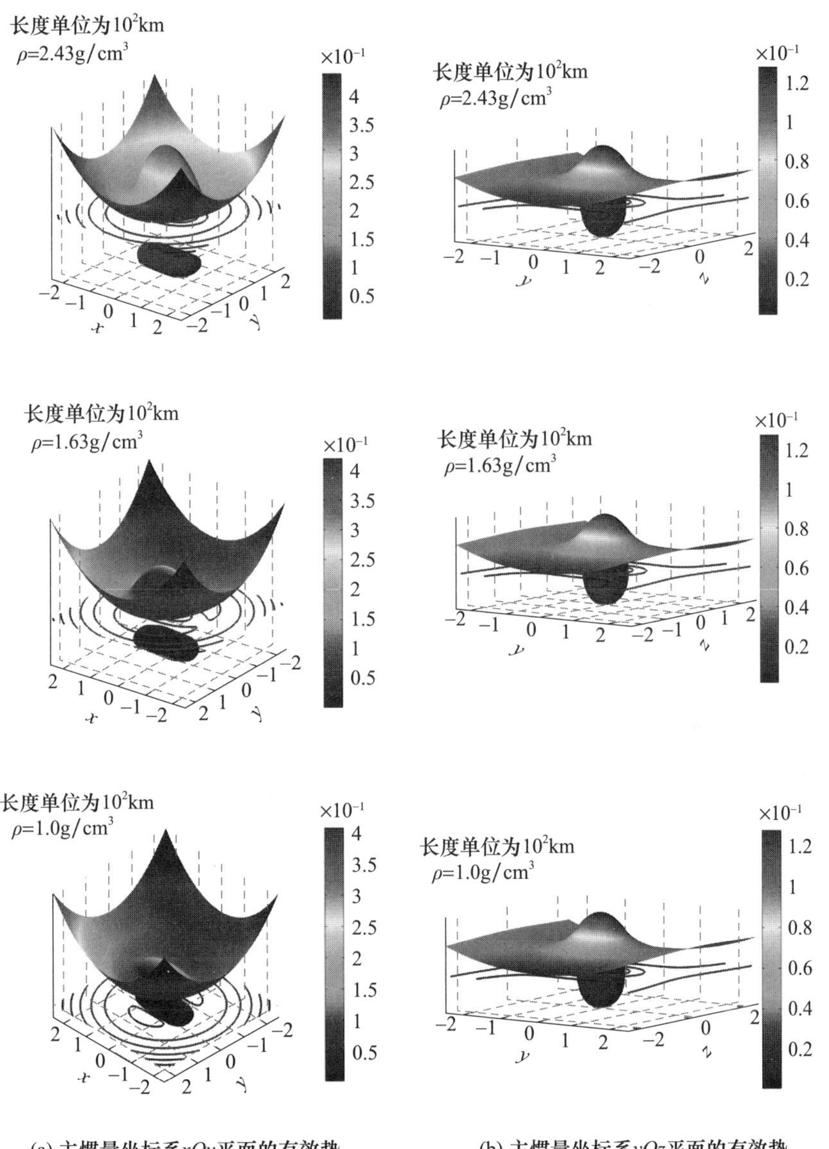

(a) 主惯量坐标系 xOy 平面的有效势　　(b) 主惯量坐标系 yOz 平面的有效势

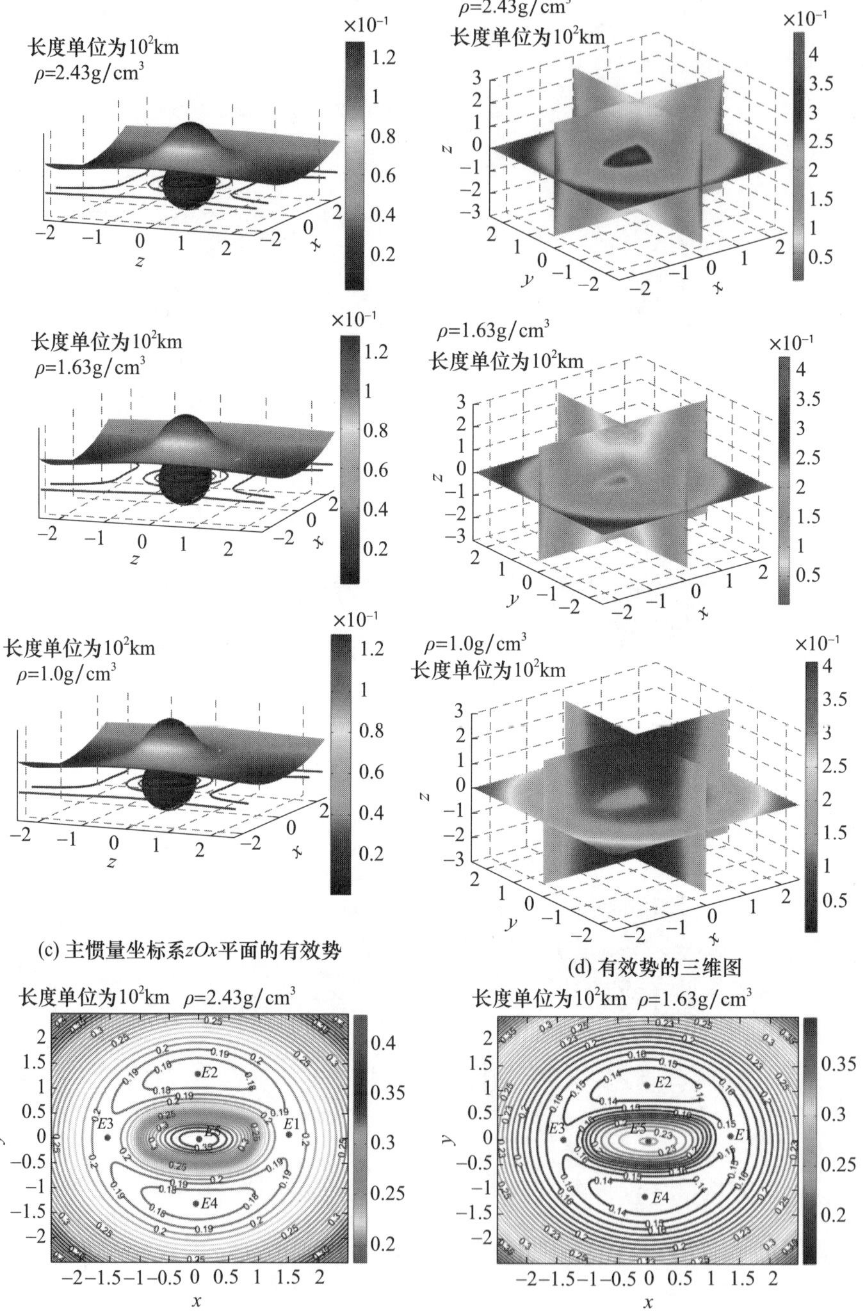

(c) 主惯量坐标系zOx平面的有效势

(d) 有效势的三维图

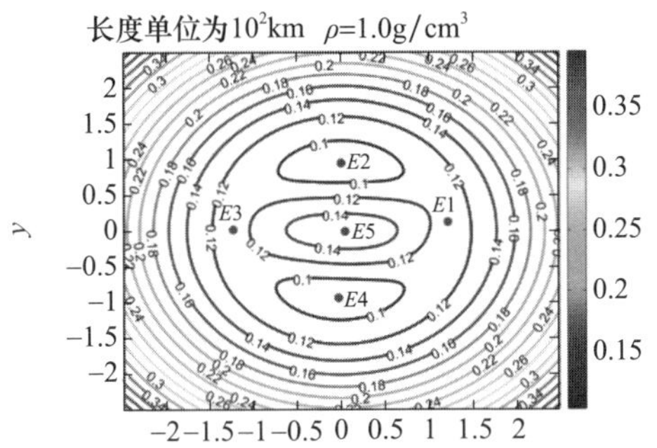

(e) 有效势在xOy平面的等高线图和平衡点在xOy平面的投影

图 6 - 1　（见彩图）小行星 624 Hektor 在不同密度值 ρ 为 6 ~ 43g/cm³、1. 63g/cm³ 和 1. 0g/cm³ 下的引力场参数（有效势的单位为 $10^4\text{m}^2/\text{s}^2$，(a)(b)和(c)中的长度单位为 100km）

6. 2. 1　密度值 2. 43g/cm³ 对应的引力场参数

Descamps(2014)导出了小行星 624Hektor 的体密度为 6 ~ 43g/cm³。本节我们采用这个密度值来计算该小行星的有效势和平衡点。通过图 6 - 1 的小行星 624 Hektor 在密度值为 6 ~ 43g/cm³ 情形下的有效势结果可知，在主惯量坐标系 xOy、yOz 和 zOx 平面的有效势结构是不同的。在 624 Hektor 的引力场中一共存在 5 个平衡点，其中 1 个在体内，4 个在体外。表 6 - 1 给出了这些平衡点在密度值为 6 ~ 43g/cm³ 情形下的位置和雅可比积分。从表 6 - 1 可见，这 5 个平衡点都不在小行星的赤道面内，即所有的平衡点都是平面外平衡点。平衡点 $E5$ 位于小行星体内质心附近。其他 4 个平衡点中，$E1$ 和 $E3$ 的位置接近最小惯量轴 x 轴，$E2$ 和 $E4$ 的位置接近中间惯量轴 y 轴。通常对于仅有 5 个平衡点的绕最大惯量轴匀速自旋的小天体来说，有 1 个平衡点在质心附近，2 个平衡点位于最小惯量轴附近，另外 2 个平衡点位于中间惯量轴附近。我们把 $E1$ 和 $E3$ 称为和最小惯量轴关联的平衡点，把 $E2$ 和 $E4$ 称为和中间惯量轴关联的平衡点，把 $E5$ 称为和质心关联的平衡点。平衡点 $E5$ 的雅可比积分的绝对值是最大的。同中间惯量轴关联的平衡点 $E2$ 和 $E4$ 的雅可比积分的绝对值最小。而同最小惯量轴关联的平衡点 $E1$ 和 $E3$ 的雅可比积分的绝对值取值居中。

表 6 - 2 给出了小行星 624 Hektor 在密度值为 6 ~ 43g/cm³ 情形下的平衡点特征值，表 6 - 3 给出了该密度值情况下的拓扑类型和稳定性。平衡点 $E5$ 的拓扑类型为 Case 1，即该平衡点的拓扑类型是线性稳定的。从该平衡点的有效势的 Hessian 矩阵的正定可知，该平衡点是稳定的。

表 6－1　小行星 624 Hektor 在密度为 6 ~ 43g/cm^3 情形下的平衡点位置和雅可比积分

平衡点	x/km	y/km	z/km	距离表面高度/km	雅可比积分/($10^4 m^2/s^2$)
$E1$	151.883	8.49373	0.587014	49.8214	0.192206
$E2$	－0.161827	129.870	－0.461023	77.8709	0.172092
$E3$	－156 ~ 994	1.66306	0.0447414	47.9530	0.192866
$E4$	－3.14642	－130.242	－0.601781	80.2814	0.172393
$E5$	6 ~ 13020	－0.969565	－0.0792624		0.359340

表 6－2　小行星 624 Hektor 在密度值为 6 ~ 43g/cm^3 情形下的平衡点特征值

平衡点 /$10^{-3}s^{-1}$	λ_1	λ_2	λ_3	λ_4	λ_5	λ_6
$E1$	0.302938i	－0.302938i	0.298380i	－0.298380i	0.231548	－0.231548
$E2$	0.256737i	－0.256737i	0.115225 + 0.209556i	0.115225 － 0.209556i	－0.115225 + 0.209556i	－0.115225 － 0.209556i
$E3$	0.307942i	－0.307942i	0.301666i	－0.301666i	0.242163	－0.242163
$E4$	0.255683i	－0.255683i	0.109262 + 0.206991i	0.109262 － 0.206991i	－0.109262 + 0.206991i	－0.109262 － 0.206991i
$E5$	1.02580i	－1.02580i	0.995960i	－0.995960i	0.347936i	－0.347936i

表 6－3　小行星 624 Hektor 在密度值为 6 ~ 43g/cm^3 情形下的平衡点拓扑类型、稳定性

平衡点	拓扑类型	稳定性	$\nabla^2 V$	正负惯性指数
$E1$	2	不稳定	不正定	2/1
$E2$	5	不稳定	不正定	1/2
$E3$	2	不稳定	不正定	2/1
$E4$	5	不稳定	不正定	1/2
$E5$	1	稳定	正定	3/0

6.2.2　密度值 1.63g/cm^3 对应的引力场参数

Carry(2012)给出了 287 个小天体的质量、密度和大小估计值,其中小行星 624 Hektor 密度的估计值为 1.63g/cm^3。在此密度值情形下,平衡点的个数仍然是 5 个,对应的引力场参数参见图 6－1。表 6－4 给出了平衡点的位置和雅可比积分,表 6－5 给出了平衡点的特征值,表 6－6 给出了平衡点的拓扑类型和稳定性。在此密度值下,平衡点的拓扑类型和稳定性同密度值为 ρ = 6 ~ 43g/cm^3 情形下的情况完全相同。5 个平衡点也都是平面外平衡点。对于同最小惯量轴关

联的平衡点 $E1$ 和 $E3$ 来说，密度值为 $\rho=1.63\mathrm{g/cm}^3$ 情形下位置矢量在最小惯量轴上的分量比密度值为 $\rho=6\sim43\mathrm{g/cm}^3$ 情形下的分量要小。对于同中间惯量轴关联的平衡点 $E2$ 和 $E4$ 来说，密度值为 $\rho=1.63\mathrm{g/cm}^3$ 情形下位置矢量在中间惯量轴上的分量比密度值为 $\rho=6\sim43\mathrm{g/cm}^3$ 情形下的分量要小。平衡点 $E1$ 的位置矢量在中间惯量轴上的分量在 $\rho=1.63\mathrm{g/cm}^3$ 情形下的值要比 $\rho=6\sim43\mathrm{g/cm}^3$ 情形下的值大。平衡点 $E2$ 的位置矢量在最小惯量轴的分量的绝对值在 $\rho=1.63\mathrm{g/cm}^3$ 情形下的值要比 $\rho=6\sim43\mathrm{g/cm}^{-3}$ 情形下的值大。

考虑平衡点的位置矢量的在最大惯量轴的分量的绝对值，则平衡点 $E1$、$E2$、$E4$ 和 $E5$ 在 $\rho=1.63\mathrm{g/cm}^3$ 情形下的值要比 $\rho=6\sim43\mathrm{g/cm}^3$ 情形下的值大。外部平衡点的位置量在最小惯量轴的分量的模在 $\rho=1.63\mathrm{g/cm}^3$ 情形下的值要比 $\rho=6\sim43\mathrm{g/cm}^3$ 情形下的值小。

表 6-4　小行星 624 Hektor 在密度为 $1.63\mathrm{g/cm}^3$ 情形下的平衡点位置和雅可比积分

平衡点	x/km	y/km	z/km	距离表面高度/km	雅可比积分 /($10^4\mathrm{m}^2/\mathrm{s}^2$)
$E1$	136.764	9.68405	0.765553	34.8086	0.150627
$E2$	-0.0492236	116.108	-0.599798	60.1096	0.130591
$E3$	-138.164	1.45284	0.0278511	33.1216	0.151366
$E4$	-3.15940	-116.527	-0.804599	66.5742	0.130903
$E5$	6.61313	-1.02397	-0.0855378		0.241045

表 6-5　小行星 624 Hektor 在密度值为 $1.63\mathrm{g/cm}^3$ 情形下的平衡点特征值

平衡点 ($\times10^{-3}\mathrm{s}^{-1}$)	λ_1	λ_2	λ_3	λ_4	λ_5	λ_6
$E1$	0.314086i	-0.314086i	0.311102i	-0.311102i	0.261240	-0.261240
$E2$	0.258520i	-0.258520i	0.127639 + 0.215568i	0.127639 - 0.215568i	-0.127639 + 0.215568i	-0.127639 - 0.215568i
$E3$	0.320620i	-0.320620i	0.315223i	-0.315223i	0.273815	-0.273815
$E4$	0.256805i	-0.256805i	0.121326 + 0.212931i	0.121326 - 0.212931i	-0.121326 + 0.212931i	-0.121326 - 0.212931i
$E5$	0.877748i	-0.877748i	0.815814i	-0.815814i	0.241448i	-0.241448i

表 6-6 小行星 624 Hektor 在密度值为 1.63g/cm^3 情形下的平衡点拓扑类型和稳定性

平衡点	拓扑类型	稳定性	$\nabla^2 V$	正负惯性指数
$E1$	2	不稳定	不正定	2/1
$E2$	5	不稳定	不正定	1/2
$E3$	2	不稳定	不正定	2/1
$E4$	5	不稳定	不正定	1/2
$E5$	1	稳定	正定	3/0

6.2.3 密度值 1.0g/cm^3 对应的引力场参数

Marchis 等(2014)给出了小行星 624 Hektor 的若干个物理参数,其中密度值被认为是 $\rho=1.0\mathrm{g/cm^3}$。对应的引力场参数参见图 6-1。表 6-7 给出了平衡点位置和雅可比积分,表 6-8 给出了平衡点的特征值,表 6-9 给出了平衡点的拓扑类型、稳定性、Hessian 矩阵正定与否以及正负惯性指数。将表 6-9 和表 6-3、表 6-6对比,可见,在这 3 个密度值 $\rho=1.0\mathrm{g/cm^3}$、1.63g/cm^3 和 6.43g/cm^3 情形下,平衡点的拓扑类型和稳定性是完全相同的。虽然这 3 种不同密度值情形下平衡点都是平面外平衡点,但平衡点相对赤道面的距离是不同的。密度值 $\rho=1.0\mathrm{g/cm^3}$ 对应的外部平衡点 $E1\sim E4$ 相对于质心的距离在这 3 种密度值情形下是最小的。

对于同最小惯量轴关联的平衡点 $E1$ 和 $E3$ 来说,考虑平衡点位置矢量在最小惯量轴的分量,则当密度值 $\rho=6.43\mathrm{g/cm^3}$ 时,分量值最大;当密度值 $\rho=1.0\mathrm{g/cm^3}$ 时,分量值最小。类似地,对于同中间惯量轴关联的平衡点 $E2$ 和 $E4$ 来说,考虑平衡点位置矢量在中间惯量轴的分量,则当密度值 $\rho=6.43\mathrm{g/cm^3}$ 时,分量值最大;当密度值 $\rho=1.0\mathrm{g/cm^3}$ 时,分量值最小。

对于同质心关联的平衡点 $E5$ 来说,考虑平衡点和质心的距离,当密度值 $\rho=1.0\mathrm{g/cm^3}$ 时,距离最大;当密度值 $\rho=6.43\mathrm{g/cm^3}$ 时,距离最小。此外,考虑平衡点 $E5$ 的位置矢量 3 个分量的绝对值,则当密度值 $\rho=1.0\mathrm{g/cm^3}$ 时,数值最大;当密度值 $\rho=6.43\mathrm{g/cm^3}$ 时,数值最小。对于体外的 4 个平衡点来说,考虑平衡点位置矢量在最小惯量轴的分量的绝对值,则当密度值 $\rho=1.0\mathrm{g/cm^3}$ 时,数值最小;当密度值 $\rho=6.43\mathrm{g/cm^3}$ 时,数值最大。

表6-7　小行星624 Hektor在密度为$1.0g/cm^3$情形下的平衡点位置和雅可比积分

平衡点	x/km	y/km	z/km	距离表面高度/km	雅可比积分/($10^4m^2/s^2$)
$E1$	121.325	11.7195	1.02686	19.5940	0.112761
$E2$	0.0342004	93.2722	-0.835230	41.2759	0.0928577
$E3$	-123.128	1.20486	0.0146154	18.0839	0.113585
$E4$	-3.12573	-93.7164	-1.15650	43.7756	0.0931712
$E5$	4.58001	-1.16954	-0.110279		0.147897

表6-8　小行星624 Hektor在密度值为$1.0g/cm^3$情形下的平衡点特征值

平衡点($10^{-3}s^{-1}$)	λ_1	λ_2	λ_3	λ_4	λ_5	λ_6
$E1$	0.337176i	-0.337176i	0.324412i	-0.324412i	0.302891	-0.302891
$E2$	0.262029i	-0.262029i	0.141692 + 0.222128i	0.141692 - 0.222128i	-0.141692 + 0.222128i	-0.141692 - 0.222128i
$E3$	0.344678i	-0.344678i	0.329035i	-0.329035i	0.316036	-0.316036
$E4$	0.258769i	-0.258769i	0.134573 + 0.219598i	0.134573 - 0.219598i	-0.134573 + 0.219598i	-0.134573 - 0.219598i
$E5$	0.735719i	-0.735719i	0.638779i	-0.638779i	0.128765i	-0.128765i

表6-9　小行星624 Hektor在密度值为$1.0g/cm^3$情形下的平衡点拓扑类型和稳定性

平衡点	拓扑类型	稳定性	$\nabla^2 V$	正负惯性指数
$E1$	2	不稳定	不正定	2/1
$E2$	5	不稳定	不正定	1/2
$E3$	2	不稳定	不正定	2/1
$E4$	5	不稳定	不正定	1/2
$E5$	1	稳定	正定	3/0

6.2.4　三种情形讨论

6.2.1节~6.2.3节给出了不同密度值对应的平衡点的位置、雅可比积分、特征值、拓扑类型、稳定性和Hessian矩阵。从结果可见,不同密度值对应的平衡点的拓扑类型和稳定性是相同的,此外,不同密度值对应的平衡点的有效势的Hessian矩阵的正定性和正/负惯性指数也是相同的。

随着小行星 624 Hektor 密度值的减小，外部平衡点 $E1 \sim E4$ 至质心的距离也逐渐减小。对于密度值为 6.43g/cm^3 的情形，外部平衡点的位置矢量的模最大。而密度值为 1.0g/cm^3 的情形，外部平衡点的位置矢量的模最小。内部平衡点 $E5$ 和质心的距离随着密度的减小而增大。

目前，木星 Trojan 小行星 624 Hektor 没有较为精确的密度数据，而且其不规则形状模型也不够精确。而小行星平衡点的位置、稳定性和拓扑类型同星体的不不规则外形、密度和自旋速度有关。接触双小行星，包括三小行星系统 216 Kleopatra 的主星、双小行星系统 624 Hektor 主星、2063 Bacchus、4769 Castalia、25143 Itokawa 等都具有不规则的外形。小行星 216 Kleopatra 具有双叶结构（double - lobed structure），看起来像哑铃，其他小行星包括 624 Hektor、2063 Bacchus、4769 Castalia、25143 Itokawa，但是这种双叶结构并不明显。624 Hektor 的多面体形状显示其外形是凸的。在这里，将 624 Hektor 的形状改为双叶结构，并计算该小行星附近有效势，据此分析形状误差对平衡点位置误差的影响(图 6 - 2)。

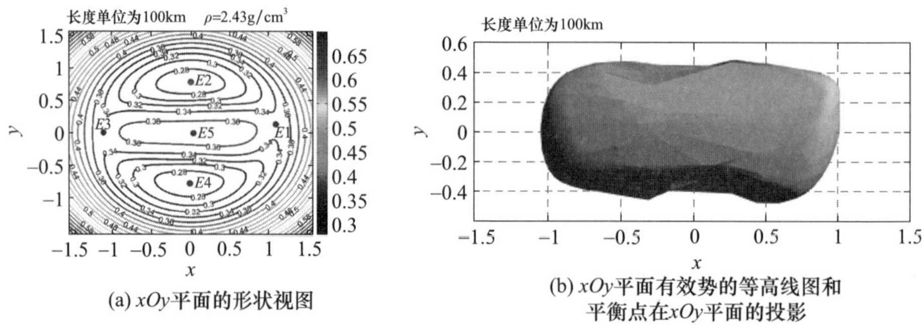

(a) xOy 平面的形状视图

(b) xOy 平面有效势的等高线图和平衡点在 xOy 平面的投影

图 6 - 2　双叶结构对应的形状

如果 $|x| < L$，生成双叶结构的计算公式为

$$\begin{cases} y_{\text{new}} = y_{\min} + (y - y_{\min}) \dfrac{|x|}{L} \\ z_{\text{new}} = z_{\min} + (z - z_{\min}) \dfrac{|x|}{L} \end{cases} \tag{6-1}$$

式中：x、y、z 为表面点，$r = \sqrt{x^2 + y^2 + z^2}$；$L = 35\text{km}$；$y_{\min} = z_{\min} = 20\text{km}$ 给出了双叶结构的脖颈半径；y_{new} 和 z_{new} 为表面点的新的坐标分量。

由图 6 - 2 可知，生成的小行星 624 Hektor 的形状是中间部分凹的，并且具有双叶结构，图 6 - 2 给出了双叶结构的形状。对应的平衡点 $E1$ 和 $E3$ 的 x 轴分量分别为 108.864km 和 - 111.446km，而平衡点 $E2$ 和 $E4$ 的 y 轴分量分别为 78.1089km 和 - 78.3021km。对于平衡点 $E1$ 和 $E3$ 来说，通过上述模型生成的双叶结构的位置相对误差分别为 28.3% 和 27.2%；对于平衡点 $E2$ 和 $E4$ 来说，对应的相对误差分别为 39.89% 和 39.88%。平衡点的拓扑类型和稳定性保持不变。

6.3　小结

本章采用 2038 个面和 1021 个顶点的形状观测数据构建了目前发现的唯一的 *L4* 点木星特洛伊双小行星主星 624 Hektor 的多面体外形模型。根据此前文献给出的 624 Hektor 的 3 种不同密度值，即 $6.43g/cm^3$、$1.63g/cm^3$、$1.0g/cm^3$ 来计算不同密度值参数下的引力势以及平衡点位置、特征值、雅可比积分值、拓扑类型、稳定性和平衡点有效势能的 Hessian 矩阵。据此研究密度值不同对小天体引力场环境及其中动力学行为的影响。结果表明，在这 3 个不同的密度值情况下，平衡点的个数、拓扑类型和稳定性都是相同的。此外，平衡点的 Hessian 矩阵的正定与否以及正/负惯性指数也在密度值的变化下保持不变。平衡点的位置和特征值则随着密度值的不同而不同。若密度值增大，则小行星体外平衡点与质心之间的距离将会减小，而内部平衡点与质心之间的距离将会增大。

参考文献

[1] DESCAMPS P. Dumb - bell - shaped equilibrium figures for fiducial contact - binary asteroids and EKBOs[J]. Icarus,2014,211(2):1022 - 1033.

[2] MARCHIS F,DURECH J et al. The puzzling mutual orbit of the binary trojan asteroid(624) hektor[J]. The Astrophysical Journal Letters,2014,783(2)89 - 95.

[3] CARRY B. Density of asteroids[J]. Planetary and Space Science,2012,73(1):98 - 118.

[4] MICHELI M,PAOLICCHI P. YORP effect on real objects. I. statistical properties [J]. Astronomy & Astrophysics,2008,490(1):387 - 391.

[5] TAYLOR P A,JEAN - LUC M,DAVID V. et al. Spin rate of asteroid(54509)2000 PH5 increasing due to the YORP effect[J]. Science,2007,316(5822):275 - 277.

[6] THOMAS P C. Sizes,shapes,and derived properties of the Saturnian satellites after the Cassini nominal mission[J]. Icarus,2010,208(1),395 - 401.

[7] WALSH K J,RICHARDSON D C,MICHEL P. Spin - up of rubble - pile asteroids:disruption, satellite formation,and equilibrium shapes[J]. Icarus,2012,220(2):515 - 529.

[8] JIANG YU,BAOYIN HEXI,LI H N. Orbital stability close to asteroid 624 Hektor using the polyhedral model [J]. Advance in Space Research,2018,61(5):1371 - 1385.

第7章 不规则小天体外形变化下平衡点的变化与分岔

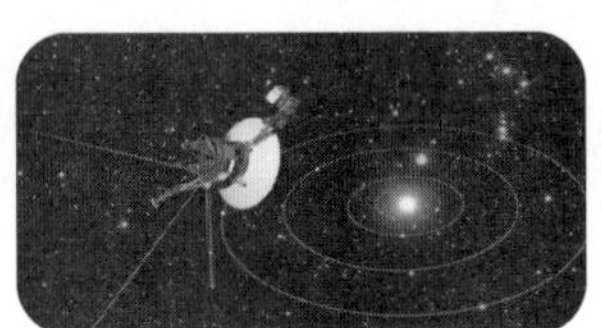

7.1 引言

在直径大于200m的近地小行星中,有16%是双小行星系统,有的双小行星系统的两个小行星质量比悬殊,有的质量比则相对接近(Margot et al. ,2002)。这些复杂的小行星系统通常都具有不规则形状,双小行星系统同样是不规则形状,会产生相互绕飞的极其复杂的动态轨道特征。其中,双小行星系统243 Ida - Dactyl是小行星带中比较典型的大尺度比双小行星系统,由相对较小的小月亮Dactyl环绕主星Ida运行。研究243 Ida引力势和动力学环境对于理解一般的小行星形状变化对大尺度比双小行星系统主星周围引力场环境的影响具有重要的意义(Margot et al. ,2002;Ball et al. ,2009;Wang and Xu,2013;Antognini et al. ,2014;Wang et al. ,2014;Yu et al. ,2017)。

此前有些文献研究了小行星243 Ida的物理特征。Belton等(1996a)给出了小行星243 Ida主星的尺寸估计,为59.8km×29.4km×18.6km。Veverka等(1996)给出了Dactyl的平均半径估计和三轴尺寸,分别为0.7km和1.6km×1.4km×1.2km。243 Ida的平均密度为0.6g/cm^3(Belton et al. ,1995),其自旋周期为4.633632 h(Vokrouhlický et al. ,2003)。Stooke(2002)给出了主星Ida的不规则形状模型,包含5040个面。

在 243 Ida – Dactyl 的动力学特征的研究方面,Veverka 等(1996)指出 Dactyl 和 Ida 之间的质心距离约为 85km。Slivan 等(2003)计算了主星 Ida 在惯性空间的自旋轴方向矢量,并通过采用 Binzel 等(1993)给出的 243 Ida 光变曲线数据检查了方法的有效性,发现 Galileo 探测器飞越 243 Ida 确定的指向极点落在他们的方法的不确定性估计的边缘。Wang 等(2014)在 243 Ida 引力场中找到了 5 个相对平衡点,并计算了这些平衡点的位置和拓扑类型。

有的双小行星系统是单个小行星通过旋转断裂产生的(Walsh et al.,2008)。Yarkovsky – O'Keefe – Radzievskii – Paddack(YORP)效应可以引起小行星旋转速率的增大,导致其内部材料结构的失效,进而引起旋转断裂(Hirabayashi,2015)。Yu 等(2017)的研究表明,陨石撞击也可以产生许多小行星系统,此外双小行星系统的各个组成天体可能包括取之不尽的各种形状。另外,随着时间的变化,小行星表面的山崩、滑坡和质量脱落可能改变小行星的形状(Jewitt et al.,2010,2014;Scheeres et al.,2015;Michel et al.,2016),这些变化改变了小行星系统的动力学环境,特别是大尺度比双小行星系统的主星的形状发生变化时,对双小行星系统的动力学环境的影响更剧烈。

本章介绍了 243 Ida 主星外部形状变化时平衡点特征的变化,包括平衡点的位置、特征值、雅可比积分、拓扑类型、稳定性以及平衡点有效势的 Hessian 矩阵。本章研究所采用的方法可用于分析大尺度比双/三小行星系统主星引力场中小月亮的动力学环境的变化。研究结果有助于理解双/三小行星系统的形成和演化。

本章各节安排如下:7.2 节介绍了小行星附近无质量质点的动力学方程和平衡点,进而研究了 243 Ida 的形状,并计算了该小行星的不规则形状产生的引力势。7.3 节讨论了改变 243 Ida 的外部形状时,其平衡点的 Hopf 分岔。我们采用同伦分析方法在 243 Ida 的不规则外部形状模型和球体的外部形状之间建立一般的连续变化的同伦引力体,研究了同伦引力体外部形状逐渐变化过程中,平衡点的位置、特征值以及雅可比积分的变化。

7.2 小行星 243 Ida 主星不规则形状模拟与引力场环境确定

小行星匀速自旋是本章中的一个基本假设。相对于小行星体固连坐标系运动的无质量颗粒的运动方程可以表述为

$$\begin{cases}\ddot{\boldsymbol{r}}+2\boldsymbol{\omega}\times\dot{\boldsymbol{r}}+\boldsymbol{\omega}\times(\boldsymbol{\omega}\times\boldsymbol{r})+\dfrac{\partial U(\boldsymbol{r})}{\partial \boldsymbol{r}}=0\\ U(\boldsymbol{r})=-\dfrac{1}{2}G\sigma\sum\limits_{e\in \text{edges}}\boldsymbol{r}_e\cdot\boldsymbol{E}_e\cdot\boldsymbol{r}_e\cdot L_e+\dfrac{1}{2}G\sigma\sum\limits_{f\in \text{faces}}\boldsymbol{r}_f\cdot\boldsymbol{F}_f\cdot\boldsymbol{r}_f\cdot\omega_f\end{cases} \tag{7-1}$$

式中：$\boldsymbol{r}$ 为颗粒的位置矢量，其中 $\boldsymbol{r}$ 的一阶导数和二阶导数表示小行星体固连坐标系；$\boldsymbol{\omega}$ 为小行星本体相对于惯性空间的旋转角速度矢量；$U(\boldsymbol{r})$ 为小行星的引力势，其中 $U(\boldsymbol{r})$ 通过多面体模型计算（Werner and Scheeres，1997）；$G=6.67\times10^{-11}\,\text{m}^3\cdot\text{kg}^{-1}\cdot\text{s}^{-2}$ 表示引力常数；σ 表示小行星密度，假设密度为常数；$\boldsymbol{r}_e$ 和 $\boldsymbol{r}_f$ 分别为体固连坐标系中表示的场点到多面体边上和面上点的矢量；$\boldsymbol{E}_e$ 和 $\boldsymbol{F}_f$ 分别为边和面的张量；积分因子 $L_e=\int_e \frac{1}{r}\text{d}s$ 通过面 f 上的边 e 计算，而带符号的立体角 ω_f 对应于从场点到多面体平面区域的夹角。

我们定义小行星体固连坐标系的 x 轴、y 轴和 z 轴分别是小行星最小、中间和最大惯量主轴，坐标系原点为小行星的质心。设小行星绕其最大惯量轴旋转，则颗粒的相对能量（Celletti et al.，2015）为

$$H=U+\frac{1}{2}(\dot{x}^2+\dot{y}^2+\dot{z}^2)-\frac{\omega^2}{2}(x^2+y^2) \tag{7-2}$$

式中：H 为雅可比积分。

颗粒的引力加速度为引力势 U 的梯度，它和有效势 V 可以通过式(7-3)计算：

$$\begin{cases}\nabla U=G\sigma\sum\limits_{e\in \text{edges}}\boldsymbol{E}_e\cdot\boldsymbol{r}_e\cdot L_e-G\sigma\sum\limits_{f\in \text{faces}}\boldsymbol{F}_f\cdot\boldsymbol{r}_f\cdot\omega_f\\ V=U-\dfrac{\omega^2}{2}(x^2+y^2)\end{cases} \tag{7-3}$$

小行星平衡点的位置记为(x_E,y_E,z_E)，满足

$$\nabla H(x,y,z)=\nabla V(x,y,z)=0 \tag{7-4}$$

因此，有

$$\frac{\partial V(x,y,z)}{\partial x}=\frac{\partial V(x,y,z)}{\partial y}=\frac{\partial V(x,y,z)}{\partial z}=0 \tag{7-5}$$

小行星平衡点附近颗粒相对于平衡点的线性化运动方程可以写为

$$\frac{\text{d}^2}{\text{d}t^2}\begin{bmatrix}\xi\\ \eta\\ \zeta\end{bmatrix}+\begin{pmatrix}0&-2\omega&0\\ 2\omega&0&0\\ 0&0&0\end{pmatrix}\cdot\frac{d}{\text{d}t}\begin{bmatrix}\xi\\ \eta\\ \zeta\end{bmatrix}+\begin{pmatrix}V_{xx}&V_{xy}&V_{xz}\\ V_{xy}&V_{yy}&V_{yz}\\ V_{xz}&V_{yz}&V_{zz}\end{pmatrix}\cdot\begin{bmatrix}\xi\\ \eta\\ \zeta\end{bmatrix}=0 \tag{7-6}$$

式中：$[\xi\quad\eta\quad\zeta]^{\text{T}}$ 是颗粒相对于平衡点的位置，满足 $\xi=x-x_E$，$\eta=y-y_E$，$\zeta=z-z_E$，其中(x_E,y_E,z_E)是平衡点的位置，而(x,y,z)是颗粒的位置，ω 是 $\boldsymbol{\omega}$ 的模，$V_{pq}=\left(\dfrac{\partial^2 V}{\partial p\partial q}\right)_E(p,q=x,y,z)$。

平衡点的特征值 λ 满足下面的6次方程：

$$\begin{vmatrix} \lambda^2+V_{xx} & -2\omega\lambda+V_{xy} & V_{xz} \\ 2\omega\lambda+V_{xy} & \lambda^2+V_{yy} & V_{yz} \\ V_{xz} & V_{yz} & \lambda^2+V_{zz} \end{vmatrix} = \mathbf{0} \tag{7-7}$$

设在匀速旋转的小行星势场 $U(\boldsymbol{r})$ 中一共存在 N 个平衡点，令 E_k 表示第 k 个平衡点，$\lambda_j(E_k)$ 表示 E_k 的第 j 个特征值，一般地，这 N 个平衡点（Jiang et al.，2015）满足下面的恒等式：

$$\sum_{i=1}^{N}\left[\operatorname{sgn}\prod_{j=1}^{6}\lambda_j(E_i)\right] = \text{const} \tag{7-8}$$

图7-1给出了根据观测数据由多面体形状模型产生的243 Ida的外部形状（Stooke，2002，2016）。由图7-1可知，小行星243 Ida具有非凸形状。该三维非凸多面体模型采用了5040个面和2522个顶点来生成。小行星243 Ida的体密度为 2.6g/cm^3，自旋周期为4.633632h（Belton et al.，1996a，1996b；Veverka et al.，1996）。通过上述参数和Stooke（2016）的形状数据，我们计算得到243 Ida的尺寸为61.507km×30.566km×27.067km，质量为 4.0779×10^{16} kg，在主惯量轴的三轴惯量分别为 $2.4803\times10^{9}\text{kg}\cdot\text{km}^2$、$8.5009\times10^{9}\text{kg}\cdot\text{km}^2$ 和 $9.2933\times10^{9}\text{kg}\cdot\text{km}^2$。

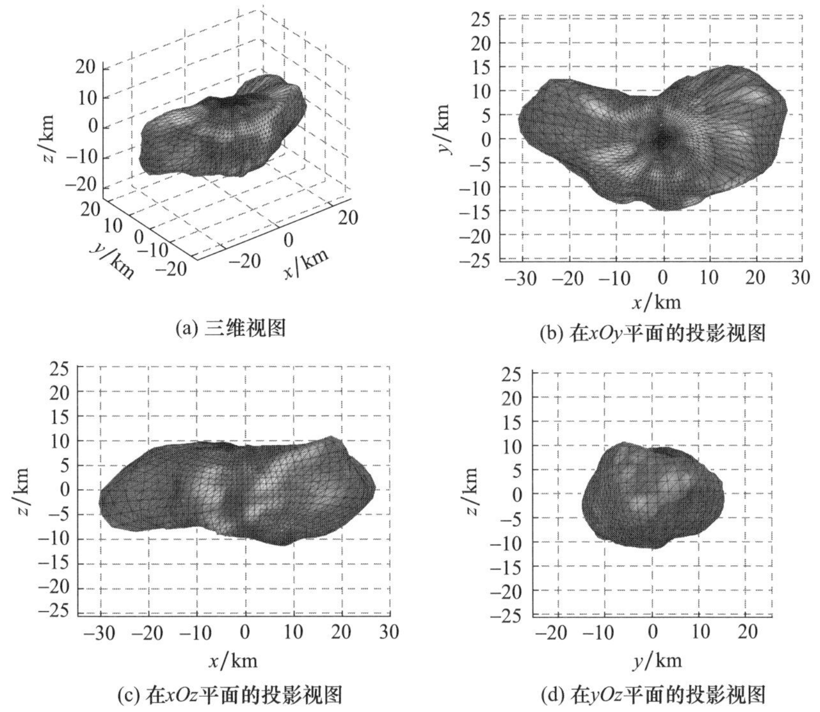

图7-1　采用观测数据经由多面体模型建立的小行星243 Ida的外部形状

图 7－2 展现了小行星 243 Ida 的表面高度，这里表面高度是指小行星质心与表面上具有固定的经纬度的点之间的距离。从该图中可见表面高度均位于［7.33km，31.3km］的区间内。该小行星表面高度的平均值为 30.7535km，最大表面高度大约是最小表面高度的 10 倍，可见该小行星的几何外形是非常不规则的。综合来看，小行星 243 Ida 的表面不仅具有细长状和非凸状，而且是高度不规则和类似“V”形的形状。从表面高度的等高线图（图 7－2（b））中可以看出，该小行星的表面包括两个明显的凸区域和一个明显的凹区域。

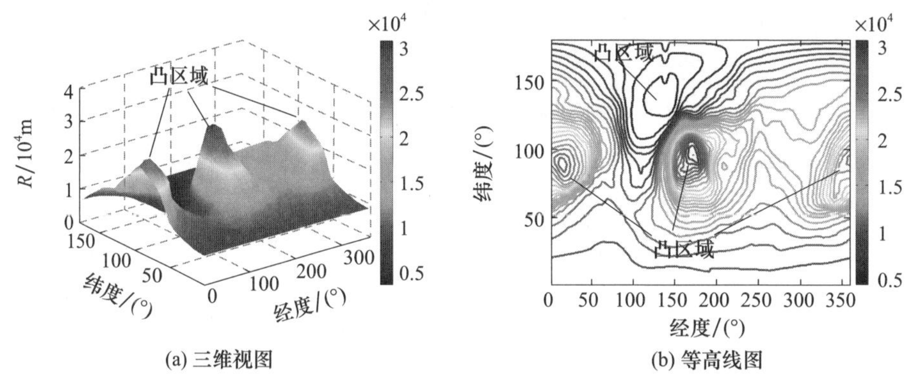

(a) 三维视图　　(b) 等高线图

图 7－2　（见彩图）小行星 243 Ida 的表面高度，图中右侧彩条的单位为 m

考虑到作用在轨道上运行的颗粒上的实际重力取决于颗粒质量，我们计算了 243 Ida 表面上的引力加速度，以揭示细长状、非凸状、不规则和“V”形特征的小行星的表面高度对其表面上的引力分布的影响，如图 7－3 所示。表面引力加速度的最小值为 $6.22\times10^{-3}\,\mathrm{m/s^2}$，最大值为 $10.4\times10^{-3}\,\mathrm{m/s^2}$。对比图 7－3 和图 7－2 可见，小行星表面明显凹区域上的表面引力加速度取到全局最小值，而小行星的两个明显凸区域上的表面上引力加速度取到局部极大值。表面引力加

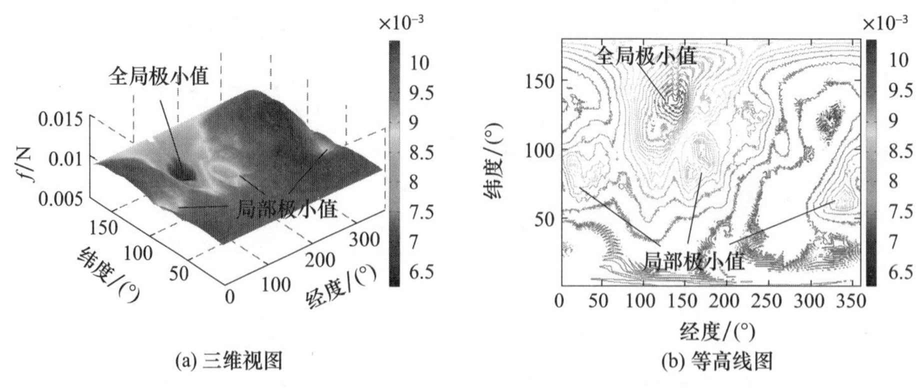

(a) 三维视图　　(b) 等高线图

图 7－3　（见彩图）小行星 243 Ida 表面引力加速度（$\mathrm{m/s^2}$）

速度在该凹区域取到全局最小值的物理意义在于,由于小行星243 Ida具有类似"V"形的形状,因此小行星的两个明显凸区域引起的引力在凹区域相互抵消。

图7-4给出了小行星243 Ida表面上的有效势。有效势的最小值为$1.64\times10^2 m^2/s^2$,最大值为$2.2\times10^2 m^2/s^2$。有效势取到最小值的表面点是不稳定的,而取到最大值的表面点是稳定的。其原因可通过式(7-3)看出,即表面有效势取到最大值的表面点处,表面有效势的Hessian矩阵是正定的。此外,在小行星表面可以观察到几个有效势的局部最大点,它们都是局部稳定的。而在表面上可以观察到几个明显的局部最小点,这些点都是不稳定的。

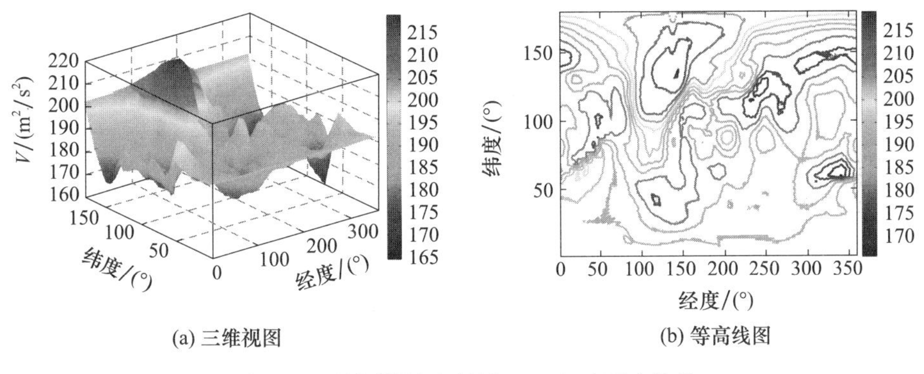

(a) 三维视图 (b) 等高线图

图7-4 (见彩图)小行星243 Ida表面有效势

7.3 小行星243 Ida外部形状变化过程中平衡点的Hopf分岔

小行星势场中平衡点附近流形的拓扑结构可以确定平衡点特征值的分布(Jiang et al.,2014)。因此,平衡点的拓扑类型可以采用特征值的分布来进行区分。平衡点的拓扑类型包括若干普通情形和共振情形(Jiang et al.,2016),这里仅给出最常用的普通情形,如表7-1和图7-5。这种分类的依据是:如果$a+bi$ $(a,b\in R,i=\sqrt{-1})$是平衡点的特征值,则所示$-a-bi$、$a-bi$和$-a+bi$也是该平衡点的特征值。对于匀速自旋的小天体,其体外平衡点附近的每族周期轨道对应平衡点的一对纯虚特征值。因此,如果平衡点的拓扑类型属于Case O1,则平衡点附近存在3族周期轨道;如果平衡点的拓扑类型属于Case O2,则平衡点附近存在2族周期轨道;如果平衡点的拓扑类型属于Case O4,则平衡点附近存在1族周期轨道。对于Case R2来说,对应的平衡点附近的运动是共振的,且平衡点附近只存在2族周期轨道。非退化平衡点意味着平衡点的所有特征值都是非零的。从表 7 - 1 和方程式(7 - 8)可见,如果非退化平衡点的个数大于 2,则必然至少存在 1 个拓扑类型属于 Case O2 的平衡点。如果小天体引力场中存在 3 类平衡点,即分别属于 Case O1、Case O2 和 Case O4,记这 3 类平衡点的个数分别为 a、b 和 c,则 $a + b = c + 1$。

图 7 - 6 给出了小天体平衡点发生 Hopf 分岔时,对应的平衡点的特征值变化。从图 7 - 6 中可见,2 对处于复平面上的特征值彼此接近并在到达虚轴时发生碰撞,碰撞后 2 对特征值变为 2 个重合的特征值,此后 2 个重合的特征值在虚轴上再分为 2 对特征值而运动。图(7 - 6)中只给出了 Hopf 分岔对应的特征值从复平面到虚轴运动时的示意图;反之,特征值从虚轴到复平面运动也可发生 Hopf 分岔。

表 7 - 1　小行星引力场中平衡点的拓扑类型、特征值与稳定性

拓扑类型	特征值	稳定性
Case O1	$\pm \mathrm{i}\beta_j(\beta_j \in \mathrm{R}, \beta_j > 0; j = 1,2,3 \mid \forall k \neq j, k = 1,2,3, s.t.\ \beta_k \neq \beta_j)$	线性稳定
Case O2	$\pm \alpha_j(\alpha_j \in \mathrm{R}, \alpha_j > 0, j = 1)$ 和 $\pm \mathrm{i}\beta_j(\beta_j \in \mathrm{R}, \beta_j > 0; j = 1,2 \mid \beta_1 \neq \beta_2)$	不稳定
Case O4	$\pm \mathrm{i}\beta_j(\beta_j \in \mathrm{R}, \beta_j > 0, j = 1)$ 和 $\pm \sigma \pm \mathrm{i}\tau(\sigma, \tau \in \mathrm{R}; \sigma, \tau > 0)$	不稳定
Case R2	$\pm \mathrm{i}\beta_j(\beta_j \in \mathrm{R}, \beta_j > 0, \beta_1 = \beta_2 \neq \beta_3; j = 1,2,3)$	共振

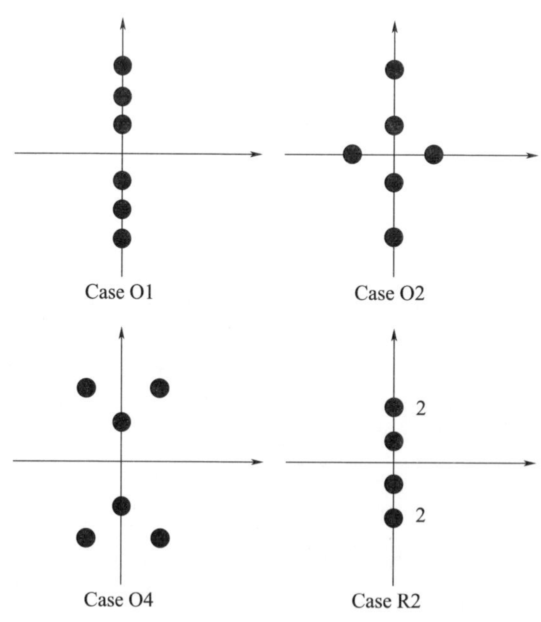

图 7 - 5　小天体引力场中平衡点特征值的分布

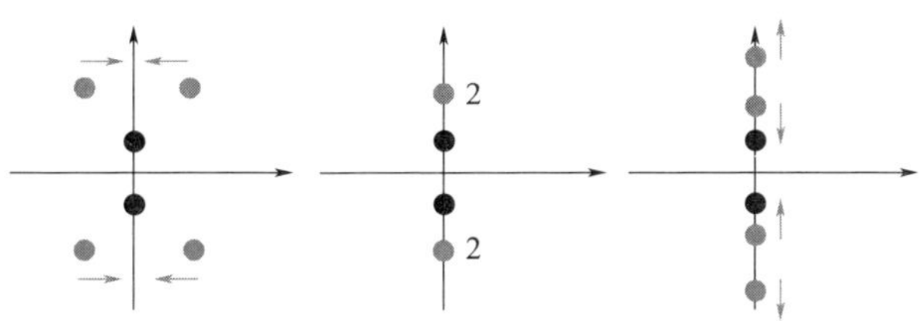

图7－6　平衡点发生Hopf分岔时对应的特征值变化

小行星平衡点的位置、特征值、拓扑类型、稳定性等特性可能随着小行星自旋速度、密度、内部结构和外部形状的变化而变化。Jiang等(2015)计算了三小行星系统216 Kleopatra主星自旋速度变化过程中,平衡点的个数、位置、稳定性、拓扑类型的变化并发现了平衡点的鞍结分岔和鞍鞍分岔。Aljbaae等(2017)基于3种不同的内部结构计算了小行星21 Lutetia引力场中平衡点的个数、位置和稳定性,其内部结构包括均匀密度结构、3层不同密度结构和4层不同密度结构。此处,考虑双小行星系统243 Ida主星在外部形状变化过程中平衡点的参数变化情况。

如前所述,我们采用同伦分析方法在243 Ida的外部形状和球体的外部形状之间产生连续变化的一般同伦引力体的外部形状,同伦引力体的形状根据参数κ变化如下:

$$S_{\text{new}}=(1-\kappa)I+\kappa S \tag{7-9}$$

式中:I为小行星243 Ida的表面形状参数;S为球的形状参数;$\kappa=0\sim1$,当$\kappa=0$时,生成体的形状与I的形状相同,当$\kappa=1$时,生成体的形状与S的形状相同。

球的半径设置为243 Ida的平均半径,即30.7535km。在κ变化过程中,生成的体的密度保持不变。随着κ从0到1变化,同伦引力体的质量逐渐增加。使用该方法可以生成任何形状小天体到简单形状体的连续同伦变换。其他如哑铃形、椭球形等也可以用作参考的简单形状体,具体选取哪一种,需要参照小天体的形状来选择,如三小行星系统216 Kleopatra的主星、小行星1996 HW1等具有类似哑铃形状的连接双小行星,都可以选取哑铃形作为参考的简单形状体,而4 Vesta、2867 Steins等和椭球体形状比较接近的小行星,则可以采用椭球形来作为参考的简单形状体。

图7－7给出了通过不同的κ值计算的xOy、yOz、zOx平面的零速度曲面和平衡点(x_E,y_E,z_E)位置。可见,随着κ值的变化引起的同伦引力体形状的变化,各坐标平面的零速度曲面也发生变化。在xOy平面的等高线的形状、个数和数值均因κ值的变化而变化,这一结论对于yOz平面和zOx平面也成立。平衡点的位置通过求解方程式(7－5)得到。通过计算xOy平面有效势的等高线图,我们可以直观地观察平衡点的大致范围并获知使用数值方法计算的平衡点是否有

疏漏。由于小月亮 Dactyl 和主星 Ida 的质量比为 9.1×10^5，因此我们在计算平衡点的时候忽略 Dactyl 的引力。

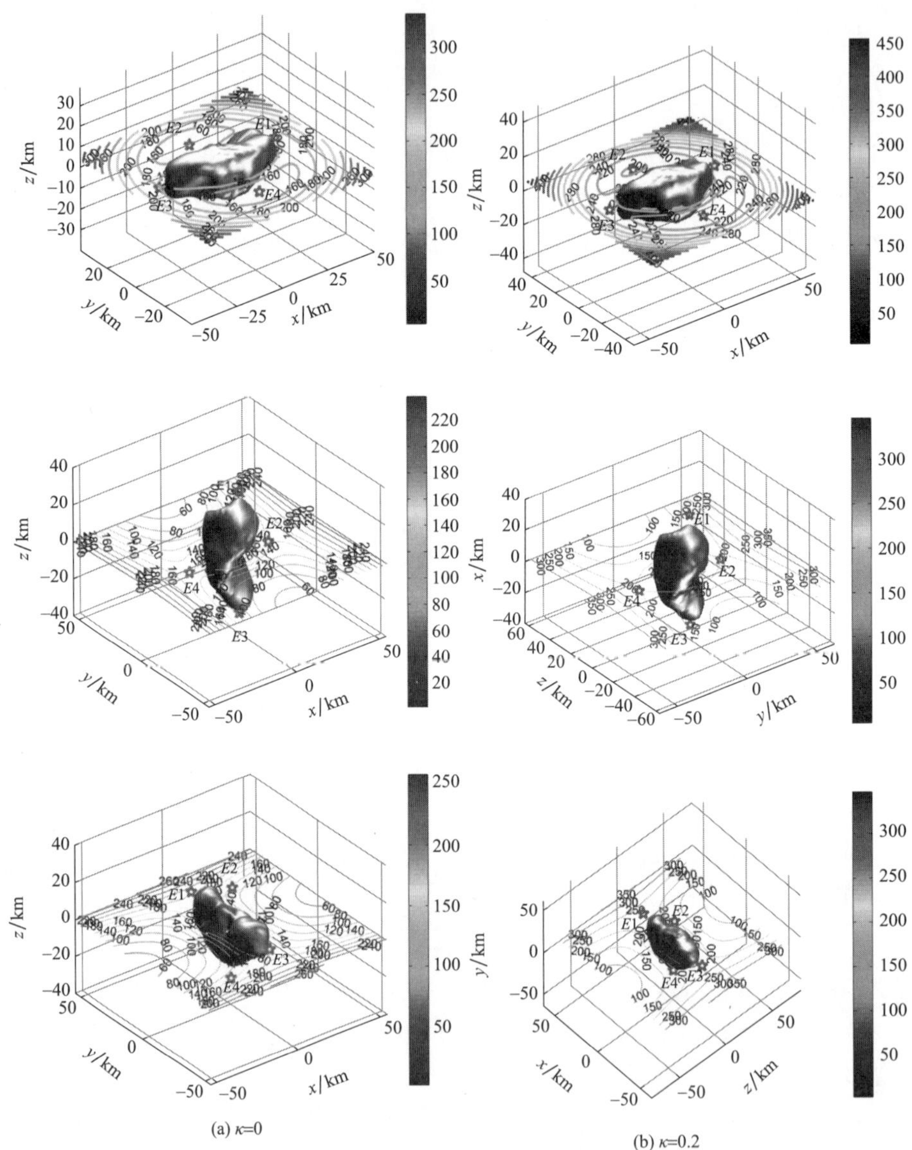

(a) κ=0

(b) κ=0.2

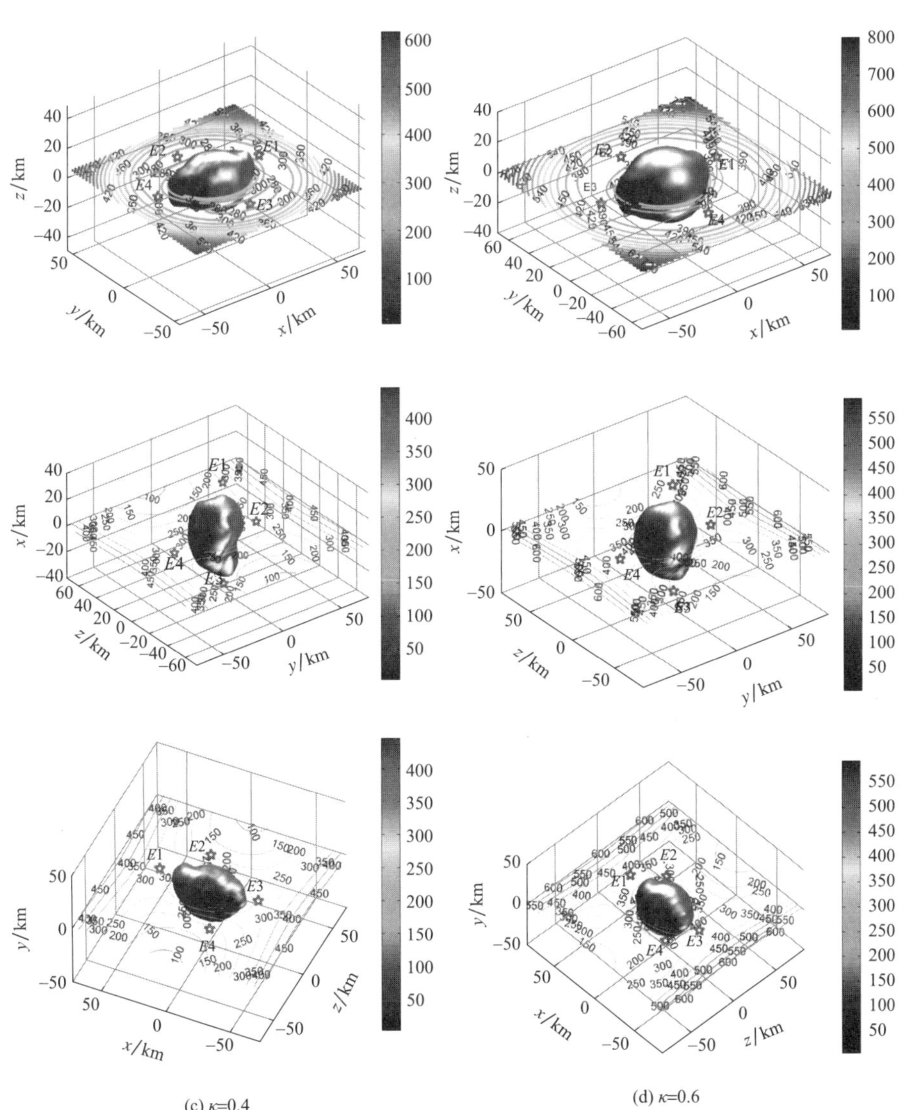

(c) κ=0.4

(d) κ=0.6

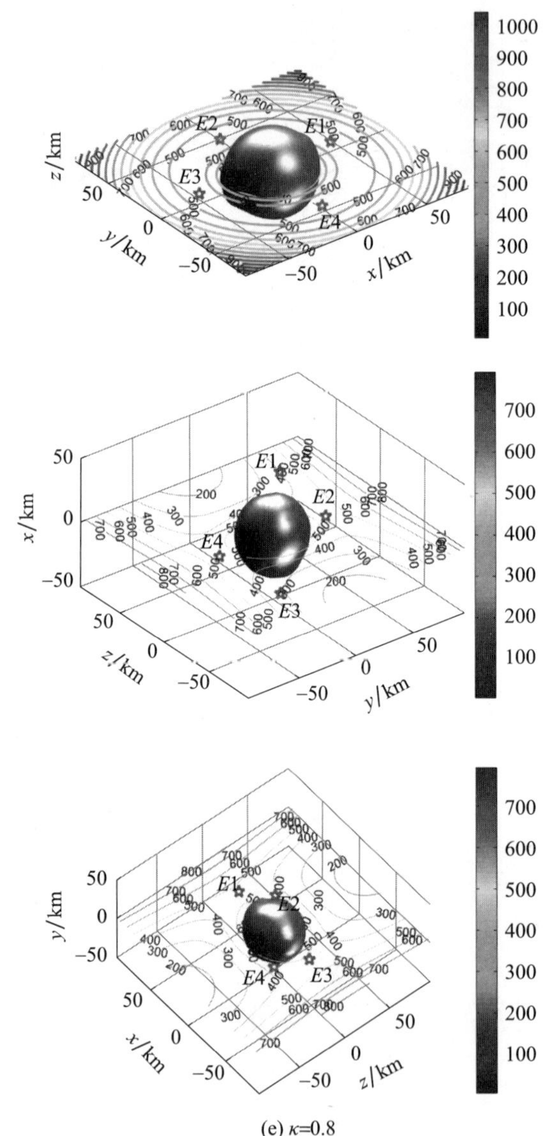

(e) κ=0.8

图 7-7　同伦引力体在形状变化过程中的 xOy、yOz、zOx 平面的零速度曲面和平衡点位置

表 7 - 2 给出了同伦引力体在不同 κ 值情况下对应的平衡点的位置和雅可比积分。表 7 - 3 给出了不同 κ 值对应的变形体的平衡点的特征值。图 7 - 8 给出了同伦引力体形状变化过程中平衡点特征值在复平面的位置。从表 7 - 2 中可知,当 κ 值从 0 到 0.8 变化过程中,4 个外部平衡点 $E1 \sim E4$ 的位置矢量的模逐渐增大。此外,当 κ 值逐渐增大时,平衡点 $E1$ 和 $E3$ 的位置矢量的 x 轴分量的绝对值也逐渐增大,而 y 轴和 z 轴分量的绝对值先增大后减小。其原因是当 κ 值逐渐增大时,同伦引力体的质量逐渐增大,形状变得更加对称。对于平衡点 $E2$ 和 $E4$ 来说,当 κ 值逐渐增大时,平衡点位置的 y 轴分量的绝对值始终增大,而衡点位置的 x 轴和 z 轴分量的绝对值则先增大后减小。同时,内部平衡点 $E5$ 的位置矢量的模随着 κ 值从 0 逐渐增大到 0.8 后逐渐减小。每个平衡点的雅可比积分都随着 κ 值的逐渐增大而逐渐增大。在这 5 个平衡点中,内部平衡点 $E5$ 的雅可比积分最大,外部平衡点 $E2$ 的雅可比积分最小。从表 7 - 3 和图 7 - 8 中可见,当 κ 值从 0 增大到 0.8 过程中,平衡点 $E1$ 和 $E3$ 的特征值的绝对值逐渐减小,而平衡点 $E5$ 的特征值的绝对值逐渐增大。不仅平衡点的特征值的绝对值随着 κ 值的变化而变化,而且平衡点特征值的分布形式也随着 κ 值的变化而变化。雅可比积分是小天体势场中无质量质点运动的总能量的绝对值。平衡点 $E1$ 和 $E3$ 的雅可比积分数值上比较接近,同时平衡点 $E2$ 和 $E4$ 的雅可比积分数值也比较接近。

表 7 - 2　不同 κ 值对应的变形体的平衡点的位置和雅可比积分

$\kappa = 0$

平衡点	x/km	y/km	z/km	雅可比积分/(10^{-3}km^2/s^2)
$E1$	31.3969	9.96277	0.0340311	0.173917
$E2$	-2.16094	27.5735	0.0975076	0.141603
$E3$	-37.3563	4.85062	-1.08838	0.180095
$E4$	-1.41503	-29.4129	-0.378479	0.146722
$E5$	9.43177	-1.41370	-0.144238	0.234488

$\kappa = 0.2$

平衡点	x/km	y/km	z/km	雅可比积分/(10^{-3}km^2/s^2)
$E1$	34.3403	6.38268	-0.0840884	0.223713
$E2$	-2.25440	29.0655	0.149664	0.197988
$E3$	-39.6176	9.97097	-1.05020	0.228083
$E4$	-1.22805	-30.2736	-0.276786	0.201932
$E5$	1.61612	-1.09905	0.195298	0.335773

$\kappa=0.4$

平衡点	x/km	y/km	z/km	雅可比积分/(10^{-3}km^2/s^2)
$E1$	38.1433	6.47072	−0.117686	0.290733
$E2$	−2.09845	34.8818	0.123587	0.271665
$E3$	−38.8051	6.55499	−0.850825	0.293394
$E4$	−0.819236	−39.5783	−0.191470	0.274262
$E5$	0.561588	−0.521995	0.170990	0.466548

$\kappa=0.6$

平衡点	x/km	y/km	z/km	雅可比积分/(10^{-3}km^2/s^2)
$E1$	42.5702	6.42309	−0.0843203	0.375381
$E2$	−1.83518	40.8297	0.0701618	0.362749
$E3$	−42.8518	6.72802	−0.547714	0.376832
$E4$	−0.328696	−41.1854	−0.122675	0.364215
$E5$	0.176965	−0.188128	0.0809605	0.625760

$\kappa=0.8$

平衡点	x/km	y/km	z/km	雅可比积分/(10^{-3}km^2/s^2)
$E1$	47.4171	6.37372	−0.0369081	0.477595
$E2$	−1.56250	46.8468	0.0267745	0.471258
$E3$	−47.4954	6.71504	−0.253242	0.478225
$E4$	0.175630	−46.9909	−0.0609152	0.471879
$E5$	0.0337400	−0.0382334	0.0192152	0.813263

表 7－3　不同 κ 值对应的变形体的平衡点的特征值

$\kappa=0$

平衡点/(10^{-3}/s)	λ_1	λ_2	λ_3	λ_4	λ_5	λ_6
$E1$	0.511378i	−0.511378i	0.486057i	−0.486057i	0.462125	−0.462125
$E2$	0.388157i	−0.388157i	0.237751 + 0.351130i	0.237751 − 0.351130i	−0.237751 + 0.351130i	−0.237751 − 0.351130i
$E3$	0.592204i	−0.592204i	0.538683i	−0.538683i	0.597232	−0.597232
$E4$	0.395965i	−0.395965i	0.176799 + 0.308161i	0.176799 − 0.308161i	0.176799 − 0.308161i	−0.176799 − 0.308161i
$E5$	1.14566i	−1.14566i	1.03792i	−1.03792i	0.273948i	−0.273948i

续表

$\kappa=0.2$

平衡点 /(10^{-3}/s)	λ_1	λ_2	λ_3	λ_4	λ_5	λ_6
$E1$	0.465902i	−0.465902i	0.446722i	−0.446722i	0.363903	−0.363903
$E2$	0.387669i	−0.387669i	0.200468 + 0.327328i	0.200468 − 0.327328i	−0.200468 + 0.327328i	−0.200468 − 0.327328i
$E3$	0.519669i	−0.519669i	0.478406i	−0.478406i	0.463389	−0.463389
$E4$	0.390892i	−0.390892i	0.128598 + 0.286773i	0.128598 − 0.286773i	−0.128598 + 0.286773i	−0.128598 − 0.286773i
$E5$	1.16225i	−1.16225i	0.997762i	−0.997762i	0.344214i	−0.344214i

$\kappa=0.4$

平衡点 /(10^{-3}/s)	λ_1	λ_2	λ_3	λ_4	λ_5	λ_6
$E1$	0.434262i	−0.434262i	0.418083i	−0.418083i	0.281386	−0.281386
$E2$	0.385907i	−0.385907i	0.150436 + 0.300448i	0.150436 − 0.300448i	−0.150436 + 0.300448i	−0.150436 − 0.300448i
$E3$	0.462909i	−0.462909i	0.434425i	−0.434425i	0.344690	−0.344690
$E4$	0.386680i	−0.386680i	0.0659626 + 0.267750i	0.0659626 − 0.267750i	−0.0659626 + 0.267750i	−0.0659626 − 0.267750i
$E5$	1.18025i	−1.18025i	0.954179i	−0.954179i	0.401760i	−0.401760i

$\kappa=0.6$

平衡点 /(10^{-3}/s)	λ_1	λ_2	λ_3	λ_4	λ_5	λ_6
$E1$	0.410445i	−0.410445i	0.398855i	−0.398855i	0.208209	−0.208209
$E2$	0.383186i	−0.383186i	0.0787422 + 0.273649i	0.0787422 − 0.273649i	−0.0787422 + 0.273649i	−0.0787422 − 0.273649i
$E3$	0.422776i	−0.422776i	0.406414i	−0.406414i	0.244363	−0.244363
$E4$	0.383028i	−0.383028i	0.329410i	−0.329410i	0.170229i	−0.170229i
$E5$	1.19917i	−1.19917i	0.914141i	−0.914141i	0.437268i	−0.437268i

$\kappa=0.8$

平衡点 /(10^{-3}/s)	λ_1	λ_2	λ_3	λ_4	λ_5	λ_6
$E1$	0.391787i	−0.391787i	0.385913i	−0.385913i	0.135009	−0.135009
$E2$	0.380049i	−0.380049i	0.343216i	−0.343216i	0.148207i	−0.148207i
$E3$	0.395490i	−0.395490i	0.388720i	−0.388720i	0.152697	−0.152697
$E4$	0.379795i	−0.379795i	0.360311i	−0.360311i	0.100652i	−0.100652i
$E5$	1.21567i	−1.21567i	0.880474i	−0.880474i	0.460195i	−0.460195i

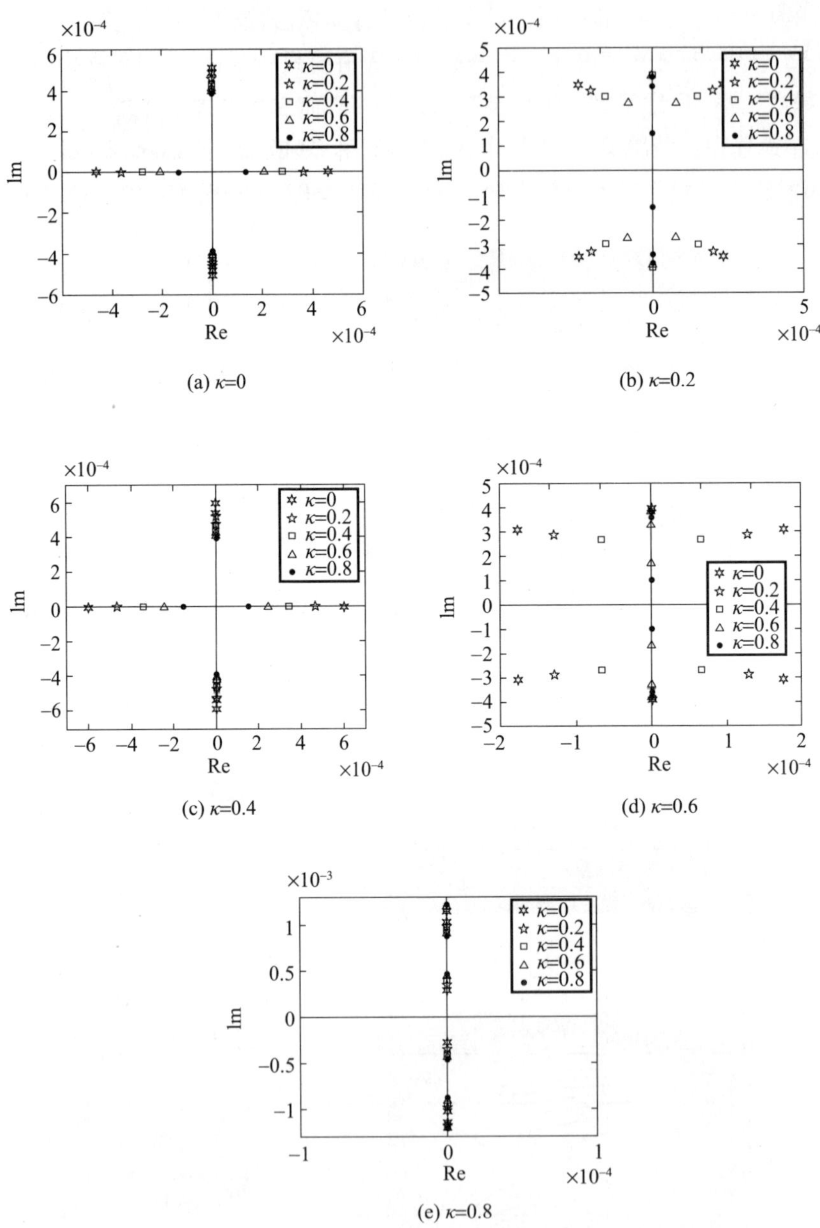

图 7-8　同伦引力体在形状变化过程中平衡点特征值在复平面的位置

表 7－4 给出了 κ 值的变化过程中，同伦引力体平衡点的拓扑类型、稳定性、有效势 Hessian 矩阵正定与否、有效势 Hessian 矩阵惯性指数和特征值乘积的符号。在同伦引力体外形的变化过程中，平衡点的 Hessian 矩阵的正定性和惯性指数保持不变，平衡点特征值乘积的符号也保持不变。但平衡点 $E2$ 和 $E4$ 的拓扑类型和稳定性在同伦引力体外形变化过程中发生了变化。进一步地，我们可以看到平衡点 $E4$ 的拓扑类型和稳定性在 κ 值取 0.4 和 0.6 时是不同的。这说明当 κ 值从 0 逐渐增大到 0.6 时，平衡点 $E4$ 处发生了 Hopf 分岔。当 $\kappa=0.4$ 时，平衡点 $E4$ 的拓扑类型属于 Case 4；而 $\kappa=0.6$ 时，平衡点 $E4$ 的拓扑类型变成了 Case 1。此外，当 $\kappa=0.4$ 时，平衡点 $E4$ 不稳定；而 $\kappa=0.6$ 时，平衡点 $E4$ 线性稳定。

表 7－4　同伦引力体在 κ 值变化过程中，平衡点的拓扑类型、稳定性、有效势 Hessian 矩阵正定与否以及特征值乘积(Eq. (8))的符号

$\kappa=0$

平衡点	拓扑类型	稳定性	$\nabla^2 V$	惯性指标	$\operatorname{sgn}\prod_{j=1}^{6}\lambda_j(E_k)$
$E1$	O2 型	U	N	2/1	－1
$E2$	O4 型	U	N	1/2	1
$E3$	O2 型	U	N	2/1	－1
$E4$	O4 型	U	N	1/2	1
$E5$	O1 型	LS	P	3/0	1

$\kappa=0.2$

平衡点	拓扑类型	稳定性	$\nabla^2 V$	惯性指标	$\operatorname{sgn}\prod_{j=1}^{6}\lambda_j(E_k)$
$E1$	O2 型	U	N	2/1	－1
$E2$	O4 型	U	N	1/2	1
$E3$	O2 型	U	N	2/1	－1
$E4$	O4 型	U	N	1/2	1
$E5$	O1 型	LS	P	3/0	1

$\kappa=0.4$

平衡点	拓扑类型	稳定性	$\nabla^2 V$	惯性指标	$\operatorname{sgn}\prod_{j=1}^{6}\lambda_j(E_k)$
$E1$	O2 型	U	N	2/1	－1
$E2$	O4 型	U	N	1/2	1
$E3$	O2 型	U	N	2/1	－1
$E4$	O4 型	U	N	1/2	1
$E5$	O1 型	LS	P	3/0	1

$\kappa = 0.6$

平衡点	拓扑类型	稳定性	$\nabla^2 V$	惯性指标	$\text{sgn}\prod_{j=1}^{6}\lambda_j(E_k)$
*E*1	O2 型	U	N	2/1	-1
*E*2	O4 型	U	N	1/2	1
*E*3	O2 型	U	N	2/1	-1
*E*4	O1 型	LS	N	1/2	1
*E*5	O1 型	LS	P	3/0	1

$\kappa = 0.8$

平衡点	拓扑类型	稳定性	$\nabla^2 V$	惯性指标	$\text{sgn}\prod_{j=1}^{6}\lambda_j(E_k)$
*E*1	O2 型	U	N	2/1	-1
*E*2	O1 型	LS	N	1/2	1
*E*3	O2 型	U	N	2/1	-1
*E*4	O1 型	LS	N	1/2	1
*E*5	O1 型	LS	P	3/0	1

LS:线性稳定 linearly stable;U:不稳定 unstable;P:正定 positive definite;N:非正定 non - positive definite;平衡点处有效势的 Hessian 矩阵的惯性指数:正定/负定。

对于平衡点 *E*2 来说,其拓扑类型和稳定性在 κ 取值 0.6 和 0.8 时是不同的。这说明当 κ 值从 0.6 逐渐增大到 0.8 时,平衡点 *E*2 处发生了 Hopf 分岔。当 $\kappa = 0.6$ 时,平衡点 *E*2 的拓扑类型属于 Case 4;而 $\kappa = 0.8$ 时,平衡点 *E*2 的拓扑类型变成了 Case 1。此外,当 $\kappa = 0.6$ 时,平衡点 *E*2 不稳定;而 $\kappa = 0.8$ 时,平衡点 *E*2 线性稳定。

7.4 小结

本章研究了双小行星 243 Ida 主星引力场中动力学环境在其外部形状变化过程中的变化情况。采用同伦方法,通过单参数 κ 构造其外部形状到一个球体之间的连续的同伦引力体。当 κ 从 0 变化到 1 时,同伦引力体逐渐从 243 Ida 的不规则外形同伦变换到球体。243 Ida 的外部形状展现出表面存在 2 个明显的凸区域和 1 个明显的凹区域。该表面凹区域上的引力取到全局极小值,而 2 个明显的表面凸区域上的引力取到局部极小值。随着同伦引力体外部形状的变化,平衡点的位置、特征值和雅可比积分也发生变化。当外部形状变化时,4 个外部平衡点 *E*1 ~ *E*4 保持与引力体质心有明显较大的距离,而内部平衡点 *E*5 则与引力体质心的位置接近。当 κ 值逐渐增大时，所有平衡点的雅可比积分都逐渐增大。平衡点 $E1$ 和 $E3$ 位于与最小惯性主轴(x 轴)附近。随着 κ 值的增大，平衡点 $E1$ 和 $E3$ 的特征值的绝对值逐渐减小，而平衡点 $E5$ 的特征值的绝对值逐渐增大。随着同伦引力体外部形状的变化，所有平衡点的 Hessian 矩阵的正定性都保持不变，Hessian 矩阵的惯性指数也保持不变。平衡点 $E2$ 和 $E4$ 位于与中间惯性主轴(y 轴)附近。随着同伦引力体外部形状的变化，平衡点 $E2$ 和 $E4$ 的拓扑类型都发生了变化，且其稳定性也从不稳定变为了线性稳定。在外部形状变化过程中，平衡点 $E2$ 和 $E4$ 处均发生了 Hopf 分岔。在同伦引力体外部形状的变化过程中，其他 3 个平衡点 $E1$、$E3$ 和 $E5$ 的拓扑类型和稳定性都没有发生变化。

参考文献

[1] ALJBAAE S, CHANUT T G G, CARRUBA V, et al. The dynamical environment of asteroid 21 Lutetia according to different internal models[J]. Mon. Not. R. Astron. Soc, 2017, 464(3): 3552 - 3560.

[2] ANTOGNINI F, BIASCO L, CHIERCHIA L. The spin - orbit resonances of the Solar system: a mathematical treatment matching physical data[J]. Nonlinear Sci, 2014, 24(3), 473 - 492.

[3] BALL A J, ULAMEC S, DACHWALD B, et al. A small mission for in situ exploration of a primitive binary near - earth asteroid[J]. Adv. Space Res, 2009, 43(2), 317 - 324.

[4] BELTON M J S, CHAPMAN C R, THOMAS P C, et al. Bulk density of asteroid 243 Ida from the orbit of its satellite dactyl[J]. Nature, 1995, 374(6525), 785 - 788.

[5] BELTON M J S, CHAPMAN C R, KLAASEN K P, et al. Galileo's encounter with 243 Ida: an overview of the imaging experiment[J]. Icarus, 1996a, 120(1), 1 - 19.

[6] JEWITT D, WEAVER H, AGARWAL J, et al. A recent disruption of the main - belt asteroid P/2010 A2[J]. Nature, 2010, 467(7317): 817 - 819.

[7] JIANG Y, BAOYIN H, LI H. Collision and annihilation of relative equilibrium points around asteroids with a changing parameter[J]. Mon. Not. R. Astron. Soc, 2015, 452(4): 3924 - 3931.

[8] JIANG Y, BAOYIN H, LI J, et al. Orbits and manifolds near the equilibrium points around a rotating asteroid[J]. Astrophys. Space Sci, 2014, 349, 83 - 106.

[9] JIANG Y, BAOYIN H, WANG X, et al. Order and chaos near equilibrium points in the potential of rotating highly irregular - shaped celestial bodies[J]. Nonlinear Dynam, 2016, 83(1 - 2), 231 - 252.

[10] MARGOT J L, NOLAN M C, BENNER L A, et al. Binary asteroids in the near - earth object population[J]. Science, 2002, 296(5572), 1445 - 1448.

[11] MICHEL P, CHENG A, KÜPPERS M, et al. Science case for the asteroid impact mission (AIM): a component of the asteroid impact & deflection assessment (AIDA) mission[J]. Adv. Space Res, 2016, 57(12), 2529 - 2547.

[12] SCHEERES D J. Landslides and mass shedding on spinning spheroidal asteroids[J]. Icarus,

2015,247,1 - 17.

[13] VOKROUHLICKÝ D,NESVORNÝ D,BOTTKE W F. The vector alignments of asteroid spins by thermal torques. Nature,2003,425(6954),147 - 151.

[14] WALSH K J,RICHARDSON D C,MICHEL P. Rotational breakup as the origin of small binary asteroids. Nature,2008,454(7201),188 - 191.

第 8 章

不规则小天体转速变化下平衡点的化生与湮灭

8.1 引言

太阳辐射照射到小天体的表面产生散射作用，这种作用的长期积累，会改变小天体的自旋速率和自旋轴指向，称为 YORP(Yarkovsky - O' Keefe - Radzievskii - Paddack)效应。YORP 效应可以导致小天体加旋，也可以导致小天体减旋，具体的自旋加速度的大小取决于小天体的日心轨道、形状、自旋轴指向和质量等参数。通常来说，对于尺寸越小的天体，YORP 导致自旋速率的变化率越大。

在小天体自旋速率变化情况下，其引力场也发生变化，这种变化对于小天体附近尘埃、颗粒物质和碎石的运动，以及大尺度比双小行星系统和三小行星系统的小月亮的运动等都会产生影响。研究表明，大尺度比三小行星系统 216 Kleopatra 主星、243 Ida、951 Gaspra、2867 Steins、101955 Bennu 在转速变化情形下，平衡点会逐渐湮灭；1996 HW1 在转速变化情形下，平衡点会出现化生与湮灭现象。本章主要研究小天体在转速变化下平衡点个数、位置、稳定性、拓扑类型等的变化情况，给出了拥有 5 个、7 个或者 9 个平衡点的小天体平衡点的化生与湮灭机制。

8.2 转速变化下不规则小天体平衡点的化生与湮灭机制

8.2.1 拥有5个平衡点的小天体平衡点的湮灭

大多数小天体有5个相对平衡点,在小天体内部存在1个稳定平衡点,在外部存在4个平衡点,其拓扑类型一般为O1型、O2型、O5型。根据小天体平衡点遵循的守恒量 $\sum_{i=1}^{N}\text{ind}(E_i)=+1$ 可以得知其他4个平衡点的指标的和为零。更具体地,其他4个平衡点的拓扑类型可以分为:TC1)两个为O1型,其他两个为O2型;TC2)两个为O2型,其他两个为O5型;TC3)两个为O2型,一个为O1型,另一个为O5型。在两个平衡点湮灭的过程中,可能发生的情形是一对O1型和O2型平衡点,或者一对O2型和O5型平衡点发生碰撞进而湮灭。

下面我们给出小天体平衡点湮灭的具体机制:采用固连系 $O-xyz$,其中 O 为小天体的质心,x 轴、y 轴、z 轴分别对应最小惯量、中间惯量、最大惯量轴。由于小天体不规则的外形,在固连系中所有相对平衡点都是面外平衡点,然而这些平衡点的 z 轴分量都很小,其分布接近 x 轴和 y 轴。

只有一个内部平衡点距离质心较近。5个平衡点具体湮灭方式如图8-1~图8-3所示。

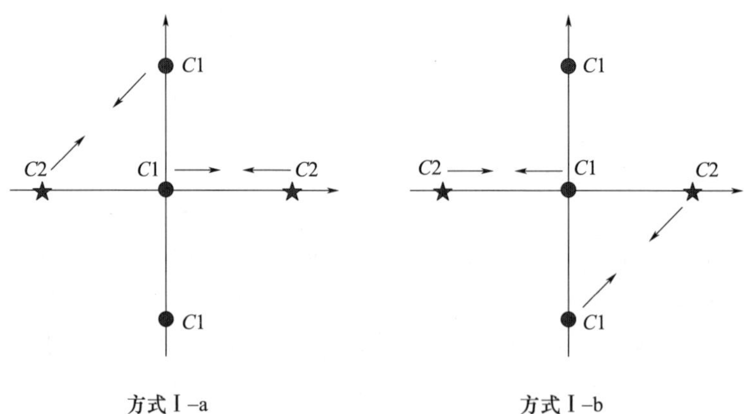

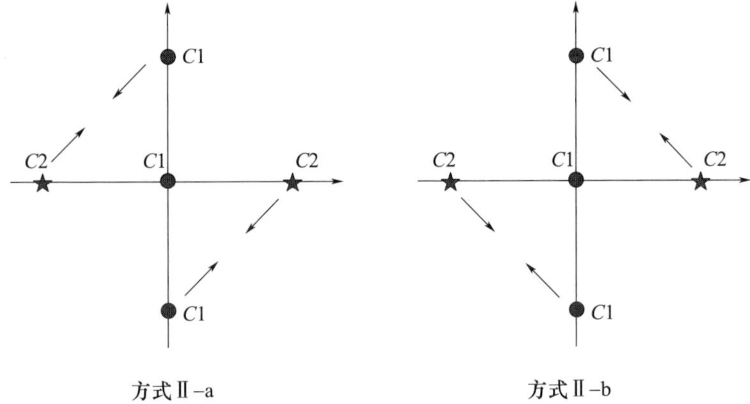

图 8-1　拓扑类型为 TC1 的 5 个平衡点的湮灭机制
（其中圆点代表 O1 型平衡点，星形代表 O2 型平衡点）

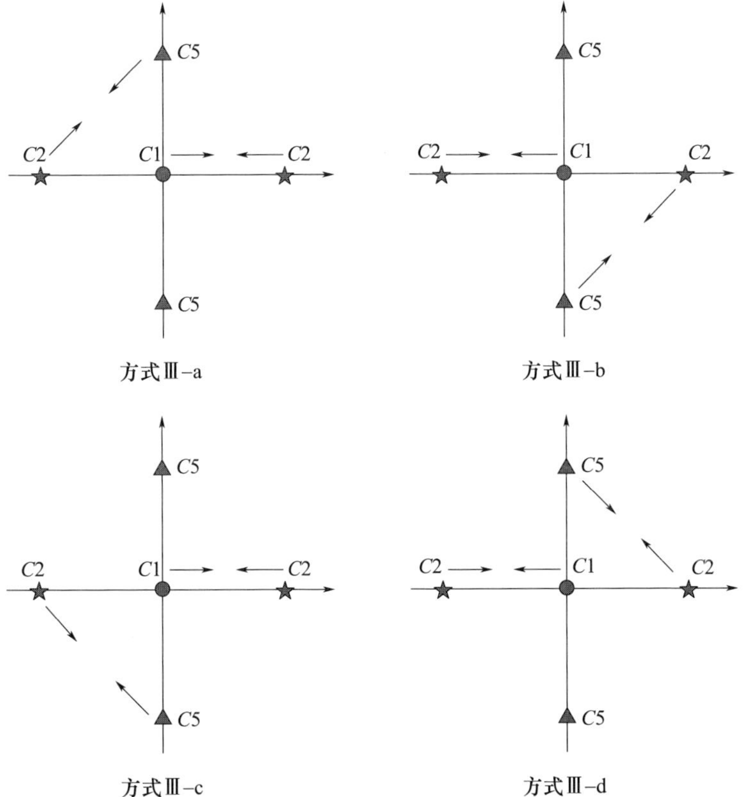

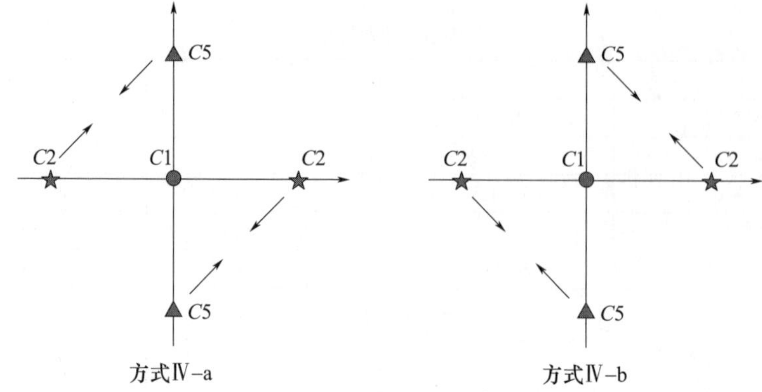

图 8-2　拓扑类型为 TC2 的 5 个平衡点的湮灭机制
（其中圆点代表 O1 型平衡点，星形点代表 O2 型平衡点，三角代表 O5 型平衡点）

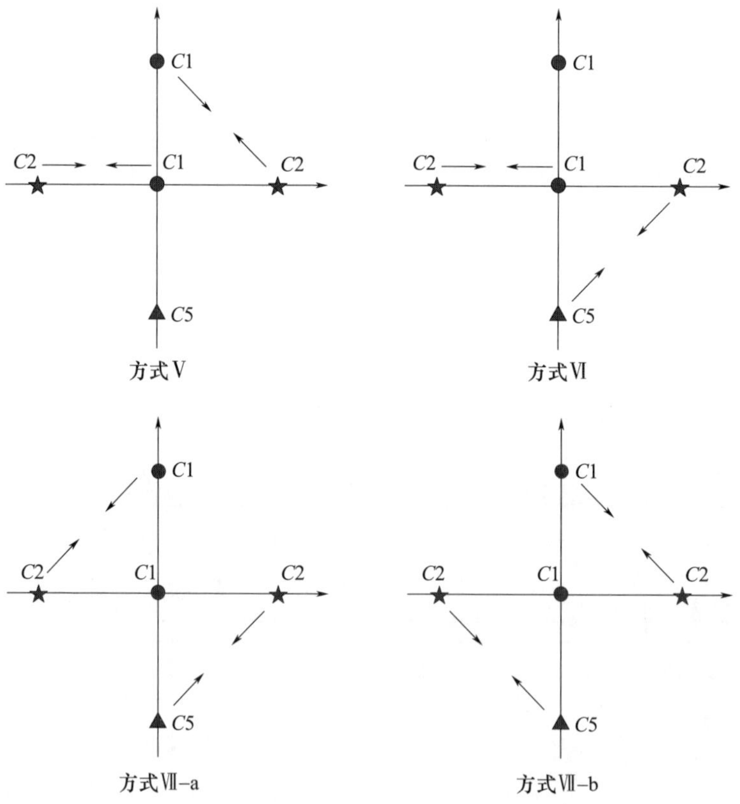

图 8-3　拓扑类型为 TC3 的 5 个平衡点的湮灭机制
（其中圆点代表 O1 型平衡点，星形点代表 O2 型平衡点，三角代表 O5 型平衡点）

对于拓扑类型为 $TC1$ 型的平衡点,从图 8 - 1 中可以看出通常存在两种湮灭方式Ⅰ和Ⅱ。在方式Ⅰ - a 中,小天体内部 O1 型平衡点和 $+x$ 轴上的平衡点在参数变化下逐渐靠近,发生碰撞,最终湮灭, $-x$ 轴平衡点和 $+y$ 轴平衡点类似地发生碰撞型湮灭。方式Ⅰ - b 与方式Ⅰ - a 类似,然而在Ⅱ - a 方式中,内部 O1 型平衡点不会和其他平衡点发生碰撞,这里 $-x$ 轴平衡点和 $+y$ 轴平衡点逐渐靠近,最终发生碰撞型湮灭, $-y$ 轴平衡点和 $+x$ 轴平衡点逐渐靠近,最终发生碰撞型湮灭。Ⅱ - b 型湮灭方式类似于方式Ⅱ - a,这里不再赘述。

对于拓扑类型为 $TC2$ 型的平衡点,从图 8 - 2 中可以看出通常存在两种湮灭方式Ⅲ和Ⅳ。在方式Ⅲ - a 中,小天体内部 O1 型平衡点和 $+x$ 轴上的 O2 型平衡点在参数变化下逐渐靠近,发生碰撞,最终湮灭, $-x$ 轴 O2 型平衡点和 $+y$ 轴 O5 型平衡点类似地发生碰撞型湮灭。 $-y$ 轴 O5 型平衡点未与其他平衡点发生碰撞。方式Ⅲ - b 与方式Ⅲ - a 类似,然而在Ⅳ - a 方式中,内部 O1 型平衡点不会和其他平衡点发生碰撞,这里 $+x$ 轴 O2 型平衡点和 $-y$ 轴 O5 型平衡点逐渐靠近,最终发生碰撞型湮灭, $-x$ 轴平衡点和 $+y$ 轴平衡点逐渐靠近,最终发生碰撞型湮灭,Ⅳ - b 型湮灭方式类似于方式Ⅳ - a。

对于拓扑类型为 $TC3$ 型的平衡点,从图 8 - 3 中可以看出通常存在三种湮灭方式Ⅴ、Ⅵ和Ⅶ。在方式Ⅴ中,小天体内部 O1 型平衡点和 $-x$ 轴上的 O2 型平衡点在参数变化下逐渐靠近,发生碰撞,最终湮灭, $+x$ 轴 O2 型平衡点和 $+y$ 轴 O1 型平衡点类似地发生碰撞型湮灭。 $-y$ 轴 O5 型平衡点未与其他平衡点发生碰撞。

在方式Ⅵ中,小天体内部 O1 型平衡点和 $-x$ 轴上的 O2 型平衡点在参数变化下逐渐靠近,发生碰撞,最终湮灭, $+x$ 轴 O2 型平衡点和 $-y$ 轴 O5 型平衡点类似地发生碰撞型湮灭。 $+y$ 轴 O1 型平衡点未与其他平衡点发生碰撞。

在方式Ⅶ中, $-x$ 轴上的 O2 型和 $+y$ 轴上的 O1 型平衡点在参数变化下逐渐靠近,发生碰撞,最终湮灭, $+x$ 轴 O2 型平衡点和 $-y$ 轴 O5 型平衡点类似地发生碰撞型湮灭。此时,小天体内部平衡点未与其他平衡点发生碰撞。

8.2.2　拥有 7 个或 9 个平衡点的小天体平衡点的湮灭

小行星 216 Kleopatra 有 7 个相对平衡点,2 个内部平衡点是线性稳定的,其他 5 个平衡点是不稳定的(Jiang et al. ,2014;Wang et al. ,2014;Hirabayashi and Scheeres,2014;Chanut et al. ,2015;Jiang et al. ,2016)。目前,发现的不规则小天体里,只有 216 Kleopatra 有 7 个相对平衡点。对于这类小天体,相对平衡点有几种不同的的拓扑类型,不同类型有不同的湮灭机制。在这里,仅讨论图 8 - 4 所示 216 Kleopatra 类型小天体相对平衡点的湮灭机制,具体来说,内部接近质心的平衡点是 O2 型的, $+x$ 轴和 $-x$ 轴上各分布着 2 个平衡点,分别是 O1 型和 O2

型的。$+y$ 轴和 $-y$ 轴上各分布着一个 O5 型的平衡点。

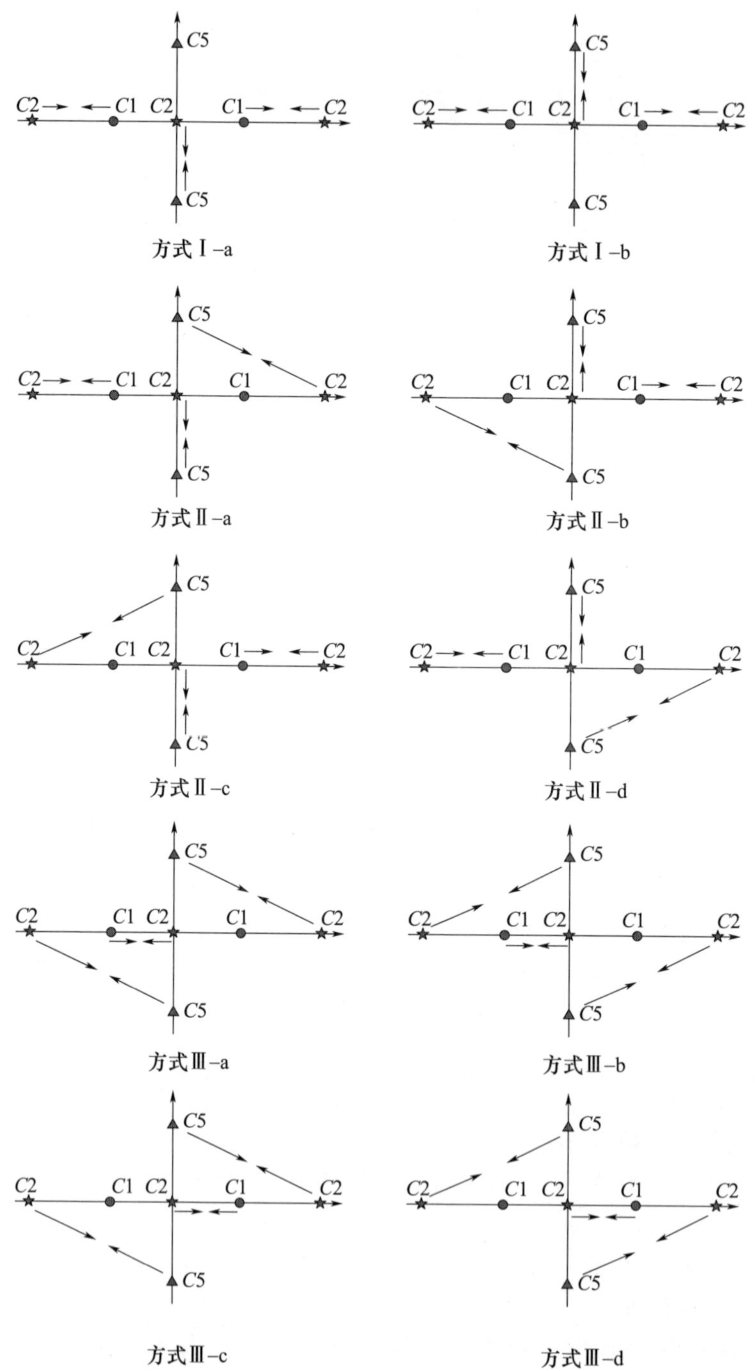

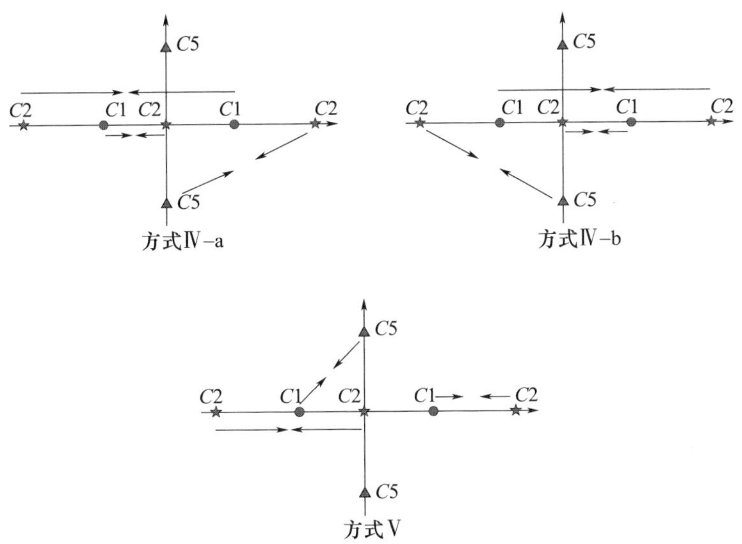

图 8－4　216 Kleopatra 类型小天体 7 个相对平衡点的湮灭机制

图 8－4 揭示了 Kleopatra 型小天体 7 个相对平衡点的 3 种湮灭机制。在方式Ⅰ－a 湮灭过程中，O2 型近质心平衡点和 $-y$ 轴上的 O5 型平衡点发生碰撞型湮灭，$+x$ 轴和 $-x$ 轴上的两个 O1 型、O2 型平衡点发生碰撞型湮灭。$+y$ 轴上的相对平衡点未发生碰撞，其拓扑结构变为 O1 型。方式Ⅰ－b 湮灭机制类似于方式Ⅰ－a，这里略去。对方式Ⅱ－a 湮灭，O2 型近质心平衡点和 $-y$ 轴上的 O5 型平衡点发生碰撞型湮灭，$-x$ 轴上的两个 O1 型、O2 型平衡点发生碰撞型湮灭。$+x$ 轴上的外部 O2 型平衡点和 $+y$ 轴上的 O5 型平衡点发生碰撞型湮灭，$+x$ 轴上的内部平衡点始终未发生碰撞，其拓扑结构保持不变，位置发生变化。方式Ⅱ－b、方式Ⅱ－c、方式Ⅱ－d 湮灭机制类似于方式Ⅱ－a，这里不再赘述。对方式Ⅲ－a 湮灭，O2 型近质心平衡点和 $-x$ 轴上的 O1 型平衡点发生碰撞型湮灭，$-x$ 轴上的 O2 型平衡点和 $-y$ 轴上的 O5 型平衡点发生碰撞型湮灭。$+x$ 轴上的外部 O2 型平衡点和 $+y$ 轴上的 O5 型平衡点发生碰撞型湮灭，$+x$ 轴上的内部平衡点始终未发生碰撞，其拓扑结构保持不变，位置发生变化。方式Ⅲ－b、方式Ⅲ－c、方式Ⅲ－d 湮灭机制类似于方式Ⅲ－a，这里不再赘述。对方式Ⅳ－a 湮灭，O2 型近质心平衡点和 $-x$ 轴上的 O1 型平衡点发生碰撞型湮灭，$-x$ 轴上的 O2 型平衡点和 $+x$ 轴上的 O1 型平衡点发生碰撞型湮灭。$+x$ 轴上的外部 O2 型平衡点和 $-y$ 轴上的 O5 型平衡点发生碰撞型湮灭，$+x$ 轴上的内部平衡点始终未发生碰撞，其拓扑结

构保持不变,位置发生变化。方式Ⅳ-b湮灭机制类似于方式Ⅳ-a,这里不再赘述。

小行星101955 Bennu的引力场中存在9个平衡点,目前是太阳系中发现平衡点数目最多的小行星,内部仅有一个线性稳定的O1型平衡点,其余8个外部平衡点都不稳定,拓扑结构为O2或O5型(Jiang et al.,2014;Wang et al.,2014)。逆时针看,O2和O5型平衡点交错分布。图8-5解释了Bennu型小行星9个相对平衡点的湮灭机制,临近的两个不同拓扑类型的外部平衡点发生碰撞型湮灭,共存在4对碰撞型湮灭,内部平衡点未发生碰撞,拓扑类型保持不变,我们称之为Ⅰ型湮灭。

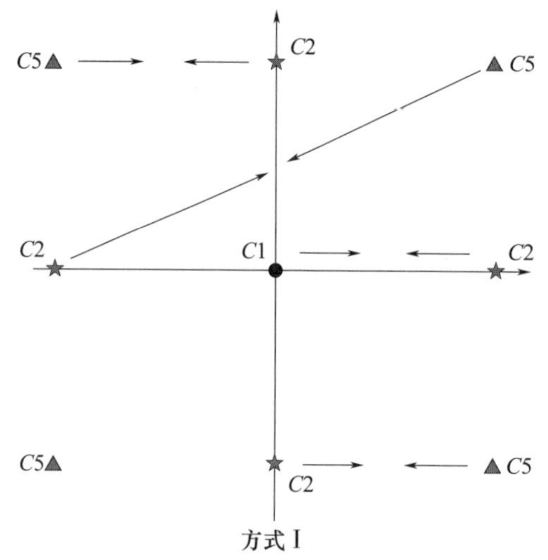

图8-5 Bennu型小天体9个相对平衡点的湮灭机制

8.2.3 拥有5个平衡点的小天体平衡点的化生

有若干双叶状小行星引力场中只有5个平衡点,包括1996HW1、4769 Castalia等。此外,双叶状结构不明显的连接双小行星2063 Bacchus引力场中也只有5个平衡点,在转速增加时,可能会发生平衡点的化生现象,即一个退化平衡点首先产生;然后分离成2个非退化平衡点,导致双叶状小行星拥有7个平衡点。图8-6给出了双叶状小行星在5个平衡点向7个平衡点变化过程中的平衡点化生过程示意图。其中拓扑类型为D1型的退化平衡点产生后,分成2个拓扑类型分别是O1型和O2型的非退化平衡点。图中只给出了退化平衡点在 $-x$ 轴附近产生的示意图,也可能在 $+x$ 轴附近产生。

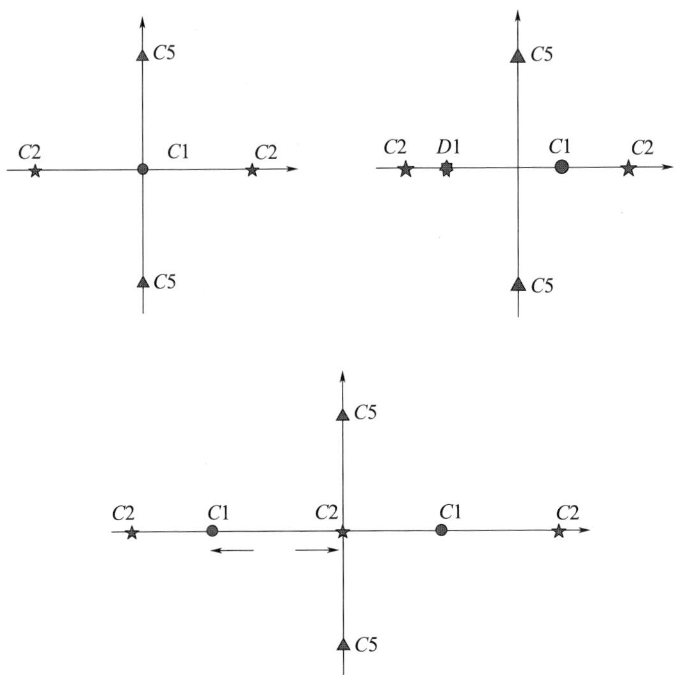

图 8-6　双叶状小行星在 5 个平衡点向 7 个平衡点变化过程中的平衡点化生过程
（圆点、五角星、三角形、七角星分别表示拓扑类型为 O1 型、
O2 型、O5 型、D1 型的平衡点）

8.3　算例

8.3.1　243 Ida

小天体 243 Ida 的湮灭机制是方式Ⅲ-c。图 8-7 揭示了在 243 Ida 转速变化情形下 5 个平衡点的湮灭过程，相对平衡点的位置和分岔类型见表 A-2。第一次湮灭过程，O2 型平衡点 *E*1 与 O1 型平衡点 *E*5 逐渐靠近发生碰撞型湮灭，这里对应着鞍结分岔，*E*2、*E*3、*E*4 拓扑类型未发生变化。在第一次湮灭后，引力场中不存在线性稳定平衡点。第二次湮灭 *E*3 和 *E*4 在小天体表面发生碰撞，这对应着鞍鞍分岔，在湮灭之前，*E*2 的拓扑结构从 O5 型变成 O1 型。在第二次湮灭后，只剩下平衡点 *E*2。

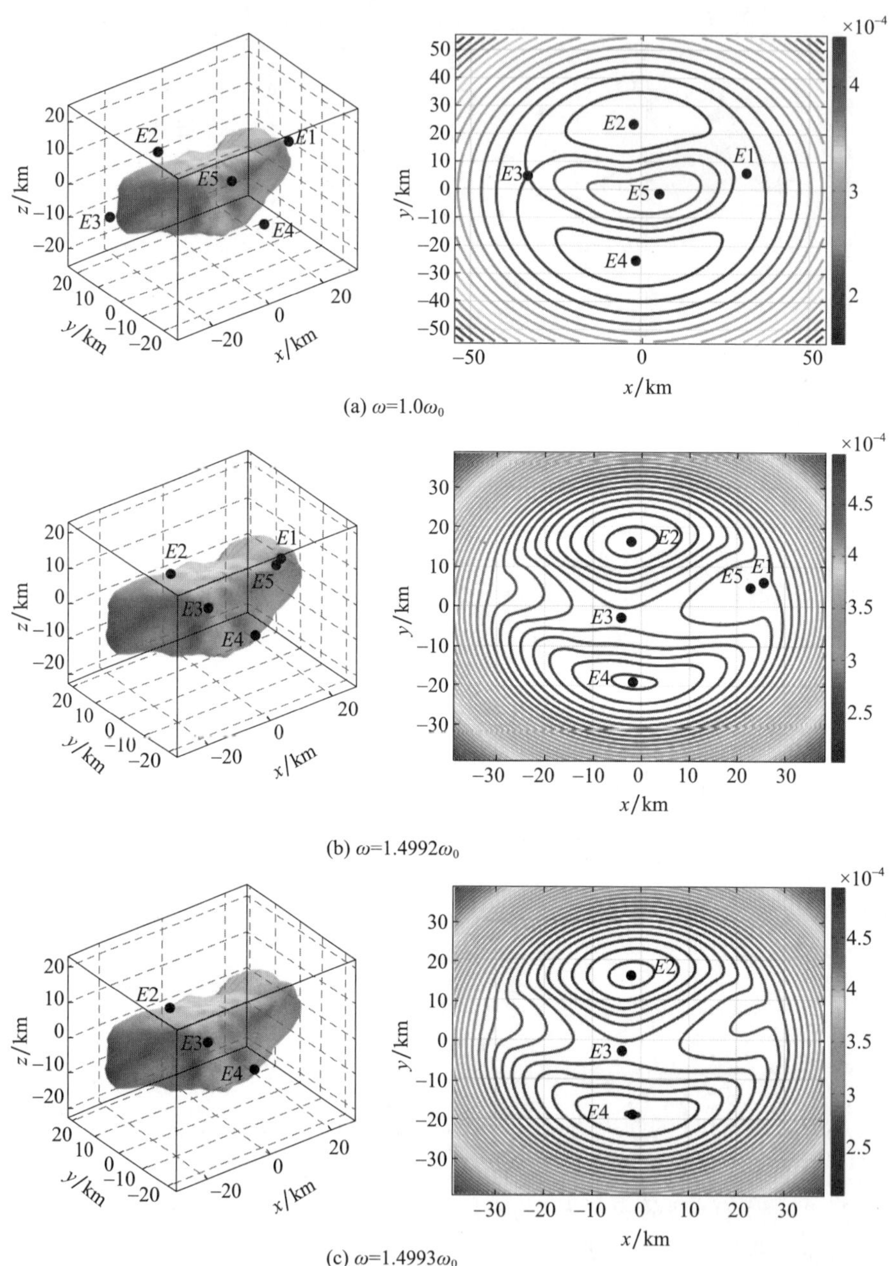

(a) $\omega=1.0\omega_0$

(b) $\omega=1.4992\omega_0$

(c) $\omega=1.4993\omega_0$

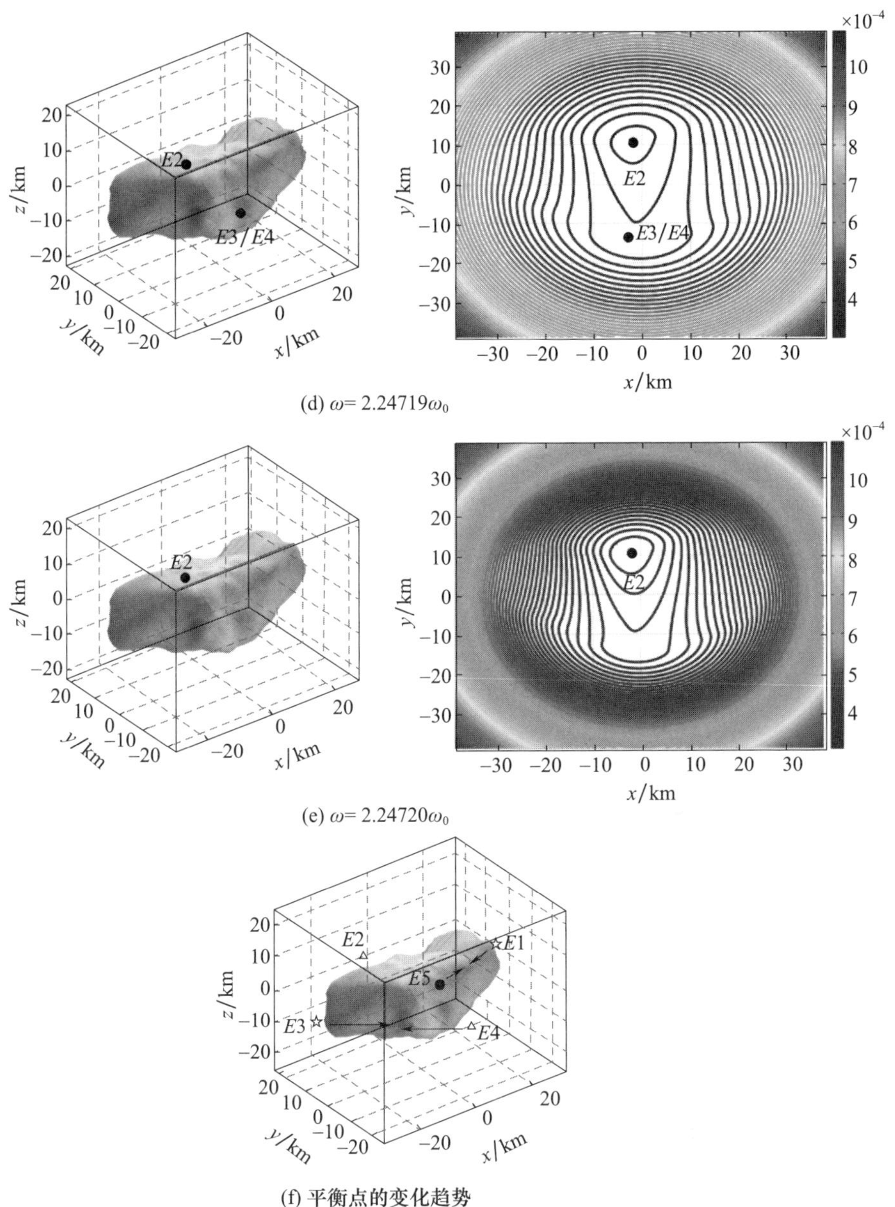

(d) ω= 2.24719ω_0

(e) ω= 2.24720ω_0

(f) 平衡点的变化趋势

图 8 - 7　小天体 243 Ida 在转速变化情形下 5 个相对平衡点的湮灭过程

8.3.2　951 Gaspra

小天体 951 Gaspra 的湮灭机制是方式Ⅲ - b。图 8 - 8 揭示了在 951 Gaspra 转速变化情形下 5 个平衡点的湮灭过程,相对平衡点的位置和分岔类型见表

A2。第一次湮灭过程中，$E1$ 逐渐移向天体的中心，$E3$ 和 $E5$ 在 $-x$ 轴与天体表面交点附近发生碰撞型湮灭，这里对应着鞍结分岔，这之后不存在线性稳定平衡点。在第二次湮灭过程中 $E1$ 和 $E4$ 在 $-y$ 轴与小天体表面交点附近发生碰撞，这里对应着鞍鞍分岔。在此过程中，平衡点 $E2$ 的拓扑结构从 O5 型变为 O1 型。

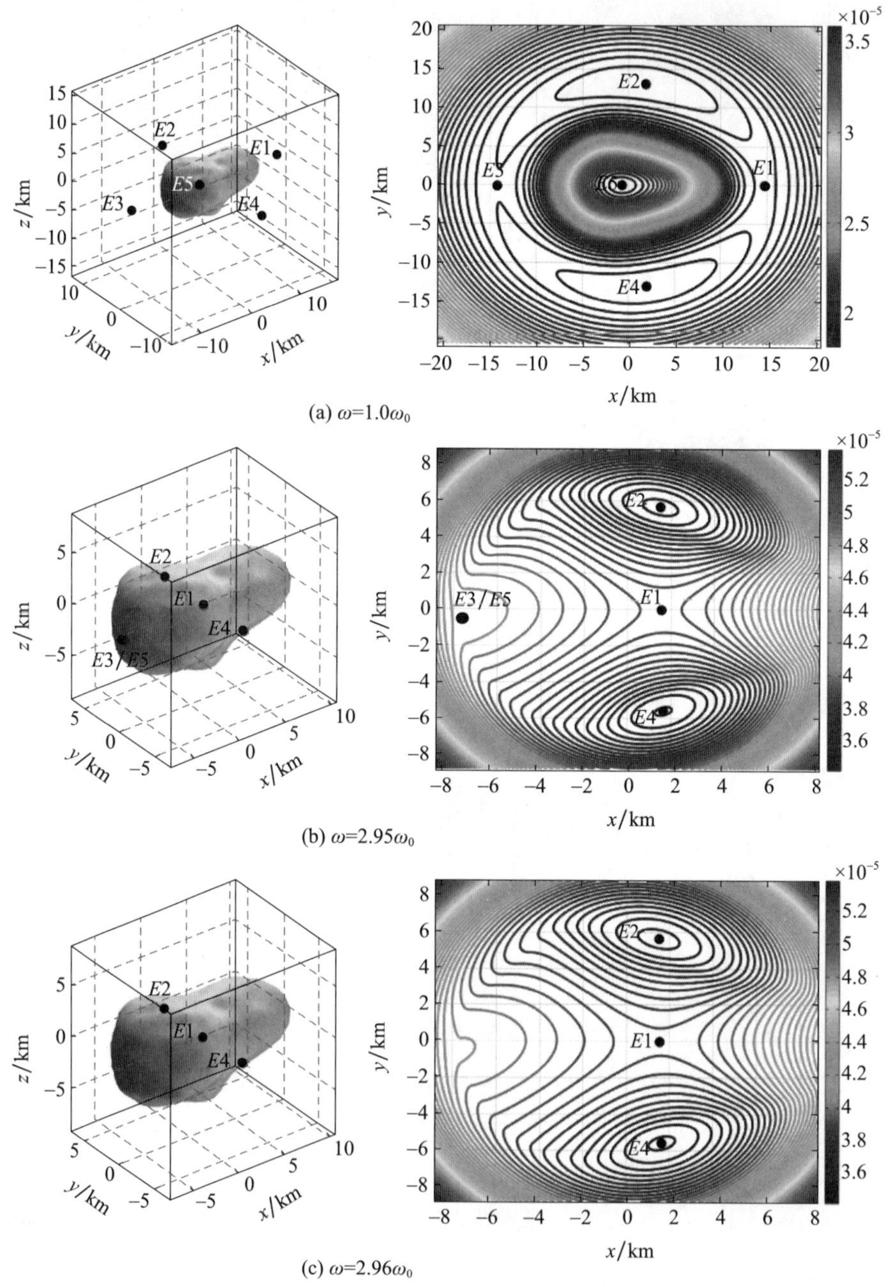

(a) $\omega=1.0\omega_0$

(b) $\omega=2.95\omega_0$

(c) $\omega=2.96\omega_0$

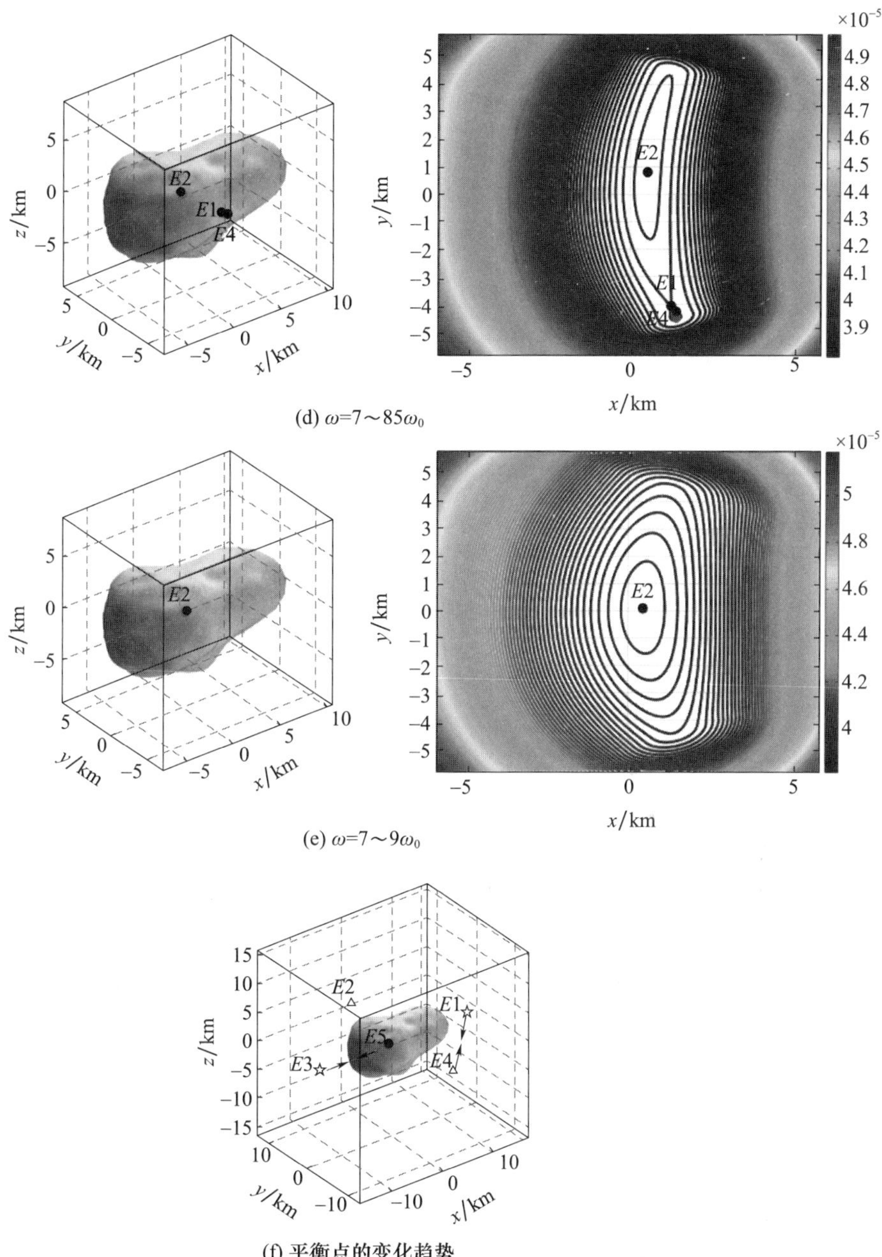

图 8 - 8　小天体 951 Gaspra 在转速变化情形下 5 个相对平衡点的湮灭过程

8.3.3　2867 Steins

小天体 2867 Steins 5 个相对平衡点的湮灭机制是方式Ⅳ。图 8 - 9 揭示了在 2867 Steins 转速变化情形下 5 个平衡点的湮灭过程,相对平衡点的位置和分岔类型见表 A-2。第一次湮灭过程中,$E1$ 和 $E3$ 移向小天体,而 $E5$ 沿 $+x$ 轴方向移动,$E1$ 沿 $-x$ 轴方向移动,在湮灭之前,平衡点的拓扑结构未发生改变,$E1$ 和 $E5$ 在小天体内部发生碰撞,这对应着鞍结分岔,此时 $E2$ 和 $E4$ 位于小天体的表面上。第一次湮灭后,引力场中只存在 $E2$、$E3$、$E4$ 等 3 个相对平衡点,其中 $E3$ 位于小天体内部。在第二次湮灭之前,$E4$ 的拓扑结构从 O5 型变成 O1 型。当转速继续变化至 $\omega=3.26\omega_0$ 时,$E2$ 和 $E3$ 相互接近,发生碰撞,这里仍然对应着鞍结分岔。当 $\omega=3.26\omega_0$ 时,$E4$ 位于小天体表面,当转速继续增加时,$E4$ 位于小天体内部。

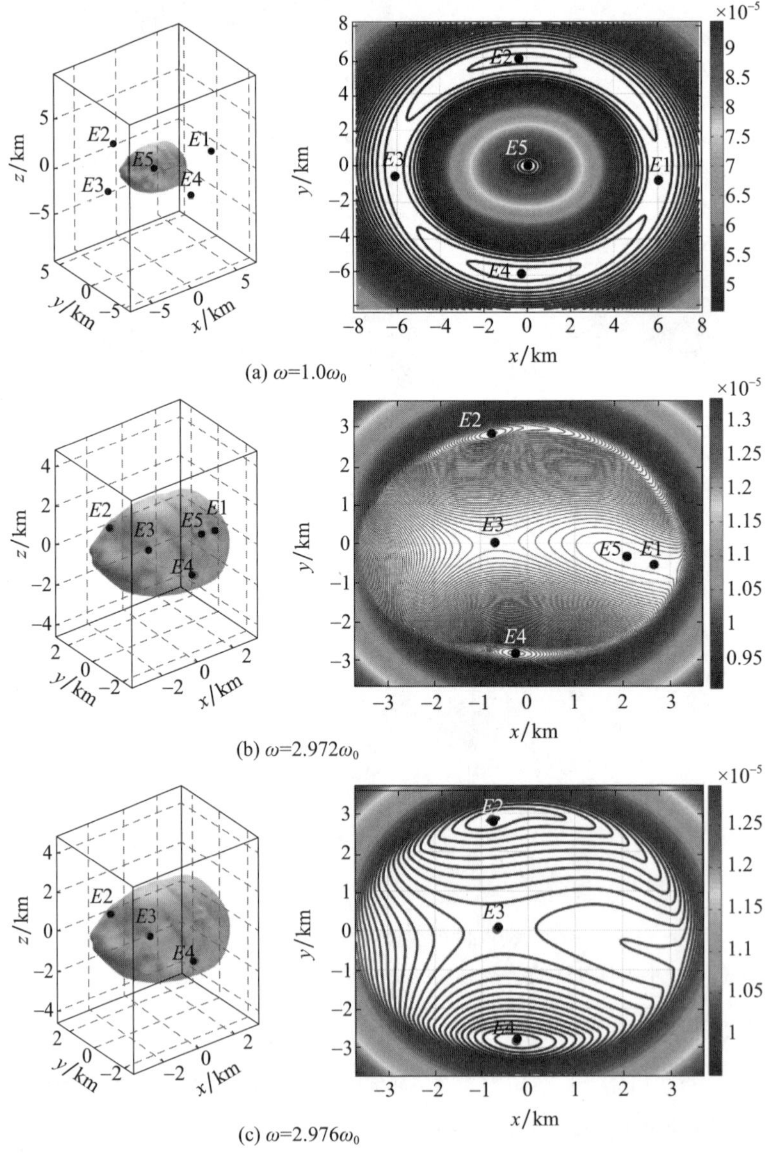

(a) $\omega=1.0\omega_0$

(b) $\omega=2.972\omega_0$

(c) $\omega=2.976\omega_0$

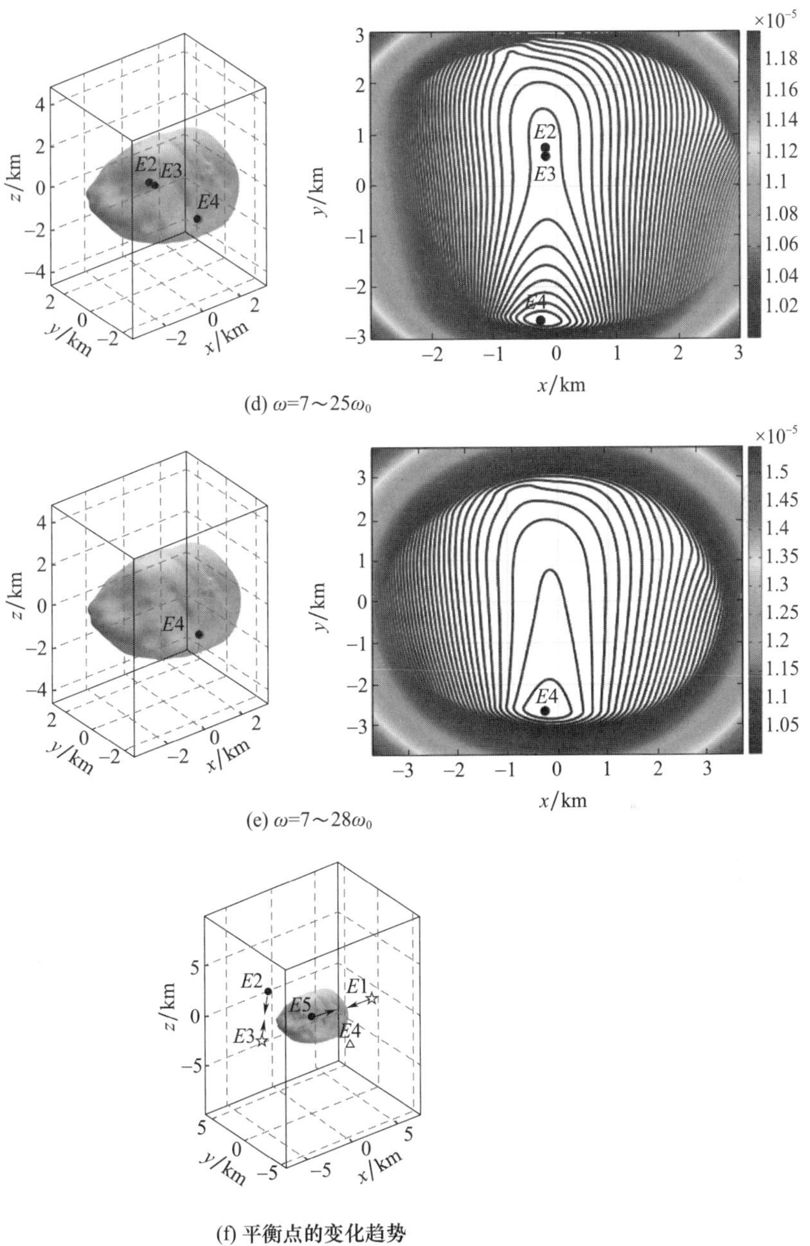

(d) $\omega=7\sim25\omega_0$

(e) $\omega=7\sim28\omega_0$

(f) 平衡点的变化趋势

图 8－9　小天体 2867 Steins 在转速变化情形下 5 个相对平衡点的湮灭过程

8.3.4　216 Kleopatra

小行星 216 Kleopatra 7 个相对平衡点遵循方式 Ⅰ－a 湮灭机制，图 8－10 显示了在转速变化情形下相对平衡点的湮灭过程。在第一次湮灭之前，$E3$ 和 $E6$ 相互靠近，当 $\omega = 1.944586\omega_0$ 时，$E3$ 和 $E6$ 发生碰撞型湮灭，这里对应着鞍结分岔，之后引力场中只存在 5 个相对平衡点，只有 $E5$ 是线性稳定的。当转速继续增加时，$E1$ 和 $E5$ 相互靠近，在小天体表面发生碰撞型湮灭，这也对应着鞍结分岔，之后只剩下 $E2$、$E4$、$E7$ 3 个相对平衡点，只有 $E7$ 位于小天体内部。随着转速的增加，$E4$ 和 $E7$ 相互靠近，$E2$ 的拓扑类型从 O5 型变为 O1 型。当 $\omega = 4.270772\omega_0$ 时，$E4$ 和 $E7$ 在小天体表面发生碰撞型湮灭，$E2$ 运动至小天体内部，这对应着鞍鞍分岔，此后，只剩下平衡点 $E2$。

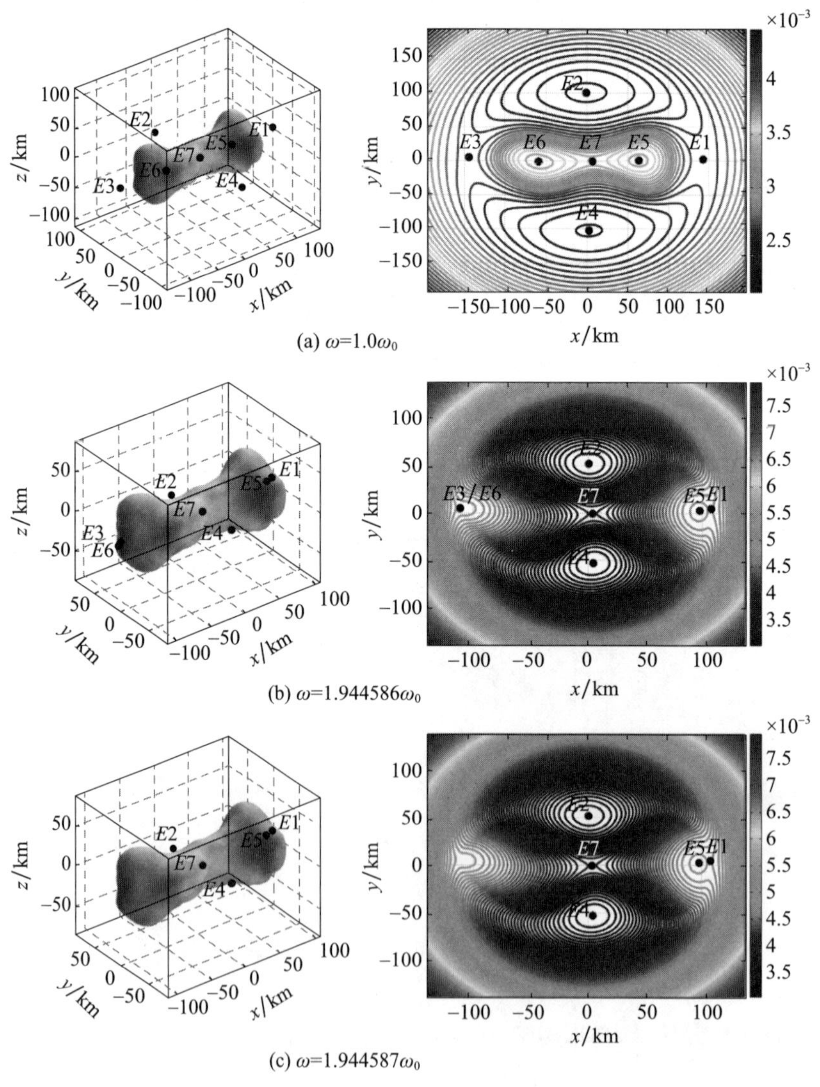

(a) $\omega=1.0\omega_0$

(b) $\omega=1.944586\omega_0$

(c) $\omega=1.944587\omega_0$

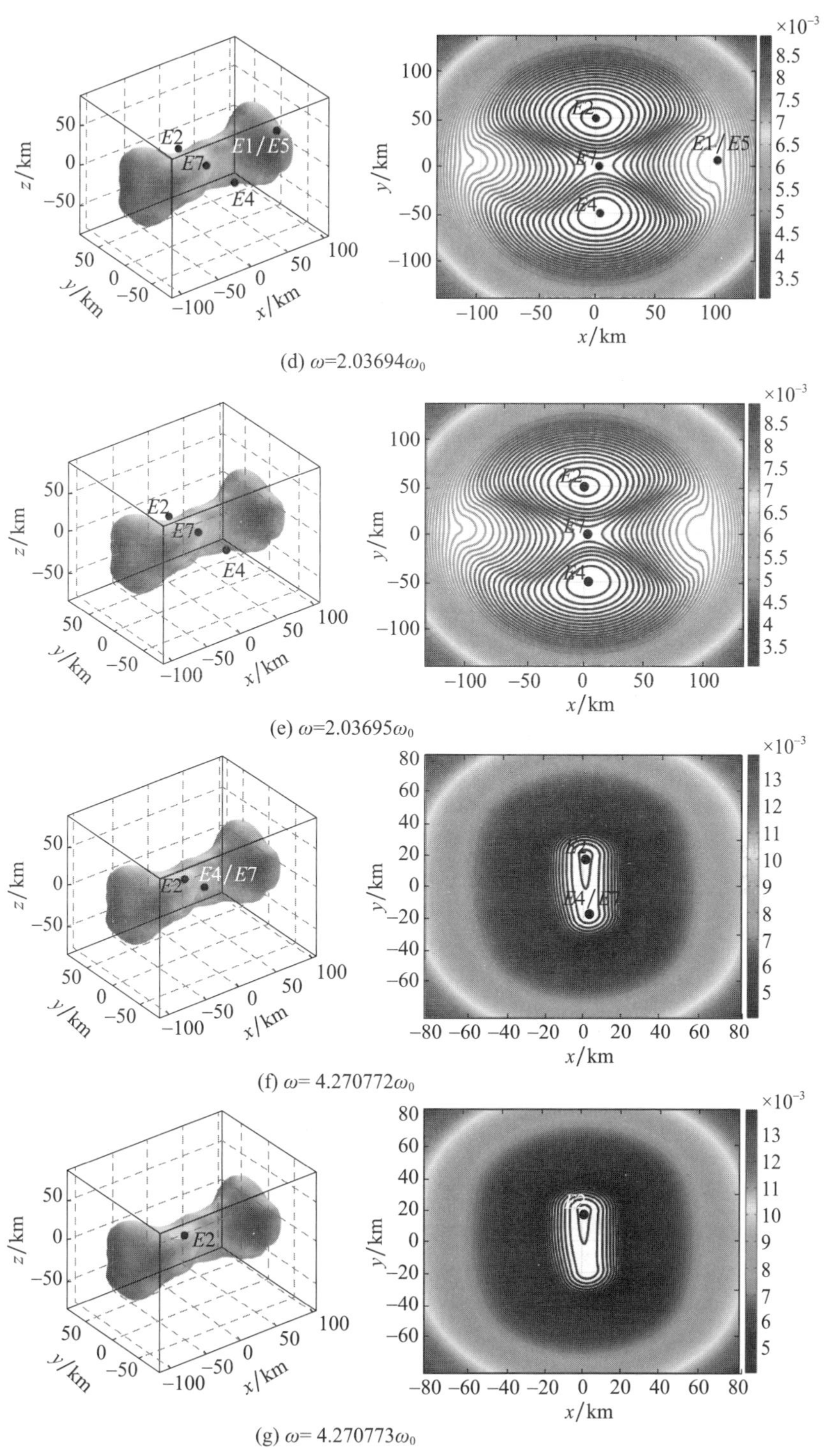

(d) $\omega=2.03694\omega_0$

(e) $\omega=2.03695\omega_0$

(f) $\omega= 4.270772\omega_0$

(g) $\omega= 4.270773\omega_0$

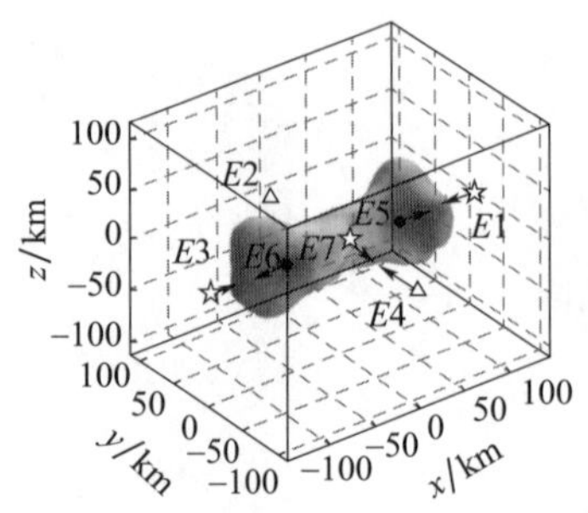

(h) 相对平衡点的湮灭趋势 (Jiang et al.,2015b)

图 8-10 小行星 216 Kleopatra 在转速变化情形下 7 个相对平衡点的湮灭过程

8.3.5 101955 Bennu

从图 8-11 可以看出小行星 101955 Bennu 在转速变化情形下 9 个相对平衡点的湮灭过程。当 $\omega = 1.4124\omega_0$ 时,$E7$ 和 $E8$ 在小天体外部发生碰撞型湮灭,当 $\omega = 1.4178\omega_0$ 时,$E1$ 和 $E9$ 在小天体外部发生碰撞型湮灭,此时只剩下 5 个相对平衡点 $E2 \sim E6$,当转速继续增至 $\omega = 1.4191\omega_0$ 时,$E3$ 和 $E4$ 发生碰撞型湮灭,在第三次湮灭发生之前,平衡点的拓扑结构未发生改变。当 $\omega = 1.4464\omega_0$ 时,$E2$ 和 $E5$ 发生碰撞型湮灭,在第四次湮灭前,平衡点 $E6$ 的拓扑类型从 O5 型变为 O1 型。在上述 4 次碰撞中,只有第二次湮灭对应着鞍结分岔,其余均属于鞍鞍分岔。

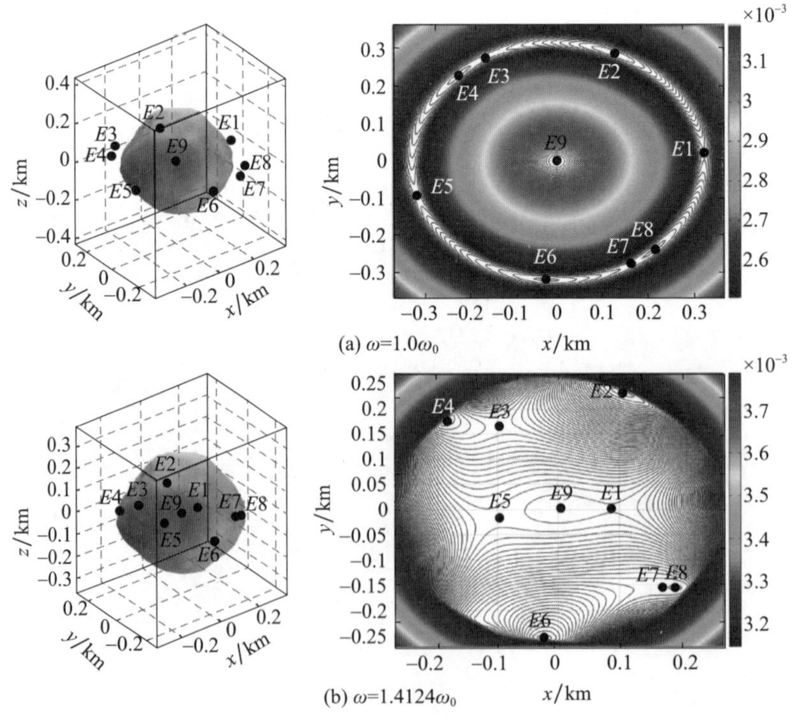

(a) ω=1.0ω_0

(b) ω=1.4124ω_0

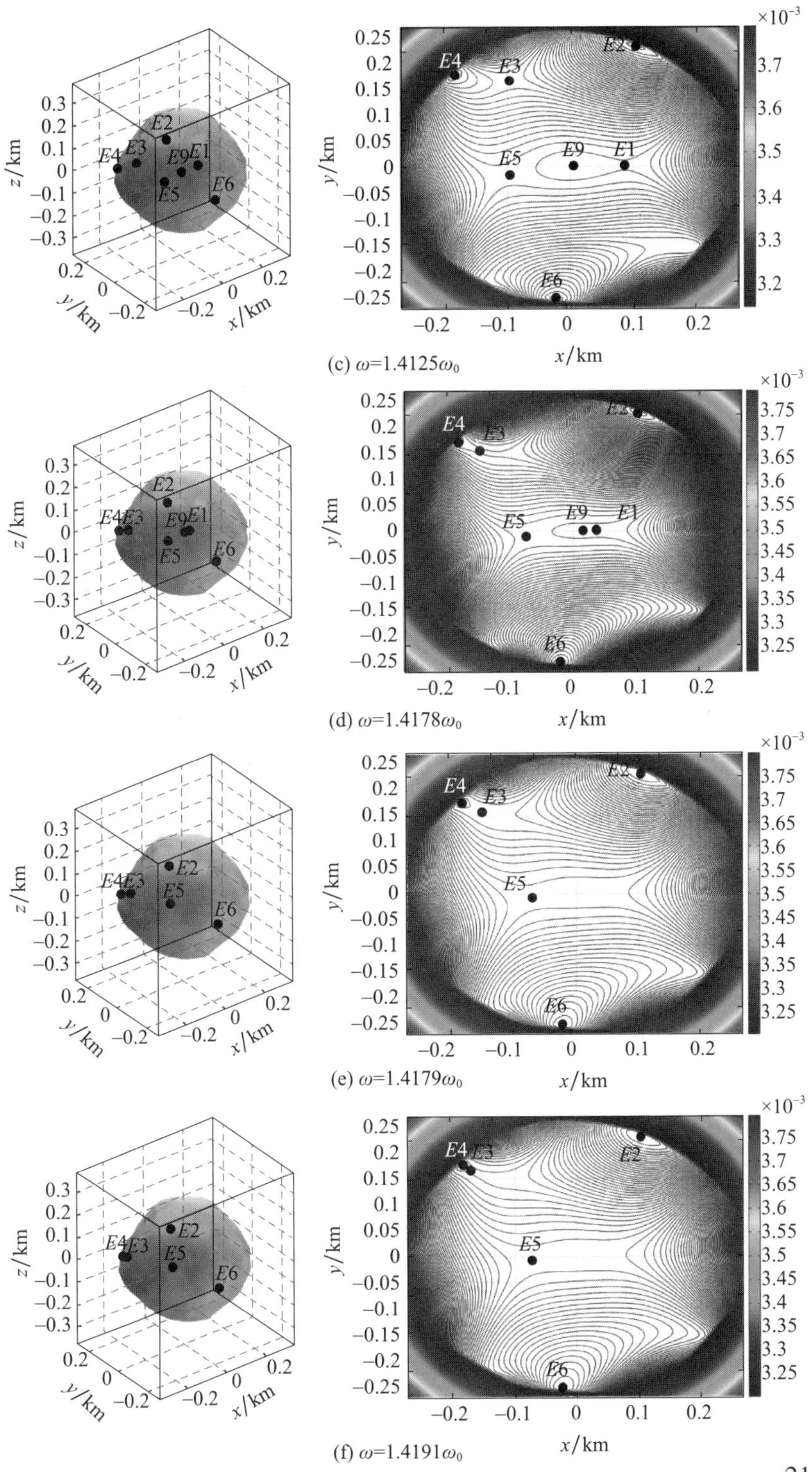

(c) $\omega=1.4125\omega_0$

(d) $\omega=1.4178\omega_0$

(e) $\omega=1.4179\omega_0$

(f) $\omega=1.4191\omega_0$

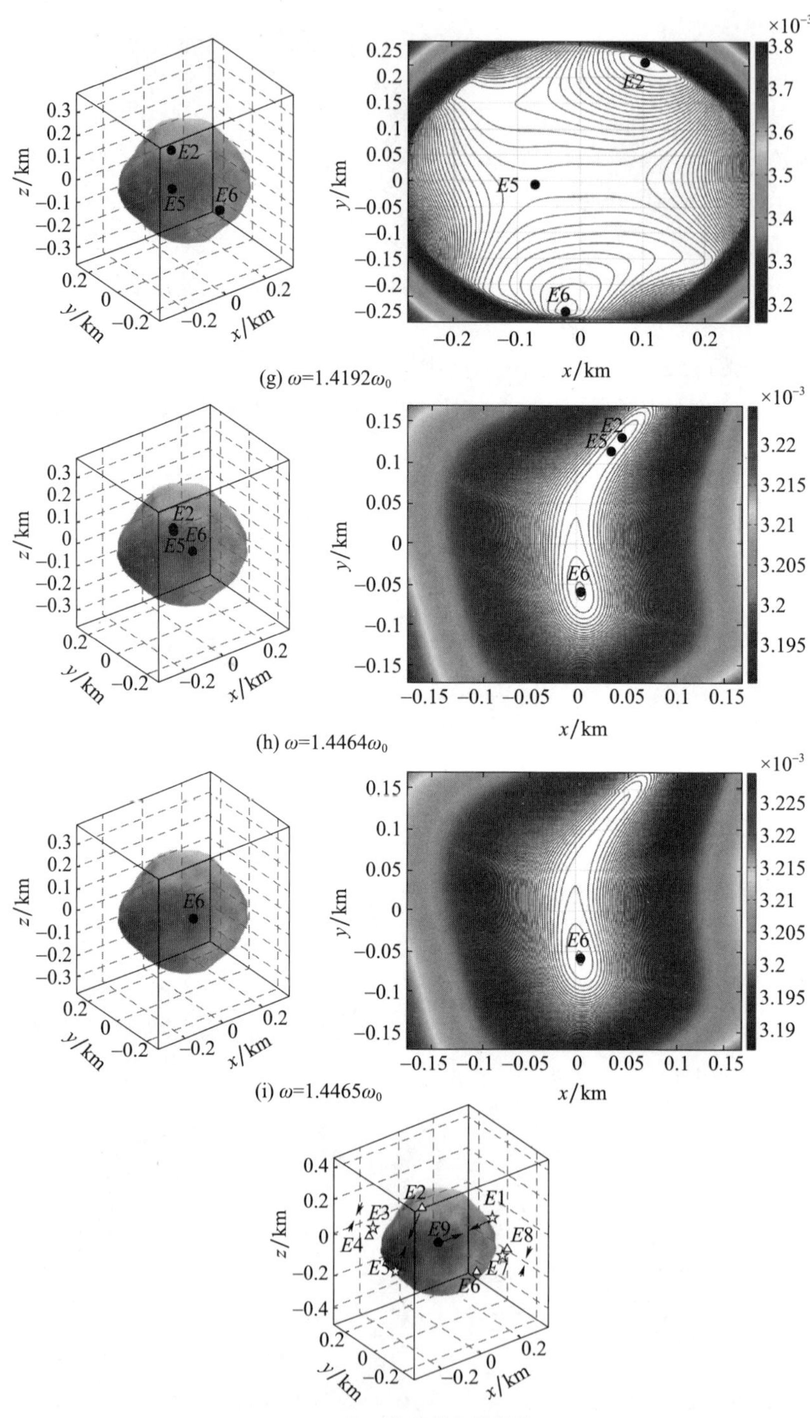

图 8－11　小行星 101955 Bennu 在转速变化情形下 9 个相对平衡点的湮灭过程

8.3.6　1996 HW1

图 8－12 给出了小行星 1996 HW1 自旋速度 ω 从 $1.0\omega_0$ 增大到 $6.0\omega_0$ 的过程中，有效势结构、平衡点的个数及其在赤道面投影的位置变化情况。当自旋速率增大时，$\omega = 1.503759398\omega_0$、$\omega = 3.17460317\omega_0$、$\omega = 3.3523838\omega_0$ 和 $\omega = 5.555\omega_0$ 是分岔点。其中 $\omega = 1.503759398\omega_0$ 对应平衡点的化生，而 $\omega = 3.17460317\omega_0$、$\omega = 3.3523838\omega_0$ 和 $\omega = 5.555\omega_0$ 对应平衡点的湮灭。

初始转速情况下，$\omega = 1.0\omega_0$，此时小行星 1996 HW1 引力场中共有 5 个平衡点，分别记为 $E1$、$E2$、$E3$、$E4$ 和 $E5$。其中 $E1$、$E2$、$E3$ 和 $E4$ 在小行星体外，$E5$ 在小行星体内，它们的拓扑类型分别为 O2 型、O5 型、O2 型、O5 型和 O1 型，体内平衡点 $E5$ 是稳定的，其余平衡点都不稳定。当转速从 $\omega = 1.0\omega_0$ 逐渐向 $\omega = 1.503759398\omega_0$ 增大时，各平衡点的位置发生变化，体外的 4 个平衡点逐渐向星体方向移动，体内的平衡点 $E5$ 向 $+x$ 轴方向移动，$E5$ 移动的方向和 $+x$ 轴方向并未完全重合。当 $\omega = 1.503759398\omega_0$ 时，一个拓扑类型为 D1 型的退化平衡点产生于同 $-x$ 轴关联的位置，当转速继续增大，该退化平衡点分离为 2 个非退化平衡点，其拓扑类型分别为 O1 型和 O2 型，平衡点记为 $E6$ 和 $E7$。此时的平衡点化生过程对应的分岔为鞍结分岔，化生过程对应的平衡点变化示意如图 8－3 所示，分岔前后平衡点的个数从 5 个变为 6 个再变为 7 个。具体的小行星 1996 HW1 在上述自旋速率参数情况下平衡点的化生参见图 8－4(a)(b)和(c)所示。从 $\omega > 1.503759398\omega_0$ 开始，小行星 1996 HW1 引力场中有 7 个平衡点；该小行星引力场中有 7 个平衡点一直持续到 $\omega = 3.17460317\omega_0$ 为止，也就是说，当 $1.503759398\omega_0 < \omega < 3.17460317\omega_0$ 时，该小行星引力场中有 7 个平衡点。

自旋速率继续增大，直到 $\omega = 3.17460317\omega_0$ 时，平衡点 $E3$ 和 $E6$ 发生碰撞变为一个拓扑类型为 D1 型的退化平衡点 $E3/E6$，碰撞前平衡点 $E3$ 和 $E6$ 的拓扑类型分别为 O2 型和 O1 型。自旋速率继续增大，当 $\omega > 3.17460317\omega_0$ 时，退化平衡点 $E3/E6$ 湮灭。此时的平衡点碰撞湮灭过程对应的分岔为鞍结分岔。分岔前后平衡点的个数从 7 个变为 6 个再变为 5。

自旋速率在 $\omega > 3.17460317\omega_0$ 后继续增大，平衡点 $E1$ 和 $E5$ 相互接近，当 $\omega = 3.3523838\omega_0$ 时，平衡点 $E1$ 和 $E5$ 碰撞变为一个退化平衡点 $E1/E5$，转速继续增大，当 $\omega > 3.3523838\omega_0$ 时，退化平衡点 $E1/E5$ 发生湮灭。碰撞前，平衡点 $E1$ 和 $E5$ 的拓扑类型分别为 O2 型和 O1 型，碰撞后退化平衡点 $E1/E5$ 的拓扑类型为 D1 型。碰撞湮灭过程对应的分岔仍然是鞍结分岔。分岔前后平衡点的个数从 5 个变为 4 个再变为 3 个。

自旋速率在 $\omega > 3.3523838\omega_0$ 后继续增大时，此时平衡点 $E4$ 和 $E7$ 相互接近，平衡点 $E2$ 向小行星表面移动，当 $\omega = 5.555\omega_0$ 时，平衡点 $E4$ 和 $E7$ 碰撞变为

一个退化平衡点 $E4/E7$；当 $\omega=5.555\omega_0$ 时，退化平衡点 $E4/E7$ 发生湮灭。碰撞前，平衡点 $E4$ 和 $E7$ 的拓扑类型分别为 O5 型和 O2 型，碰撞后退化平衡点 $E4/E7$ 的拓扑类型为 D5 型。碰撞湮灭过程对应的分岔是鞍鞍分岔。分岔前后平衡点的个数从 3 个变为 2 个再变为 1 个。最后剩下的 1 个平衡点是平衡点 $E2$。

在自旋速率变化的过程中，非退化平衡点的个数从 5 个变为 7 个，再依次变为 5 个、3 个、1 个，也就是说，非退化平衡点的个数始终是奇数。

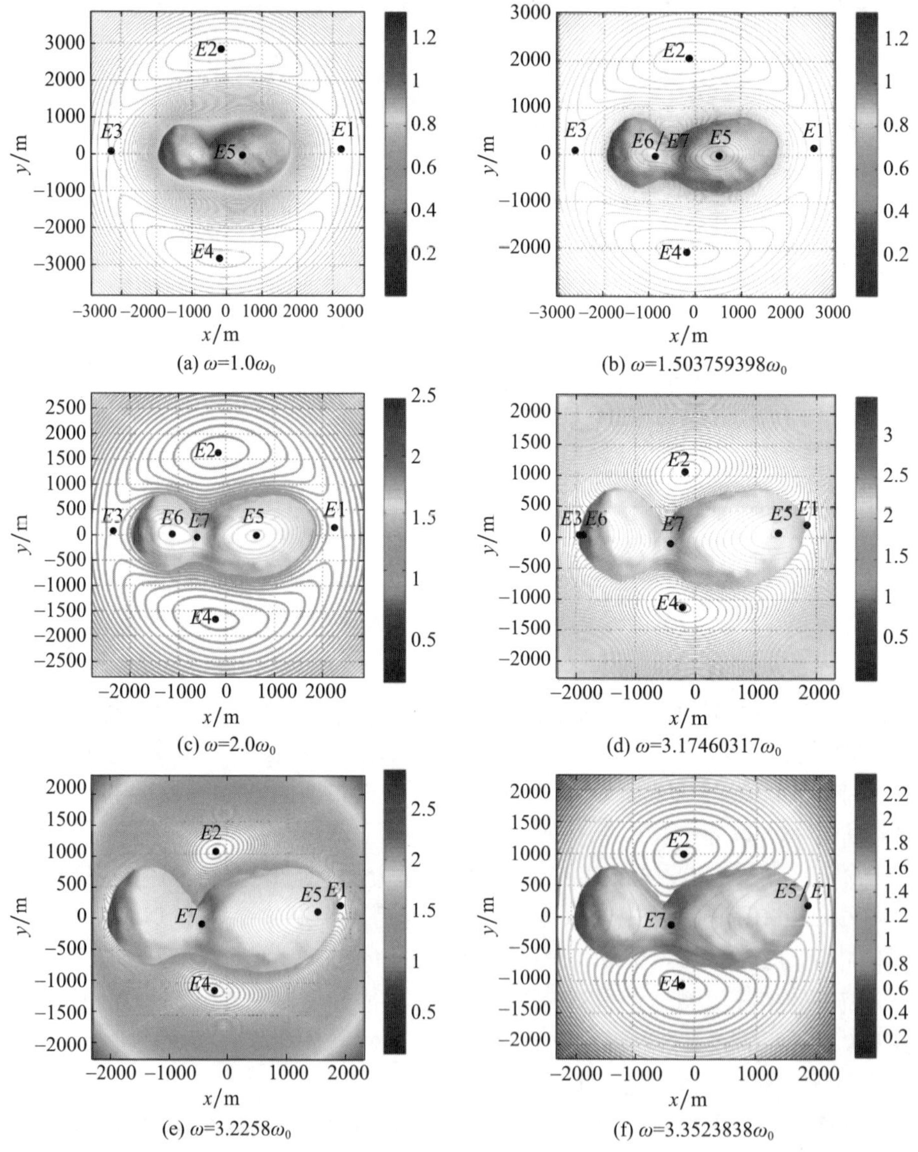

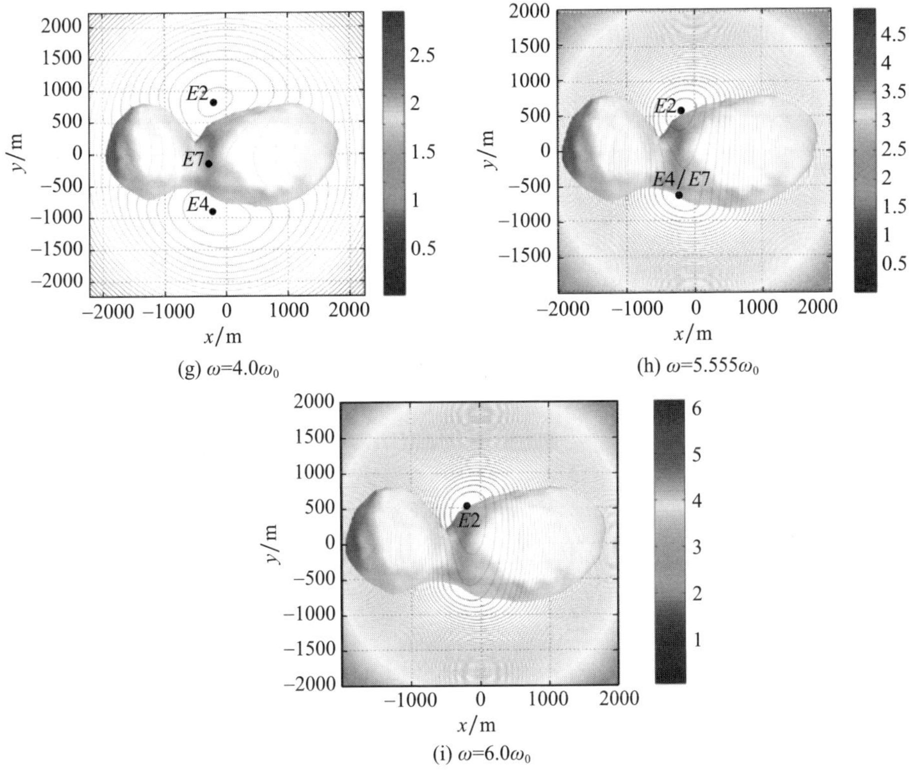

图 8－12　小行星 1996 HW1 自旋速度 ω 从 $1.0\omega_0$ 增大到 $6.0\omega_0$ 的过程中，有效势结构、平衡点的个数及其在赤道面投影的位置变化情况

8.4　小结

本章研究了小天体 216 Kleopatra 主星、43 Ida、951 Gaspra、2867 Stein、101955 Bennu，以及双叶状小行星 1996 HW1 在自旋速率变化下平衡点的化生与湮灭过程，分析了小天体平衡点的化生与湮灭具体机制。给出了参数变化下，双叶状小行星在拥有 7 个平衡点的湮灭过程的类别，以及 5 个平衡点时的新平衡点的化生过程。在参数变化下，双叶状小行星平衡点发生化生与湮灭的过程中，对应不同种类的分岔。对于双叶状小行星 1996 HW1 来说，令其自旋速率逐渐增大，则其非退化平衡点的个数变化过程为 5→7→5→3→1，非退化平衡点的个数始终是奇数。首先是平衡点的化生过程，然后是 3 次平衡点的湮灭过程。双叶状小行星 1996 HW1 平衡点的化生过程对应的分岔为鞍结分岔，平衡点的湮灭过程对应的分岔依次为鞍结分岔、鞍结分岔、鞍鞍分岔。

参考文献

[1] BENNER L A M,HUDSON R S,OSTRO S J,et al. Radar observations of asteroid 2063 Bacchus [J]. Icarus,1999,139(2):309 – 327.

[2] CARRY B. Density of asteroids[J]. Planetary and Space Science,2012,73(1):98 – 118.

[3] CHANUT T G G,WINTER O C,TSUCHIDA M. 3D stability orbits close to 433 Eros using an effective polyhedral model method[J]. Mon. Not. R. Astron. Soc,2014,438(3):2672 – 2682.

[4] CHANUT T G G,WINTER O C,AMARANTE A,ARAÚJO N C S. 3D plausible orbital stability close to asteroid(216) Kleopatra[J]. Mon. Not. R. Astron. Soc,2019,452(2):1316 – 1327.

[5] CHESLEY S R,OSTRO S J,VOKROUHLICKY D,et al. Direct detection of the Yarkovsky effect by radar ranging to asteroid 6489 Golevka[J]. Science,2007,302(5651):1739 – 1742.

[6] COTTO – FIGUEROA D,STATLER T S,RICHARDSON D C,et al. Coupled spin and shape evolution of small rubble – pile asteroids:self – limitation of the YORP effect[J]. Astrophysical Journal,2014,803(1):29.

[7] GUIRAO J L G,RUBIO R G,VERA J A. Nonlinear stability of the equilibria in a double – bar rotating system[J]. Journal of Computational & Applied Mathematics,2011,235(7):1819 – 1829.

[8] HIRABAYASHI M,SÁNCHEZ D P,SCHEERES D J. Failure modes and conditions of a cohesive,spherical body due to YORP spin – up. arXiv,2019. 1508. 06917.

[9] HIRABAYASHI M,SCHEERES D J. Analysis of asteroid(216) Kleopatra using dynamical and structural constraints[J]. Astrophysical Journal,2014,780(2):386 – 406.

[10] HOLSAPPLE K A. Equilibrium figures of spinning bodies with self – gravity[J]. Icarus,2004,172:272 – 307.

[11] HUDSON R S,OSTRO S J,JURGENS R F,et al. Radar observations and physical model of asteroid 6489 Golevka[J]. Icarus,2000,148(1):37 – 51.

[12] JIANG Y,BAOYIN H. Orbital mechanics near a rotating asteroid[J]. J. Astrophys. Astron,2014,35(1):17 – 38.

[13] JIANG Y,BAOYIN H,LI J,et al. Orbits and manifolds near the equilibrium points around a rotating asteroid. Astrophys[J]. Space Sci,2014,349(1):83 – 106.

[14] JIANG Y. Equilibrium points and periodic orbits in the vicinity of asteroids with an application to 216 Kleopatra[J]. Earth,Moon,and Planets,2019,115(1 – 4):31 – 44.

[15] JIANG Y,YU Y,BAOYIN H. Topological classifications of periodic orbits in the potential field of highly irregular – shaped celestial bodies[J]. Nonlinear Dynam,2015a,81(1 – 2):119 – 140.

[16] KAASALAINEN M,TORPPA J,MUINONEN K. Optimization methods for asteroid lightcurve inversion:II. The complete inverse problem[J]. Icarus,2001,153(1):37 – 51.

[17] KELLER H U,BARBIERI C,KOSCHNY D,et al. E – type Asteroid(2867) Steins as imaged by OSIRIS on board Rosetta[J]. Science,2010,327(5962):190 – 197.

[18] KRASINSKY G A,PITJEVA E V,VASILYEV M V,et al. Hidden Mass in the Asteroid Belt [J]. Icarus,2002,158(1):98 – 109.

[19] LOWRY S C,WEISSMAN P R,DUDDY S R,et al. The internal structure of asteroid(25143) Itokawa as revealed by detection of YORP spin – up[J]. Astronomy & Astrophysics,2014,562 (2):118 – 130.

[20] MICHELI M,PAOLICCHI P. YORP effect on real objects[J]. I. statistical properties. Astronomy & Astrophysics,2008,490(1):387 – 391.

[21] NOLAN M C,MAGRI C,OSTRO S J,et al. The Shape and Spin of 101955(1999 RQ36)from Arecibo and Goldstone Radar Imaging[J]. Bulletin of the American Astronomical Society, 2007,39:437 – 449.

[22] OSTRO S J,HUDSON R S,NOLAN M C,et al. Radar observations of asteroid 216 Kleopatra [J]. Science,2000,288(5467):836 – 839.

[23] OSTRO S J,JURGENS R F,ROSEMA K D,et al. Radar observations of asteroid 1620 Geographos[J]. Icarus,1996,121(1):46 – 66.

[24] PEALE S J,LISSAUER J J. Rotation of Halley's comet[J]. Icarus,1989,79(2):396 – 430.

[25] RIAGUAS A,ELIPE A,LÓPEZ – MORATALLA T. Non – linear stability of the equilibria in the gravity field of a finite straight segment[J]. Celest. Mech. Dynam. Astron,2001,81(3): 235 – 248.

[26] RICHARDSON D C, ELANKUMARAN P, SANDERSON R E. Numerical experiments with rubble piles:equilibrium shapes and spins[J]. Icarus,2009,173(2):349 – 361.

[27] SAGDEEV R Z,ELYASBERG P E,MOROZ V I. Is the nucleus of comet Halley a low density body[J]. Nature,1988,331(6153):240 – 242.

[28] SCHEERES D J. The dynamical evolution of uniformly rotating asteroids subject to YORP [J]. Icarus,2007,188(2):430 – 450.

[29] SCHEERES D J. Orbital mechanics about small bodies[J]. Acta Astronaut,2012,7:21 – 14.

[30] STOOKE P J. The surface of asteroid 951 Gaspra[J]. Earth Moon & Planets,1999,75(1): 53 – 79.

[31] TAYLOR P A,JEAN – LUC M,DAVID V,et al. Spin rate of asteroid(54509)2000 PH5 increasing due to the YORP effect[J]. Science,2007,316(5822):275 – 277.

[32] THOMAS P C. Sizes,shapes,and derived properties of the Saturnian satellites after the Cassini nominal mission[J]. Icarus,2010,208(1):395 – 401.

[33] WALSH K J,RICHARDSON D C,MICHEL P. Spin – up of rubble – pile asteroids:disruption, satellite formation,and equilibrium shapes[J]. Icarus,2012,220(2):515 – 529.

[34] WANG X,JIANG Y,GONG S. Analysis of the potential field and equilibrium points of irregular – shaped minor celestial bodies[J]. Astrophys. Space Sci,2014,353(1):105 – 121.

[35] WERNER R. The gravitational potential of a homogeneous polyhedron or don't cut corners [J]. Celest. Mech. Dyn. Astron,1994,59(3):253 – 278.

[36] WERNER R,SCHEERES D J. Exterior gravitation of a polyhedron derived and compared with harmonic and mascon gravitation representations of asteroid 4769 Castalia [J]. Celest. Mech. Dyn. Astron,1996,65(3):313 – 344.

第 9 章 质量瘤对小天体引力场中平衡点的影响

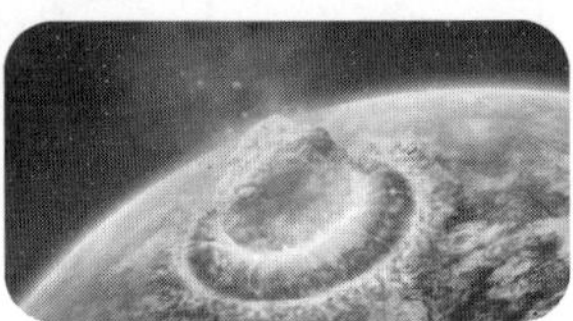

9.1 引言

有的小天体内部可能存在质量瘤。质量瘤的大小和形状会影响小天体的引力场,使小天体的引力势、引力发生变化。Chanut 等(2015)研究了小行星 216 Kleopatra、433 Eros、4179 Toutatis 和(4769)Castalia 在存在质量瘤时的引力势,发现质量瘤存在情况下,引力势发生变化,且这种变化与质量瘤的形状有关。Aljbaae 等(2017)根据不同的质量瘤模型计算了小行星 21 Lutetia 的平衡点位置和特征值,指出不同质量瘤模型对应的平衡点位置和特征值不同。然而,质量瘤的存在与否及质量瘤的不同会对平衡点的稳定性、拓扑类型产生影响,由于可能涉及大尺度比双小行星系统的稳定性、小行星尘埃与颗粒物质的运动特征,因此这是一个需要解决的问题。

本章主要关注质量瘤的存在与否、质量瘤的形状、多层质量瘤等特征对小天体引力场中平衡点的稳定性和拓扑类型的影响。选取小行星 2867 Steins 作为研究对象(Keller et al. ,2010),该小行星外形不规则,自旋周期为 6. 05h,具有较为精确的外形模型数据,一端较宽,而另一端较尖。图 9 - 1 给出了不考虑质量瘤时小行星 2867 Steins 的有效势在赤道面的等高线图与平衡点在赤道面的投影。

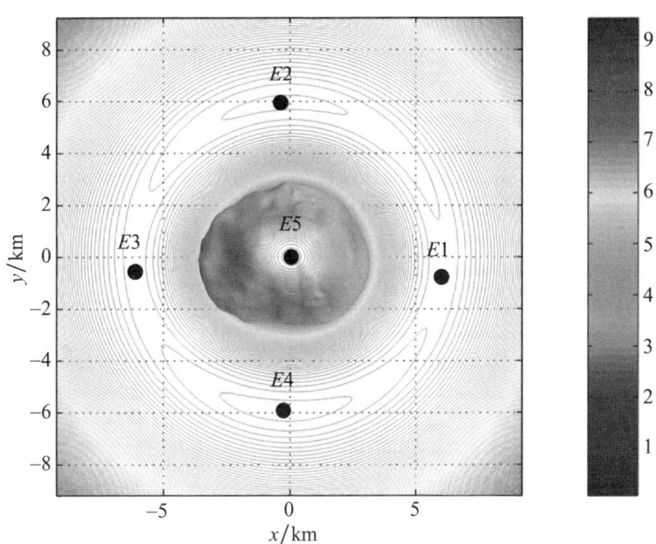

图 9-1　(见彩图)小行星 2867 Steins 的有效势在赤道面的等高线图与平衡点在赤道面的投影

9.2　小天体质量瘤模型的构建

小天体的质量瘤模型仍然采用多面体模型来构建,对于球形的质量瘤,则直接生成球体形状;对于同小天体外形相似的质量瘤,则通过将小天体多面体模型缩小来建立质量瘤的模型。对于单层质量瘤,认为质量瘤内部密度均匀分布。对于多层质量瘤,假设依次嵌套,每层的密度相等。质量瘤的质心仍在原小天体质心处。图 9-2 给出了小行星 2867 Steins 具有相似外形的质量瘤模型的示意图,其中质量瘤大小为小行星的 0.3 倍,与小行星外形相似,质量瘤质心在原小行星质心处,质量瘤的密度为其余部分密度的 2.0 倍。图 9-3 给出了上述小行

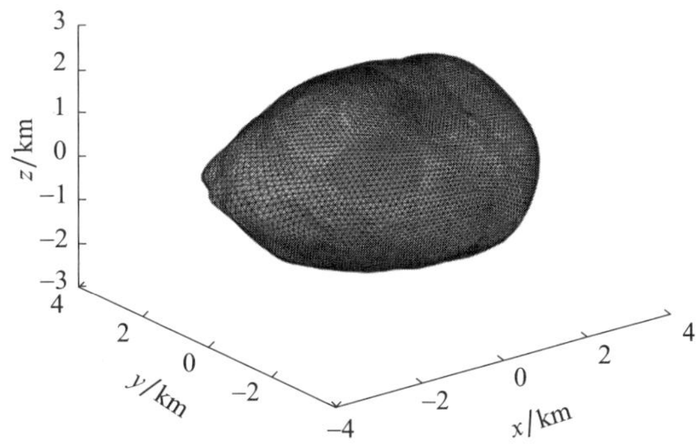

图 9-2　(见彩图)小行星 2867 Steins 具有相似外形的质量瘤模型示意图

星 2867 Steins 单层相似质量瘤模型的各向视图,该图中对小行星 2867 Steins 外部形状做了半透明处理,以便更好地观察内部质量瘤。

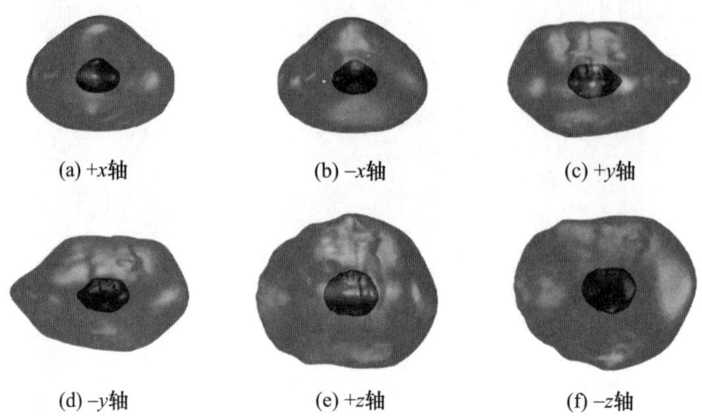

图 9 - 3　小行星 2867 Steins 单层相似质量瘤模型的各向视图

9.3　单层质量瘤对平衡点的影响

本节研究小行星具有单层质量瘤情况下,有效势的分布以及平衡点的位置、稳定性、拓扑类型的变化。本节分两种情况进行研究,即单层相似质量瘤和单层球形质量瘤。

9.3.1　单层相似质量瘤

考虑单层相似质量瘤情形,其中质量瘤与小行星外形相似,大小为小行星的 0.3 倍,质量瘤质心在原小行星质心处,质量瘤的密度为其余部分密度的 2.0 倍。图 9 - 4 给出了小行星 2867 Steins 在该情形下,有效势在赤道面的等高线图与平衡点在赤道面的投影。表 9 - 1 给出了小行星 2867 Steins 主惯量坐标系中表示的平衡点的位置坐标。对应的平衡点的拓扑类型、稳定性、平衡点有效势的 Hessian 矩阵的正定与否及惯性指数见表 9 - 2。同无质量瘤的情形相比,体外平衡点 $E4$ 的拓扑类型和稳定性发生了变化。对于无质量瘤的情形,体外平衡点 $E4$ 的拓扑类型为 5 型,且不稳定。但若小行星具有单层相似质量瘤,则体外平衡点 $E4$ 的拓扑类型变为 1 型,稳定性也发生了变化,从不稳定变为线性稳定。无质量瘤的情形,体外平衡点 $E4$ 处的有效势的 Hessian 矩阵非正定,正/负惯性指数为 1/2;对于小行星存在单层相似质量瘤的情形,体外平衡点 $E4$ 处的有效势的 Hessian 矩阵也是非正定,正/负惯性指数仍然为 1/2,均未发生变化。其余

平衡点 $E1$、$E2$、$E3$ 和 $E5$ 的稳定性、拓扑类型、平衡点处有效势的 Hessian 矩阵的正定与否及正/负惯性指数与无质量瘤情形完全相同。同无质量瘤情形相比，含单层相似质量瘤的小行星体外平衡点距离质心更远，而体内平衡点的距离质心更近。

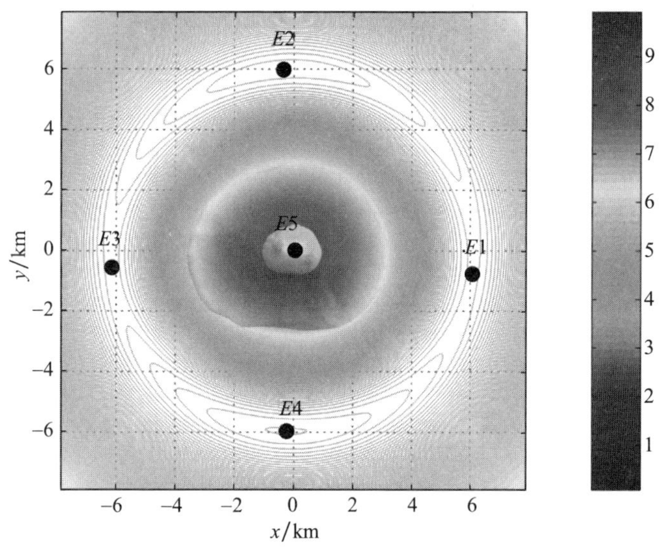

图 9－4　（见彩图）小行星 2867 Steins 含单层相似质量瘤情形下，有效势在赤道面的等高线图与平衡点在赤道面的投影

表 9－1　不同内部结构模型下小行星 2867 Steins 平衡点的位置

无质量瘤　　单位：m

平衡点	x	y	z
E1	6024. 96	−778. 495	19. 4957
E2	−350. 453	5934. 96	−38. 9495
E3	−6094. 43	−556. 101	10. 8389
E4	−258. 662	−5912. 05	−32. 8477
E5	46. 5218	11. 8791	8. 6280

单层相似质量瘤

平衡点	x	y	z
E1	6077. 89	−776. 341	18. 7643
E2	−348. 756	5987. 12	−37. 3616
E3	−6141. 13	−556. 405	10. 4733
E4	−258. 458	−5969－28	−31. 5325
E5	28. 3366	7. 34295	9－62426

续表

单层球形质量瘤

平衡点	x	y	z
$E1$	6077.89	-776.341	18.7643
$E2$	-348.756	5987.12	-37.3616
$E3$	-6141.13	-556.405	10.4733
$E4$	-258.458	-5969.28	-31.5325
$E5$	28.3366	7.34295	9.62426

多层相似质量瘤

平衡点	x	y	z
$E1$	6227.96	-769.573	16.8713
$E2$	-341.748	6147.79	-37.3823
$E3$	-6284.95	-559.043	9.53456
$E4$	256.666	-6124.48	-28.2724
$E5$	24.0620	6.26528	4.87628

多层球形质量瘤

平衡点	x	y	z
$E1$	6227.96	-769.573	16.8713
$E2$	-341.748	6147.79	-37.3823
$E3$	-6284.95	-559.043	9.53456
$E4$	-256.666	-6124.48	-28.2724
$E5$	24.0620	6.26528	4.87628

表9-2 不同内部结构模型下小行星2867 Steins平衡点的拓扑类型、稳定性、平衡点有效势的Hesisan矩阵的正定与否及惯性指数

无质量瘤

平衡点	拓扑类型	稳定性	$\nabla^2 V$	惯性指数
$E1$	2型	U	N	2/1
$E2$	1型	LS	N	1/2
$E3$	2型	U	N	2/1
$E4$	5型	U	N	1/2
$E5$	1型	LS	P	3/0

单层相似质量瘤

平衡点	拓扑类型	稳定性	$\nabla^2 V$	惯性指数
$E1$	2型	U	N	2/1
$E2$	1型	LS	N	1/2
$E3$	2型	U	N	2/1
$E4$	1型	LS	N	1/2
$E5$	1型	LS	P	3/0

续表

单层球形质量瘤

平衡点	拓扑类型	稳定性	$\nabla^2 V$	惯性指数
*E*1	2 型	U	N	2/1
*E*2	1 型	LS	N	1/2
*E*3	2 型	U	N	2/1
*E*4	1 型	LS	N	1/2
*E*5	1 型	LS	P	3/0

多层相似质量瘤

平衡点	拓扑类型	稳定性	$\nabla^2 V$	惯性指数
*E*1	2 型	U	N	2/1
*E*2	1 型	LS	N	1/2
*E*3	2 型	U	N	2/1
*E*4	1 型	LS	N	1/2
*E*5	1 型	LS	P	3/0

多层球形质量瘤

平衡点	拓扑类型	稳定性	$\nabla^2 V$	惯性指数
*E*1	2 型	U	N	2/1
*E*2	1 型	LS	N	1/2
*E*3	2 型	U	N	2/1
*E*4	1 型	LS	N	1/2
*E*5	1 型	LS	P	3/0

注:线性稳定(linearly stable);U:不稳定(unstable);D:退化(degenerate);P:正定(positive definite);N:非正定(non - positive definite);惯性指数(序号 of inertia):正/负惯性指数(positive/negative 序号 of inertia)

9.3.2　单层球形质量瘤

考虑单层球形质量瘤情形,其中质量瘤为球形,质量瘤半径为小行星平均半径 2.6309km 的 0.3 倍,即 0.78927km。质量瘤质心在原小行星质心处,质量瘤的密度为其余部分密度的 2.0 倍。图 9 - 5 给出了小行星 2867 Steins 单层球形质量瘤模型。图 9 - 6 给出了小行星 2867 Steins 单层球形质量瘤模型下,有效势在赤道面的等高线图与平衡点在赤道面的投影。体外平衡点 *E*4 的拓扑类型、稳定性以及有效势的 Hessian 矩阵的正定与否及正/负惯性指数与单层相似质量瘤情形的平衡点 *E*4 完全相同,即相对于无质量瘤情形的平衡点 *E*4 发生了变化。而平衡点 *E*1、*E*2、*E*3 和 *E*5 的稳定性、拓扑类型、平衡点处有效势的 Hessian 矩阵的正定与否及正/负惯性指数同无质量瘤情形完全相同。

单层球形质量瘤的平衡点 *E*1 的坐标为[6077.89266865248, -776.341694237721, 18.7643202643730],而单层相似质量瘤的平衡点 *E*1 的坐标为[6077.89266865246,

−776.341694237878,18.7643202644014]。二者只在第12位有效数字上有差别。可见,在密度相同、体积接近的情况下,质量瘤的形状对于平衡点的位置、稳定性、拓扑类型的影响极小,这是因为质量瘤距离体外平衡点较远。而对于体内平衡点来说,质量瘤形状的不同部分到体内平衡点的距离相对于体内平衡点到质心的距离也较远,这种质量瘤不同的形状对于体内平衡点的影响也较小。

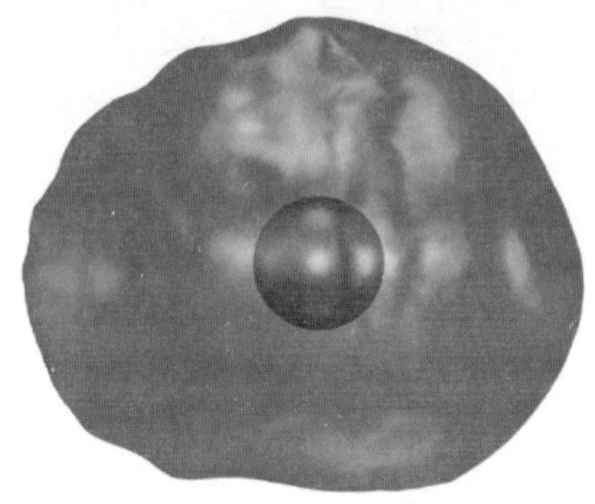

图9−5　小行星2867 Steins单层球形质量瘤模型

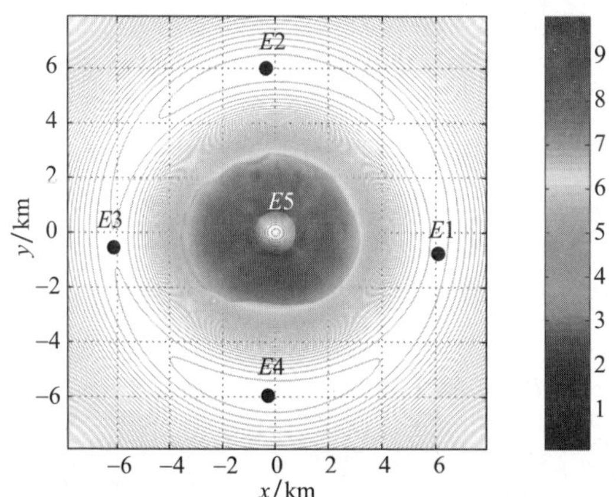

图9−6　(见彩图)小行星2867 Steins单层球形质量瘤模型下有效势在赤道面的等高线图与平衡点在赤道面的投影

9.4　多层质量瘤对平衡点的影响

本节研究小行星具有多层质量瘤情况下,有效势的分布以及平衡点的位置、稳定性、拓扑类型的变化。本节分两种情况进行研究,即多层相似质量瘤和多层球形质量瘤。

9.4.1 多层相似质量瘤

考虑多层相似质量瘤情形，设计 2 层质量瘤。其中 2 层质量瘤均与小行星外形相似，内质量瘤的大小为小行星的 0.3 倍，外质量瘤的大小为小行星的 0.6 倍，质量瘤质心在原小行星质心处，内质量瘤的密度为小行星原密度的 2.0 倍，外质量瘤的密度为小行星原密度的 1.3 倍。从内向外，物质密度依次为原小行星密度的 2.0 倍、1.3 倍和 1.0 倍。图 9 - 7 给出了小行星 2867 Steins 多层相似质量瘤建模示意图。图 9 - 8 给出了小行星 2867 Steins 多层相似质量瘤模型下有效势在赤道面的等高线图与平衡点在赤道面的投影。同无质量瘤情形相比，含多层相似质量瘤的小行星体外平衡点距离质心更远，而体内平衡点的距离质心更近。同单层质量瘤相比，多层相似质量瘤情形对应的小行星体外平衡点的质心距离更远，而体内平衡点的质心距离更近。此外，各平衡点的拓扑类型、稳定性以及有效势的 Hessian 矩阵的正定与否及正/负惯性指数与单层质量瘤情形的相应情况相同。

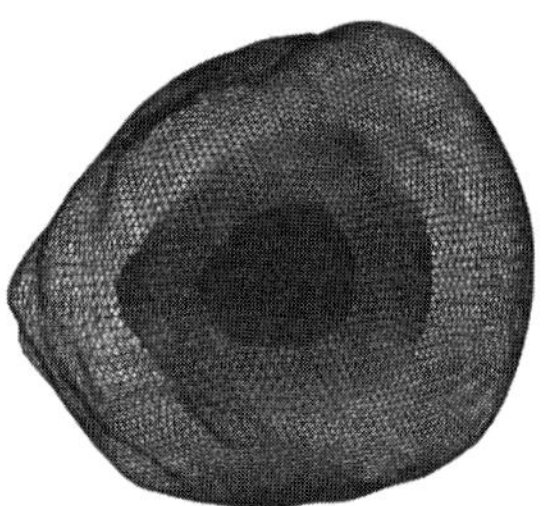

(a) 2层相似质量的三维视图

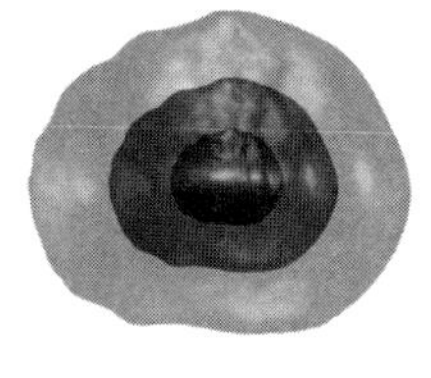

(b) 2层相似质量瘤的+z轴视图

图 9 - 7　小行星 2867 Steins 多层相似质量瘤建模示意图

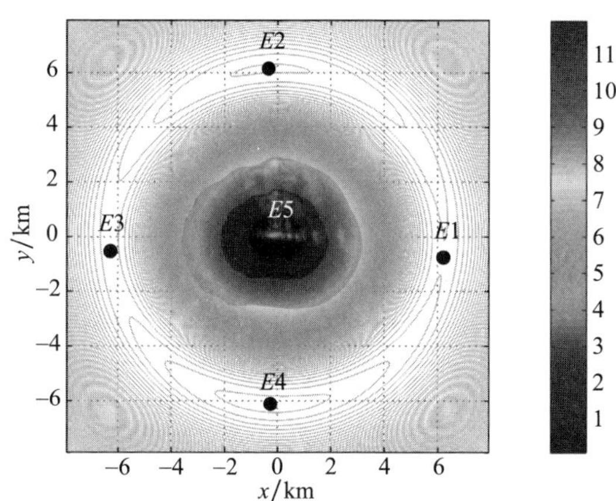

图 9 - 8　（见彩图）小行星 2867 Steins 多层相似质量瘤模型下有效势在赤道面的等高线图与平衡点在赤道面的投影

9.4.2 多层球形质量瘤

考虑多层球形质量瘤情形,设计2层均为球形的质量瘤。内质量瘤的半径为小行星平均半径的0.3倍,外质量瘤的半径为小行星平均半径的0.6倍。即内外质量瘤的半径分别为0.78927km和1.57854km。2层质量瘤的质心都在原小行星质心处,内质量瘤的密度为小行星原密度的2.0倍,外质量瘤的密度为小行星原密度的1.3倍。图9-9给出了小行星2867 Steins多层球形质量瘤建模示意图。

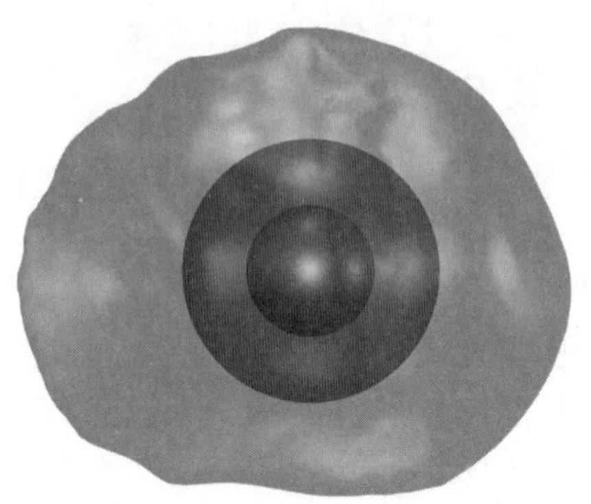

图9-9 小行星2867 Steins多层球形质量瘤建模示意图

图9-10给出了小行星2867 Steins的2层球形质量瘤模型下有效势在赤道面的等高线图与平衡点在赤道面的投影。由表9-1可见,多层球形质量瘤情形下,该小行星的5个平衡点的位置坐标与多层相似质量瘤情形下的对应平衡点坐标在保留6位有效数字情况下完全相同。以平衡点E1为例,多层球形质量瘤的平衡点E1的坐标为[6227.96068947124,-769.573990659757,16.8713331066642],而多层相似质量瘤的平衡点E1的坐标为[6227.96068947125,-769.573990659755,16.8713331066976]。二者只在第13位有效数字上有差别。各平衡点的拓扑类型、稳定性以及有效势的Hessian矩阵的正定与否及正/负惯性指数同此前的3种不同质量瘤模型下的相应情况相同(表9-2)。

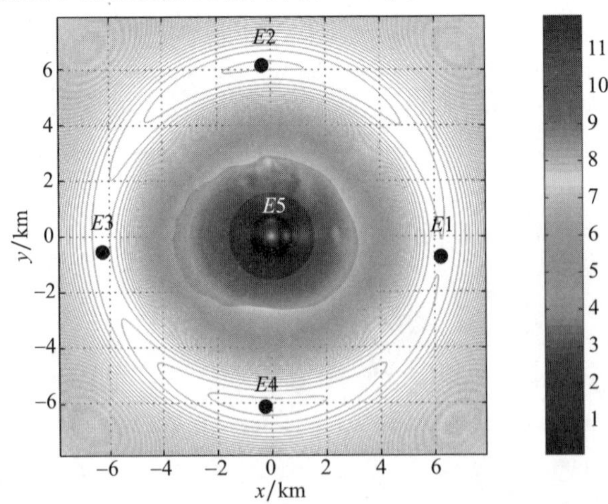

图9-10 (见彩图)小行星2867 Steins的2层球形质量瘤模型下有效势在赤道面的等高线图与平衡点在赤道面的投影

9.5　小结

本章研究了质量瘤对小天体引力场中平衡点的影响，选取小行星 2867 Steins 作为例子进行计算。考虑了 4 种质量瘤的情形，即单层相似质量瘤、单层球形质量瘤、多层相似质量瘤和多层球形质量瘤情形。发现存在质量瘤以后，体外平衡点 *E*4 的拓扑类型从 5 型变为 1 型，从不稳定变为线性稳定。相比于无质量瘤情形，有质量瘤情形的体外平衡点的质心距更大，而体内平衡点的质心距更小。单层相似质量瘤和单层球形质量瘤对应的平衡点的位置坐标几乎完全相同，不同点只体现在第 12 位有效数字上。多层相似质量瘤和多层球形质量瘤对应的平衡点的位置坐标几乎相同，不同点只体现在第 13 位有效数字上。在质量瘤位置、密度和体积基本相同的情况下，质量瘤的形状对平衡点位置的影响可以忽略不计，同时质量瘤的形状对平衡点的拓扑类型和稳定性没有影响。

参考文献

[1] BYRNE P K, KLIMCZAK C, MCGOVERN P J, et al. Deep – seated thrust faults bound the Mare Crisium lunar mascon[J]. Earth and Planetary Science Letters, 2015, 427: 183 – 190.

[2] BLAND M T, ERMAKOV A I, RAYMOND C A, et al. Morphological Indicators of a Mascon Beneath Ceres's Largest Crater, Kerwan[J]. Geophysical Research Letters, 2018, 45(3): 1297 – 1304.

[3] JIANG Y, BAOYIN H X, LI J F, et al. Orbits and manifolds near the equilibrium points around a rotating asteroid[J]. Astrophysics and Space Science, 2014, 349(1): 83 – 106.

[4] CHANUT T, ALJBAAE S, CARRUBA V. Mascon gravitation model using a shaped polyhedral source[J]. Monthly Notices of the Royal Astronomical Society, 2015(4): 3742 – 3749.

[5] DESCAMPS P, F MARCHIS, BERTHIER J, et al. Triplicity and Physical Characteristics of Asteroid(216) Kleopatra[J]. Icarus, 2011, 211(2): 1022 – 1033.

[6] MILLER J K, KONOPLIV A S, ANTREASIAN P G, et al. Determination of Shape, Gravity, and Rotational State of Asteroid 433 Eros[J]. Icarus, 2002, 155(1): 3 – 17.

[7] KELLER H U, BARBIERI C, KOSCHNY D, et al. E – type asteroid(2867) Steins as imaged by OSIRIS on board Rosetta[J]. Science, 2010, 327(5962): 190 – 193.

[8] ALJBAAE S, CHANUT T, CARRUBA V, et al. The dynamical environment of asteroid 21 Lutetia according to different internal models[J]. Monthly Notices of the Royal Astronomical Society, 2017, 464(3): 3552 – 3560.

[9] JORDA L, LAMY P L, GASKELL R W, et al. Asteroid(2867) Steins: Shape, topography and global physical properties from OSIRIS observations[J]. Icarus, 2012, 221(2): 1089 – 1100.

[10] WERNER R A, SCHEERES D J. Exterior gravitation of a polyhedron derived and compared with harmonic and mascon gravitation representations of asteroid 4769 Castalia[J]. Celestial Mechanics and Dynamical Astronomy, 1996, 65(10): 313 – 344.

附录 A　式(4－28)的证明过程

式(4－28)证明如下(Ni 等,2018):x_3的傅里叶变换可以写为

$$\hat{x}_3 = \pi \sum_{i=1}^{m} a_i \delta(\omega - \omega_i) \tag{A－1}$$

$$p_3(\omega) = \frac{f_3(\omega)}{\int f_3(\omega)\mathrm{d}\omega} = \frac{\left[\sum_i a_i \delta(\omega - \omega_i)\right]^2}{\int \left[\sum_i a_i \delta(\omega - \omega_i)\right]^2 \mathrm{d}\omega} \tag{A－2}$$

因为 $\delta(\omega - \omega_{i1}) \cdot \delta(\omega - \omega_{i2}) = 0$,

$$\begin{aligned} p_3(\omega) &= \frac{\sum_i a_i^2 [\delta(\omega - \omega_i)]^2}{\int \sum_i a_i^2 [\delta(\omega - \omega_i)]^2 \mathrm{d}\omega} \\ &= \frac{a_1^2 [\delta(\omega - \omega_1)]^2}{\int \sum_i a_i^2 [\delta(\omega - \omega_i)]^2 \mathrm{d}\omega} + \frac{a_2^2 [\delta(\omega - \omega_2)]^2}{\int \sum_i a_i^2 [\delta(\omega - \omega_i)]^2 \mathrm{d}\omega} + \cdots + \\ &\quad \frac{a_m^2 [\delta(\omega - \omega_m)]^2}{\int \sum_i a_i^2 [\delta(\omega - \omega_i)]^2 \mathrm{d}\omega} \end{aligned} \tag{A－3}$$

$\forall k \neq k'$,有

$$\int \delta(\omega - \omega_k)\mathrm{d}\omega = \int \delta(\omega - \omega_{k'})\mathrm{d}\omega \tag{A－4}$$

所以式(A－3)的分母部分变为

$$\begin{aligned} \int \sum_i a_i^2 [\delta(\omega - \omega_i)]^2 \mathrm{d}\omega &= \int \sum_i a_i^2 [\delta(\omega - \omega_k)]^2 \mathrm{d}\omega \\ &= \sum_i a_i^2 \int [\delta(\omega - \omega_k)]^2 \mathrm{d}\omega = a \int [\delta(\omega - \omega_k)]^2 \mathrm{d}\omega \end{aligned} \tag{A－5}$$

式(A－3)转化为

$$p_3(\omega) = \frac{\sum_i a_i^2 [\delta(\omega - \omega_i)]^2}{\int \sum_i a_i^2 [\delta(\omega - \omega_i)]^2 \mathrm{d}\omega}$$

$$= \frac{a_1^2}{a} \frac{[\delta(\omega - \omega_1)]^2}{\int [\delta(\omega - \omega_1)]^2 \mathrm{d}\omega} + \cdots + \frac{a_m^2}{a} \frac{[\delta(\omega - \omega_m)]^2}{\int [\delta(\omega - \omega_m)]^2 \mathrm{d}\omega} \tag{A-6}$$

由 δ 函数的性质,得

$$\begin{aligned} S_3 &= \int p_3(\omega) \log p_3(\omega) \mathrm{d}\omega \\ &= \int \frac{a_1^2}{a} \frac{[\delta(\omega - \omega_1)]^2}{\int [\delta(\omega - \omega_1)]^2 \mathrm{d}\omega} \log \frac{a_1^2}{a} \frac{[\delta(\omega - \omega_1)]^2}{\int [\delta(\omega - \omega_1)]^2 \mathrm{d}\omega} \mathrm{d}\omega + \cdots + \\ &\quad \int \frac{a_m^2}{a} \frac{[\delta(\omega - \omega_m)]^2}{\int [\delta(\omega - \omega_m)]^2 \mathrm{d}\omega} \log \frac{a_m^2}{a} \frac{[\delta(\omega - \omega_m)]^2}{\int [\delta(\omega - \omega_m)]^2 \mathrm{d}\omega} \mathrm{d}\omega \end{aligned} \tag{A-7}$$

因为积分的上下限是 ±∞,所以 $\forall i$,有

$$\begin{aligned} &\int \frac{a_i^2}{a} \frac{[\delta(\omega - \omega_i)]^2}{\int [\delta(\omega - \omega_i)]^2 \mathrm{d}\omega} \log \frac{a_i^2}{a} \frac{[\delta(\omega - \omega_i)]^2}{\int [\delta(\omega - \omega_i)]^2 \mathrm{d}\omega} \mathrm{d}\omega \\ &= \int \frac{a_i^2}{a} \frac{[\delta(\omega - \omega_1)]^2}{\int [\delta(\omega - \omega_1)]^2 \mathrm{d}\omega} \log \frac{a_i^2}{a} \frac{[\delta(\omega - \omega_1)]^2}{\int [\delta(\omega - \omega_1)]^2 \mathrm{d}\omega} \mathrm{d}\omega \end{aligned} \tag{A-8}$$

式(A-7)转化为

$$\begin{aligned} S_3 &= \int p_3(\omega) \log p_3(\omega) \mathrm{d}\omega \\ &= \int \frac{a_1^2}{a} p(\omega) \log \frac{a_1^2}{a} p(\omega) \mathrm{d}\omega + \cdots + \int \frac{a_m^2}{a} p(\omega) \log \frac{a_m^2}{a} p(\omega) \mathrm{d}\omega \\ &= \int p(\omega) \sum_i \left[\frac{a_i^2}{a} \log \frac{a_i^2}{a} p(\omega) \right] \mathrm{d}\omega \\ &= \int p(\omega) \log \prod_i \left[\frac{a_i^2}{a} p(\omega) \right]^{\frac{a_i^2}{a}} \mathrm{d}\omega = \int p(\omega) \log \prod_i \left[\frac{a_i^2}{a} \right]^{\frac{a_i^2}{a}} p(\omega) \mathrm{d}\omega \\ &= \int p(\omega) \log p(\omega) + \sum_i p(\omega) \frac{a_i^2}{a} \log \frac{a_i^2}{a} \mathrm{d}\omega \end{aligned} \tag{A-9}$$

其中

$$p(\omega) = \frac{[\delta(\omega - \omega_1)]^2}{\int [\delta(\omega - \omega_1)]^2 \mathrm{d}\omega}$$

同理,可得

$$\hat{x}_4 = \pi \sum_{j=1}^{n} b_j \delta(\omega - \phi_j) \tag{A-10}$$

$$p_4(\omega) = \frac{b_1^2}{b} \frac{[\delta(\omega - \phi_1)]^2}{\int [\delta(\omega - \phi_1)]^2 \mathrm{d}\omega} + \cdots + \frac{b_n^2}{b} \frac{[\delta(\omega - \phi_n)]^2}{\int [\delta(\omega - \phi_n)]^2 \mathrm{d}\omega} \tag{A-11}$$

$$S_4 = \int p_4(\omega) \log p_4(\omega) \mathrm{d}\omega = \int p(\omega) \log p(\omega) + \sum_j p(\omega) \frac{b_j^2}{b} \log \frac{b_j^2}{b} \mathrm{d}\omega \tag{A-12}$$

所以频率熵 S_3 和 S_4 的差为

$$\begin{aligned} S_3 - S_4 &= \int \sum_i p(\omega) \frac{a_i^2}{a} \log \frac{a_i^2}{a} \mathrm{d}\omega - \int \sum_j p(\omega) \frac{b_j^2}{b} \log \frac{b_j^2}{b} \mathrm{d}\omega \\ &= \left[\sum_i \frac{a_i^2}{a} \log \frac{a_i^2}{a} - \sum_j \frac{b_j^2}{b} \log \frac{b_j^2}{b} \right] \int p(\omega) \mathrm{d}\omega \\ &= \sum_i \frac{a_i^2}{a} \log \frac{a_i^2}{a} - \sum_j \frac{b_j^2}{b} \log \frac{b_j^2}{b} \end{aligned} \tag{A-13}$$

表 A-1　不规则天体的物理参数

序号	小天体	直径/km	密度/(g/cm^3)	转速/(r/min)
1	216 Kleopatra[a1,a2]	217×94×81	6.7	9~385
2	243 Ida[b1,b2]	59.8×29.4×18.6	2.6	4.63
3	951 Gaspra[c1,c2,c3]	18.2×10.5×8.9	2.71	7.042
4	1620 Geographos[d]	9.39×2.40×2.02	2.0	9~223
5	2063 Bacchus[e]	1.11×0.53×0.50	2.0	14.9
6	2867 Steins[f1,f2]	6.67×9.81×4.47	1.8	6.04679
7	6489 Golevka[g1,g2]	0.75×0.55×0.59	2.7	6.026
8	101955 Bennu[h]	0.58×0.44×0.53	0.97	4.288
9	S16 Prometheus[i1,i2]	148×93×72	0.48	14.71
10	1P/Halley[j1,j2]	16.8×8.77×7.76	0.6	52.8
11	1996 HW1	2.9038×1.6649×1.5278	7.56	8.757

[a1] Carry et al., 2012. [a2] Ostro et al., 2000. [b1] Wilson et al., 1999. [b2] Vokrouhlický et al., 2007 [c1] Krasinsky et al., 2002. [c2] Kaasalainen et al., 2001. [c3] Stooke, 1999 [d] Ostro et al., 1996. [e] Benner et al., 1999. [f1] Jorda et al., 2012. [f2] Keller et al., 2010. [g1] Chesley et al., 2007 [g2] Hudson et al., 2000. [h] Nolan et al., 2007. [i1] Thomas et al., 2010. [i2] Spitale et al., 2006. [j1] Sagdeev et al., 1988. [j2] Peale and Lissauer, 1989.

表 A-2　小天体附近相对平衡点位置变化

216 Kleopatra　　单位:个

序号	湮灭/化生	转速	分岔类型	湮灭后 平衡点数目	湮灭位置
1	$E3/E6\rightarrow$ 湮灭	$\omega=1.944586\omega_0$	Saddle - Node	5	Surface
2	$E1/E5\rightarrow$ 湮灭	$\omega=2.03694\omega_0$	Saddle - Node	3	Surface
3	$E4/E7\rightarrow$ 湮灭	$\omega=4.270772\omega_0$	Saddle - Saddle	1	Surface

243 Ida

序号	湮灭/化生	转速	分岔类型	湮灭后 平衡点数目	湮灭位置
1	$E1/E5\rightarrow$ 湮灭	$\omega=1.4992\omega_0$	Saddle - Node	3	Inside
2	$E3/E4\rightarrow$ 湮灭	$\omega=2.24719\omega_0$	Saddle - Saddle	1	Surface

951 Gaspra

序号	湮灭/化生	转速	分岔类型	湮灭后 平衡点数目	湮灭位置
1	$E3/E5\rightarrow$ 湮灭	$\omega=2.9586\omega_0$	Saddle - Node	3	Surface
2	$E1/E4\rightarrow$ 湮灭	$\omega=7.8565\omega_0$	Saddle - Saddle	1	Surface

1620 Geographos

序号	湮灭/化生	转速	分岔类型	湮灭后 平衡点数目	湮灭位置
1	$E1/E5\rightarrow$ 湮灭	$\omega=1.4745\omega_0$	Saddle - Node	3	Inside
2	$E2/E3\rightarrow$ 湮灭	$\omega=2.365\omega_0$	Saddle - Saddle	1	Surface

2063 Bacchus

序号	湮灭/化生	转速	分岔类型	湮灭后 平衡点数目	湮灭位置
1	化生$\rightarrow E6/E7$	$\omega=7.943\omega_0$	Saddle - Node	7	Inside
2	$E1/E6\rightarrow$ 湮灭	$\omega=4.202\omega_0$	Saddle - Node	5	Inside
3	$E3/E5\rightarrow$ 湮灭	$\omega=4.527\omega_0$	Saddle - Node	3	Inside
4	$E4/E7\rightarrow$ 湮灭	$\omega=7.18\omega_0$	Saddle - Saddle	1	Surface

2867 Steins

序号	湮灭/化生	转速	分岔类型	湮灭后 平衡点数目	湮灭位置
1	$E1/E5\rightarrow$ 湮灭	$\omega=2.972\omega_0$	Saddle - Node	3	Inside
2	$E2/E3\rightarrow$ 湮灭	$\omega=7.26\omega_0$	Saddle - Node	1	Inside

续表

6489 Golevka

序号	湮灭/化生	转速	分岔类型	湮灭后 平衡点数目	湮灭位置
1	$E1/E5$→ 湮灭	$\omega=2.696\omega_0$	Saddle – Node	3	Inside
2	$E2/E3$→ 湮灭	$\omega=7.437\omega_0$	Saddle – Node	1	Surface

101955 Bennu

序号	湮灭/化生	转速	分岔类型	湮灭后 平衡点数目	湮灭位置
1	$E7/E8$→ 湮灭	$\omega=1.4124\omega_0$	Saddle – Saddle	7	Inside
2	$E1/E9$→ 湮灭	$\omega=1.4178\omega_0$	Saddle – Node	5	Inside
3	$E3/E4$→ 湮灭	$\omega=1.4191\omega_0$	Saddle – Saddle	3	Surface
4	$E2/E5$→ 湮灭	$\omega=1.4464\omega_0$	Saddle – Saddle	1	Outside

S16 Prometheus

序号	湮灭/化生	转速	分岔类型	湮灭后 平衡点数目	湮灭位置
1	$E3/E5$→ 湮灭	$\omega=2.270\omega_0$	Saddle – Node	3	Inside
2	$E1/E2$→ 湮灭	$\omega=7.068\omega_0$	Saddle – Saddle	1	Inside

1682 Q1 Halley

序号	湮灭/化生	转速	分岔类型	湮灭后 平衡点数目	湮灭位置
1	化生→$E6/E7$	$\omega=7.64\omega_0$	Saddle – Node	7	Inside
2	$E1/E6$→ 湮灭	$\omega=7.91\omega_0$	Saddle – Node	5	Surface
3	$E3/E5$→ 湮灭	$\omega=9.36\omega_0$	Saddle – Node	3	Surface
4	$E2/E7$→ 湮灭	$\omega=12.7\omega_0$	Saddle – Saddle	1	Inside

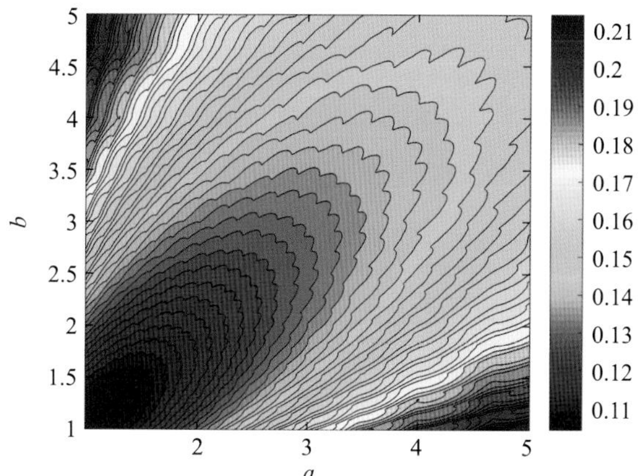

图 2-9　椭球与长方体形状熵的差

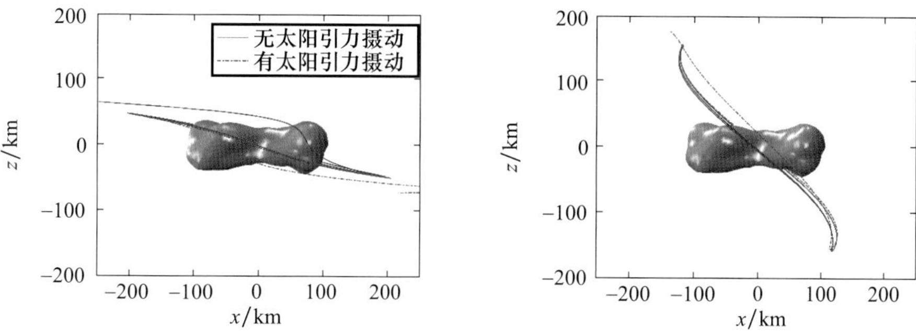

图 2-26　第 12 族小雅可比积分与大雅可比积分轨道变化($t=150000\mathrm{s}$)

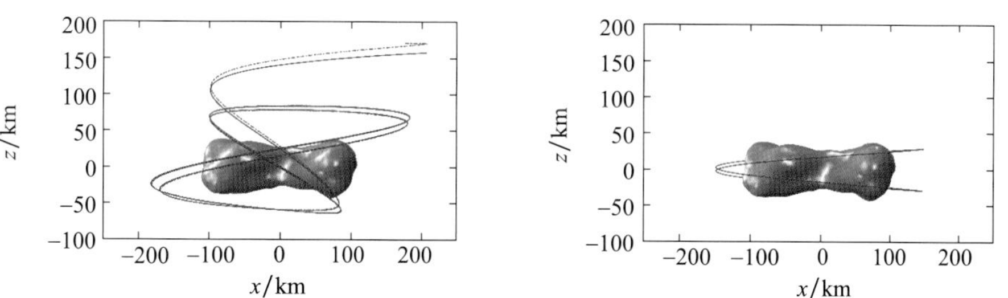

图 2-27　第 18 族小雅可比积分与大雅可比积分轨道变化($t=150000\mathrm{s}$)

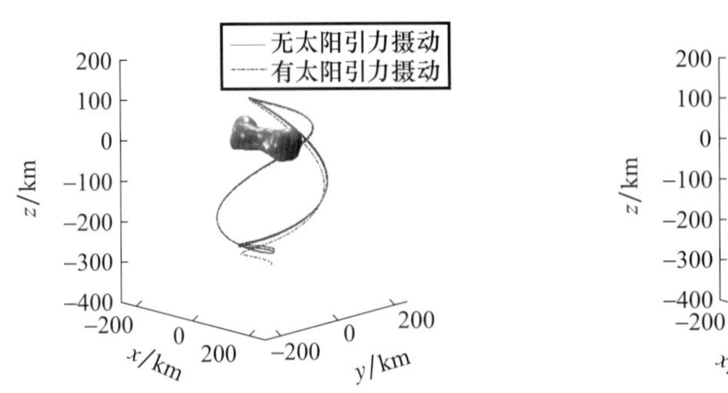

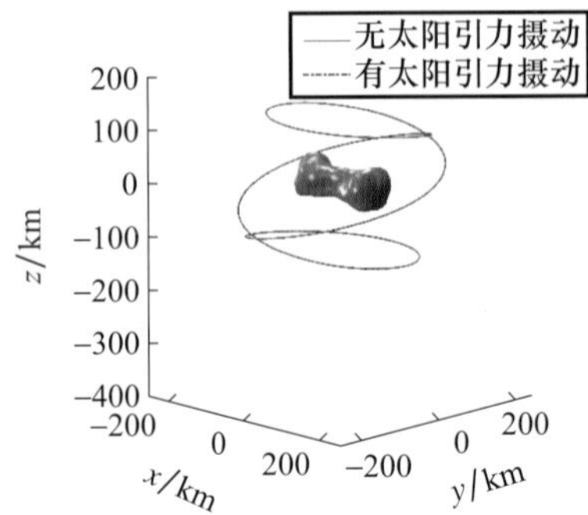

图 2-28 第 29 族小雅可比积分与大雅可比积分轨道变化($t=150000$s)

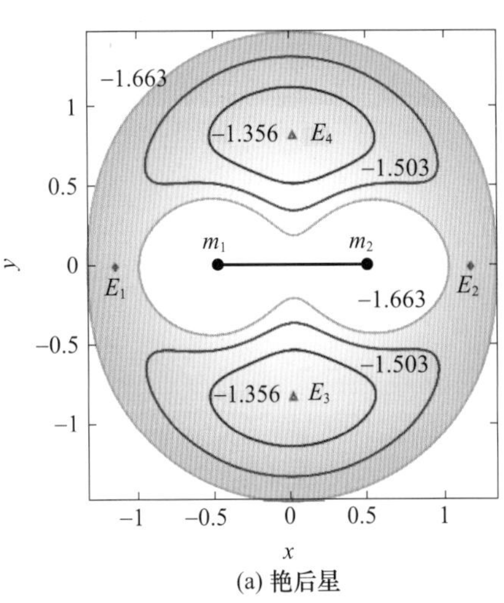

(a) 艳后星

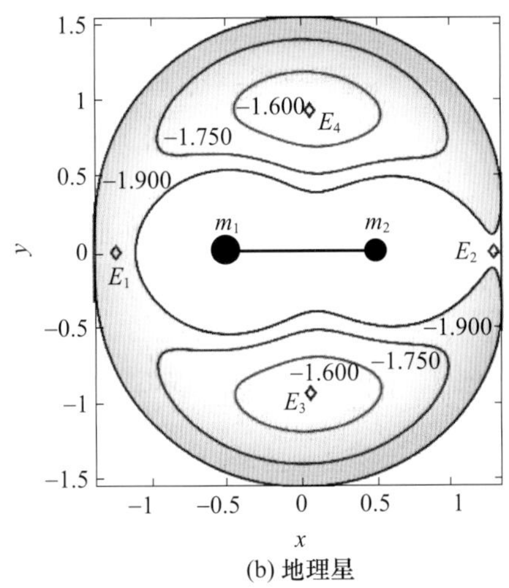

(b) 地理星

图 2-30 艳后星和地理星的偶极子模型

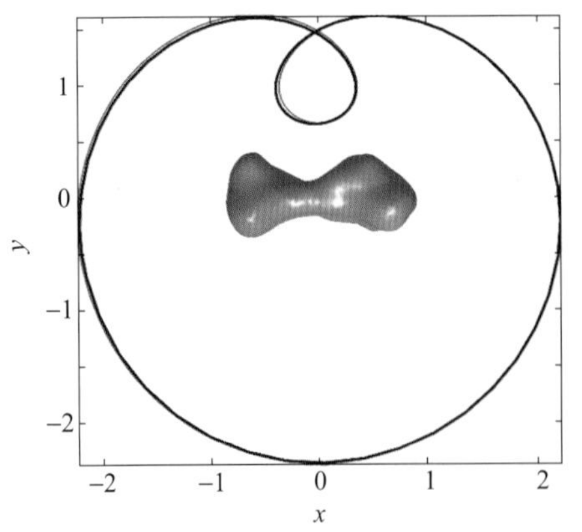

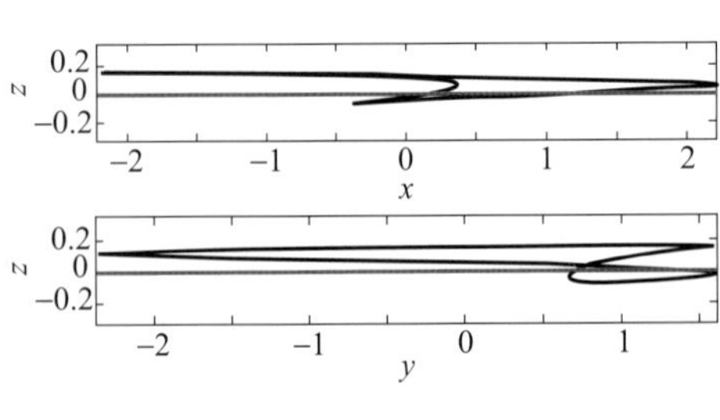

图 2-31 艳后星本体系下偶极子引力模型中的周期轨道(红色)与迭代所得多面体引力模型周期轨道(黑色)

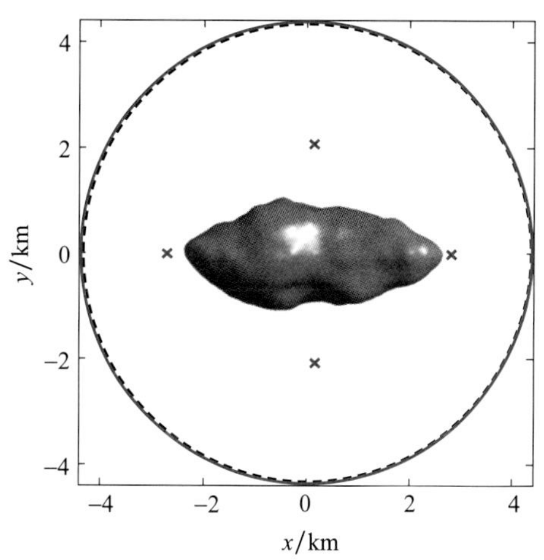

图 2－34　地理星附近的赤道平面逆行轨道(4 个“ × ”表示地理星平衡点位置)

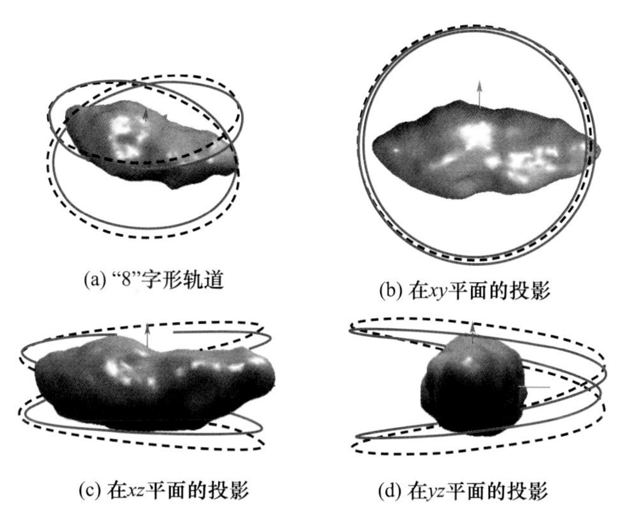

图 2－36　地理星附近的大范围“8”字形轨道、在 xy 平面的投影、在 xz 平面的投影及在 yz 平面的投影

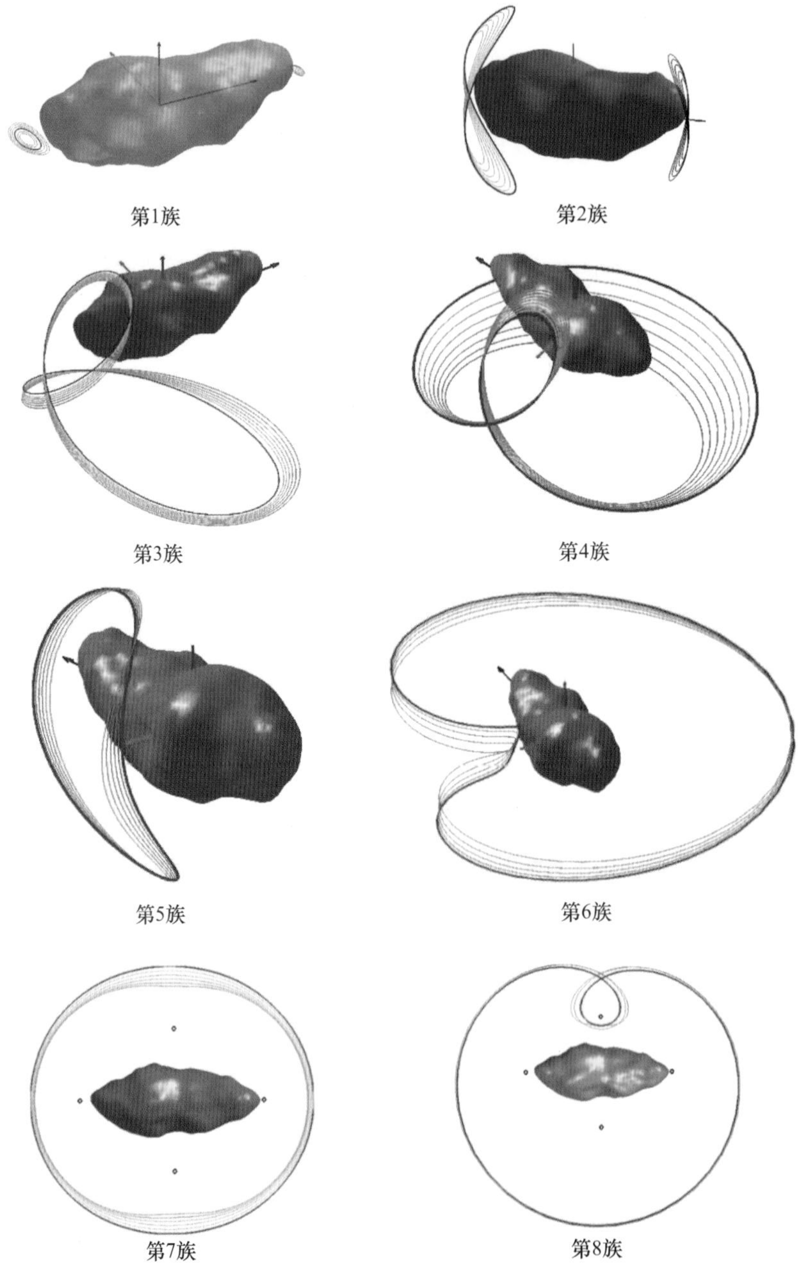
第1族
第2族
第3族
第4族
第5族
第6族
第7族
第8族

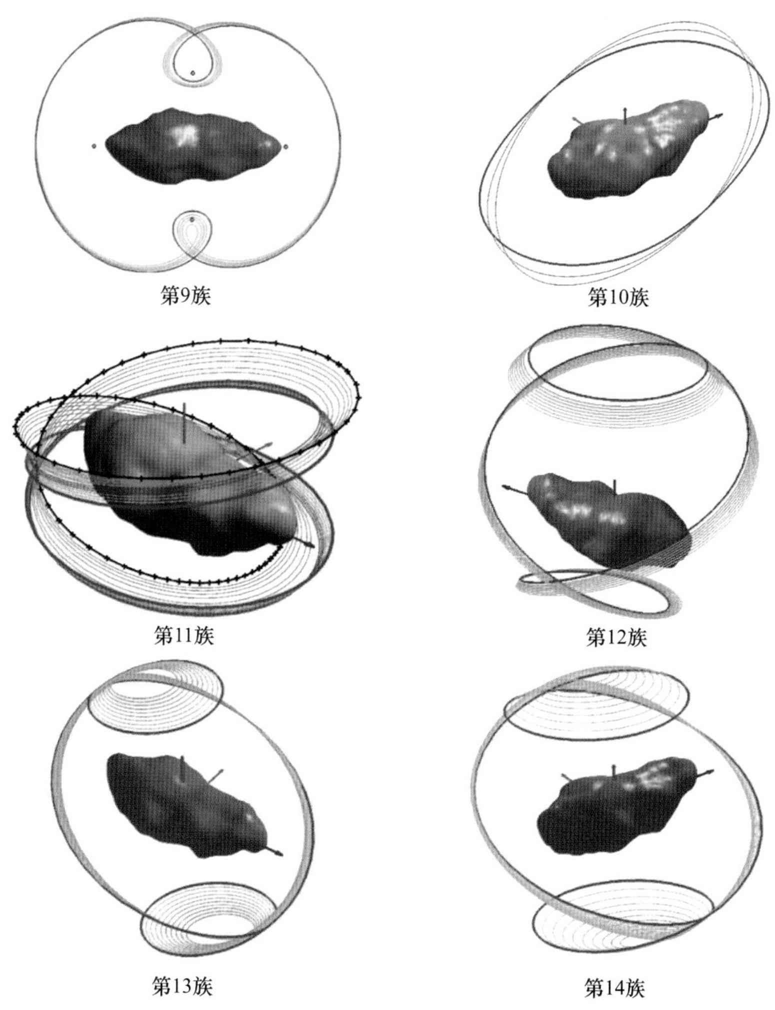

图 2－37　利用偶极子模型搜索多面体模型迭代得到的多面体引力场中 14 族地理星附近的周期轨道

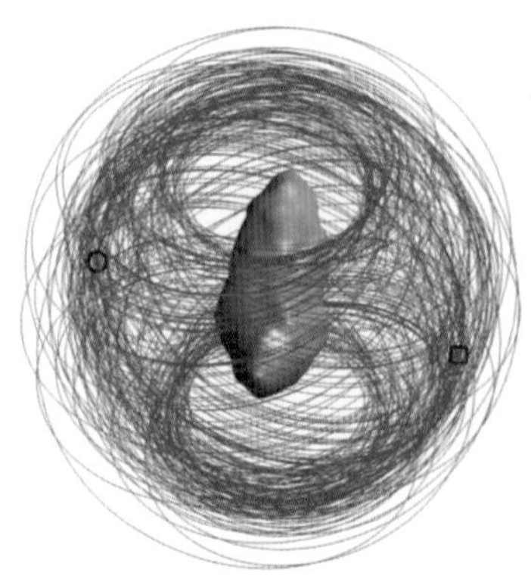

图 2－38　质点在一条属于第 14 族不稳定周期轨道上运行 1000h 的结果

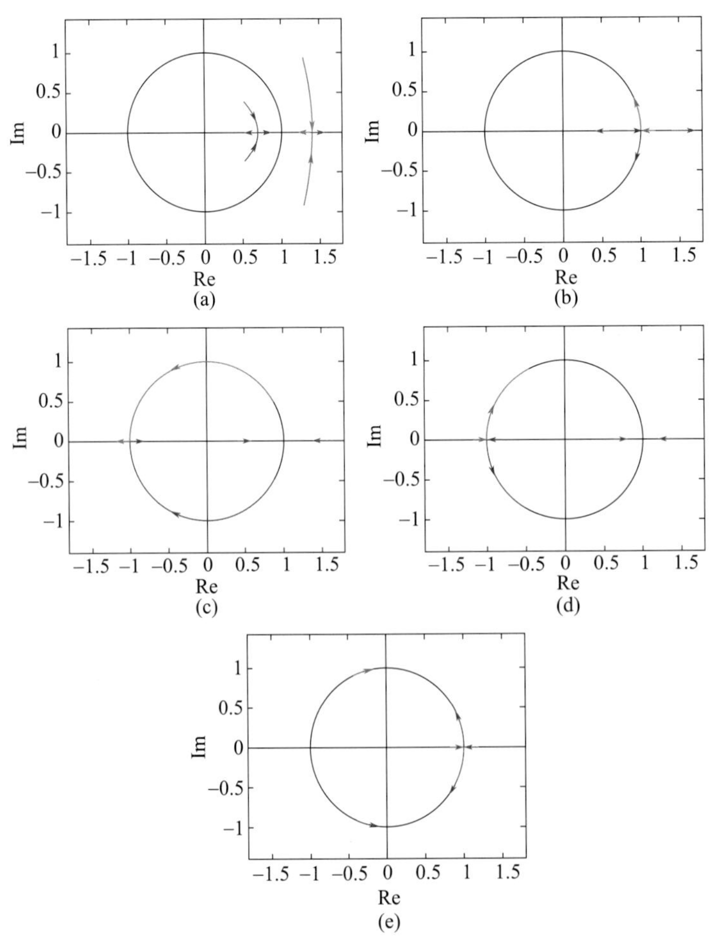

图 3－12　轨道延拓过程中轨道单值矩阵特征根分布变化图

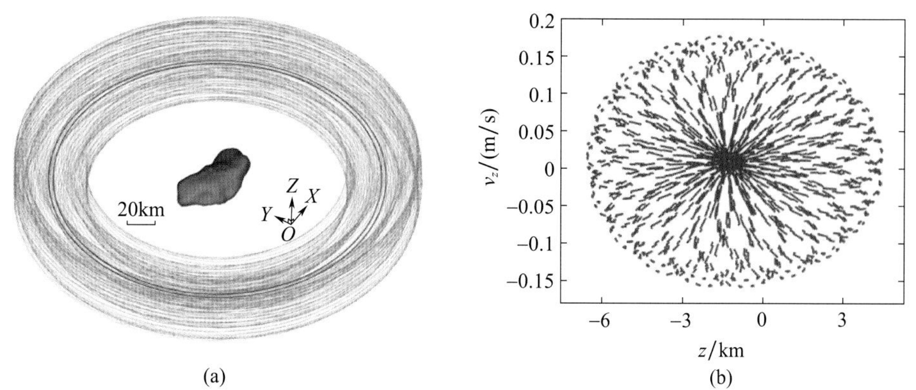

(a) (b)

图 3－15　艾卫在艾女星多面体模型下用 RK78 法数值积分 2000 天得到的运动轨道和庞加莱截面 $v_z - z$ 上的相图

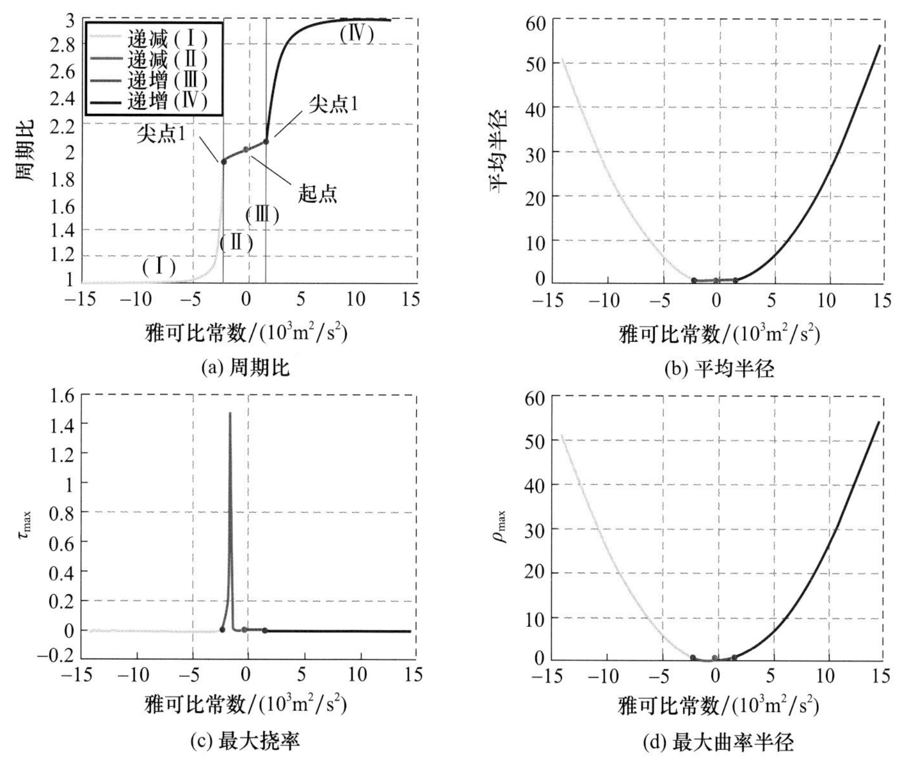

(a) 周期比　(b) 平均半径

(c) 最大挠率　(d) 最大曲率半径

图 3－17　双向延拓过程中 216Kleopatra 周期轨道族的 4 种特征变化

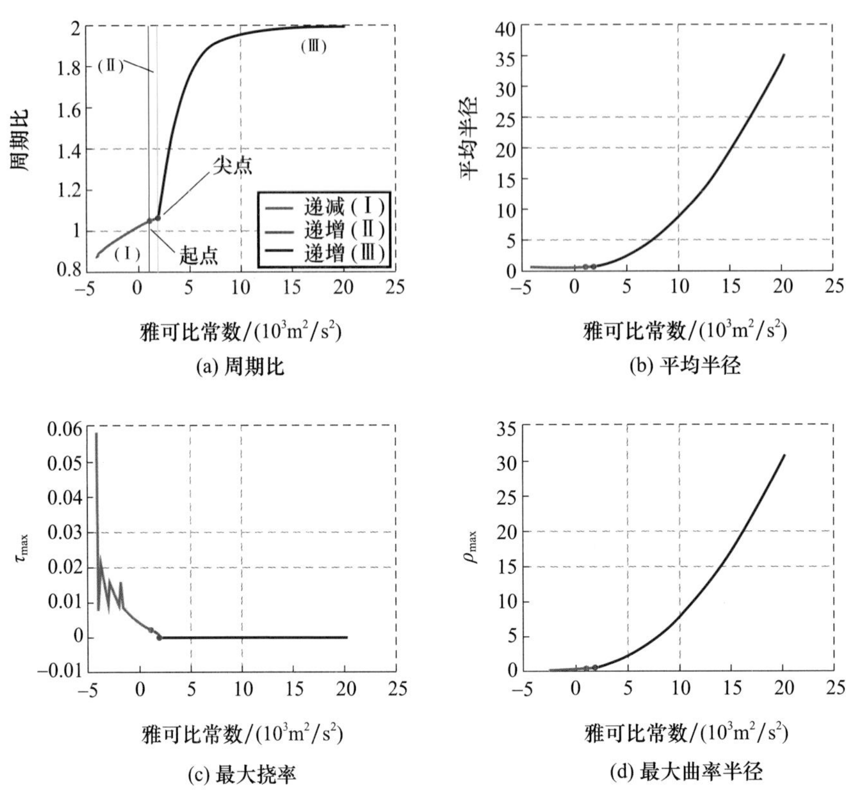

图 3-20 延拓过程中 22 Kalliope 周期轨道族的 4 种特征变化

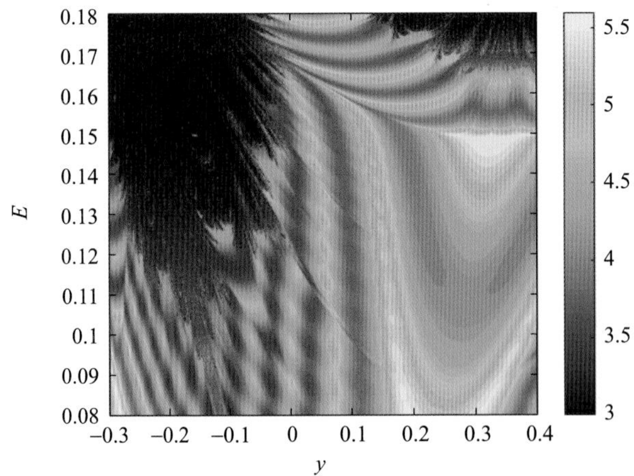

图 4-10 根据不同的 E 和 y 确定初值并积分得到的频率熵分布图

(深蓝色区域对应发生混沌运动的初值,亮黄色区域对应周期性较好的拟周期轨道和周期轨道,积分时间 100π)

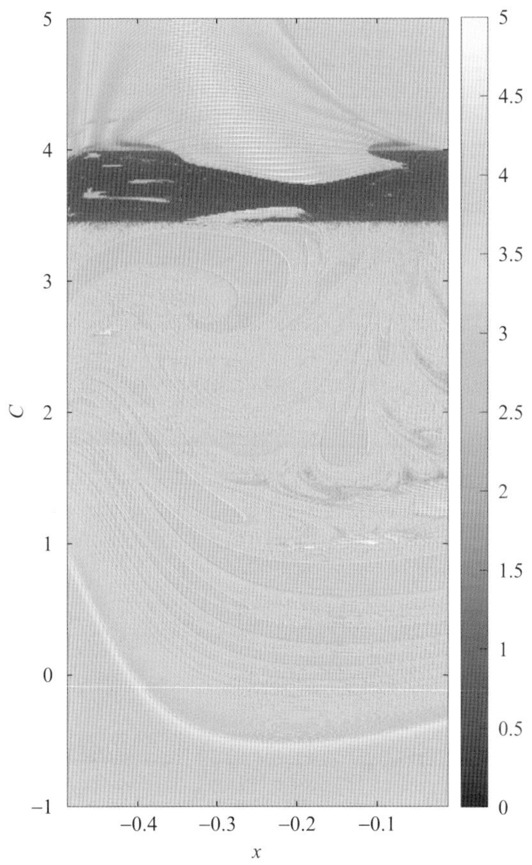

图 4－14　根据不同的 C 和 x 确定初值并积分得到的频率熵分布图（积分时间 150）

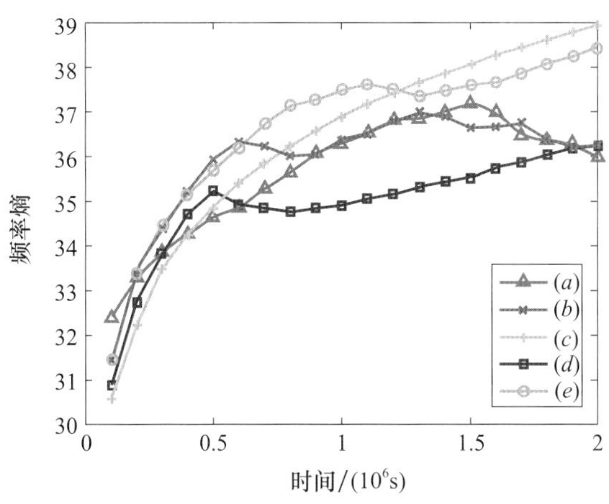

图 4－22　在图 4－21 中 5 条轨道频率熵随时间的变化

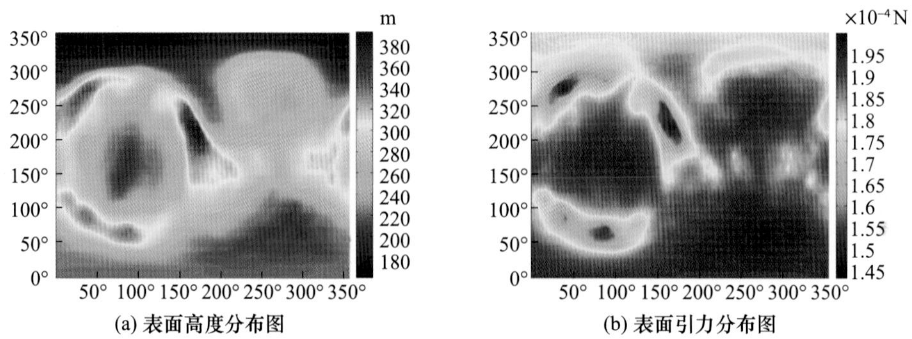

(a) 表面高度分布图　(b) 表面引力分布图

图 5-1　小行星(6489)Golevka 表面高度和引力的影像图

(两幅图中坐标轴的单位都是度)

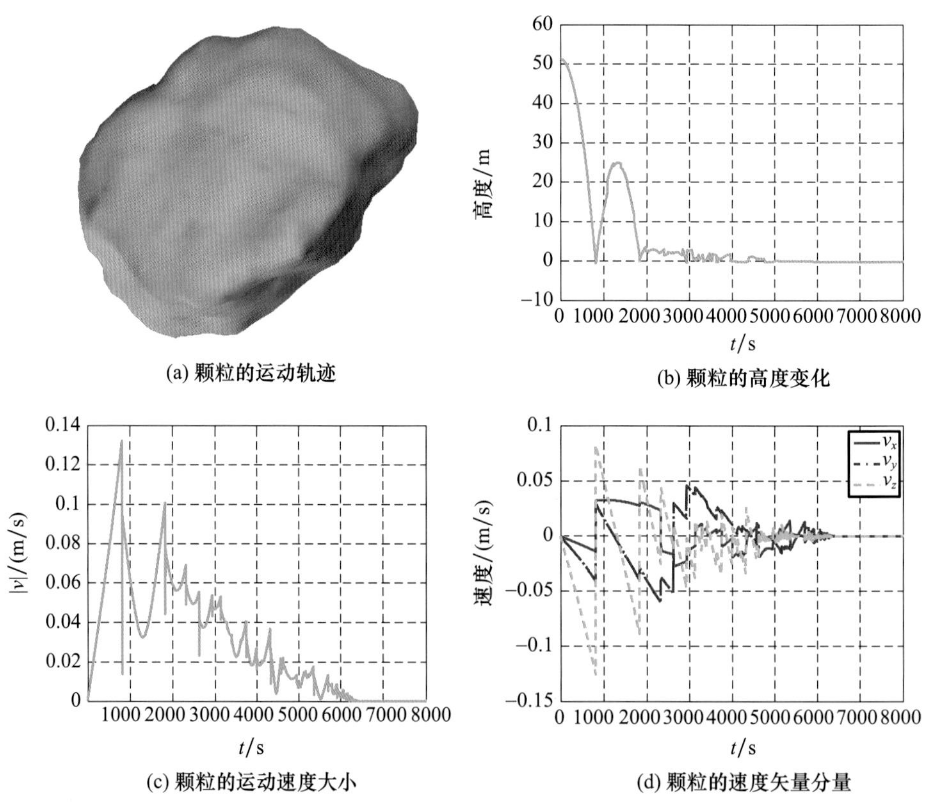

(a) 颗粒的运动轨迹　(b) 颗粒的高度变化

(c) 颗粒的运动速度大小　(d) 颗粒的速度矢量分量

图 5-4　不规则小行星 6489 Golevka 平坦表面上方释放的颗粒的运动计算结果

(颗粒的速度矢量图中红色线、蓝色线、绿色线分别为 x 轴、y 轴、z 轴的速度分量)

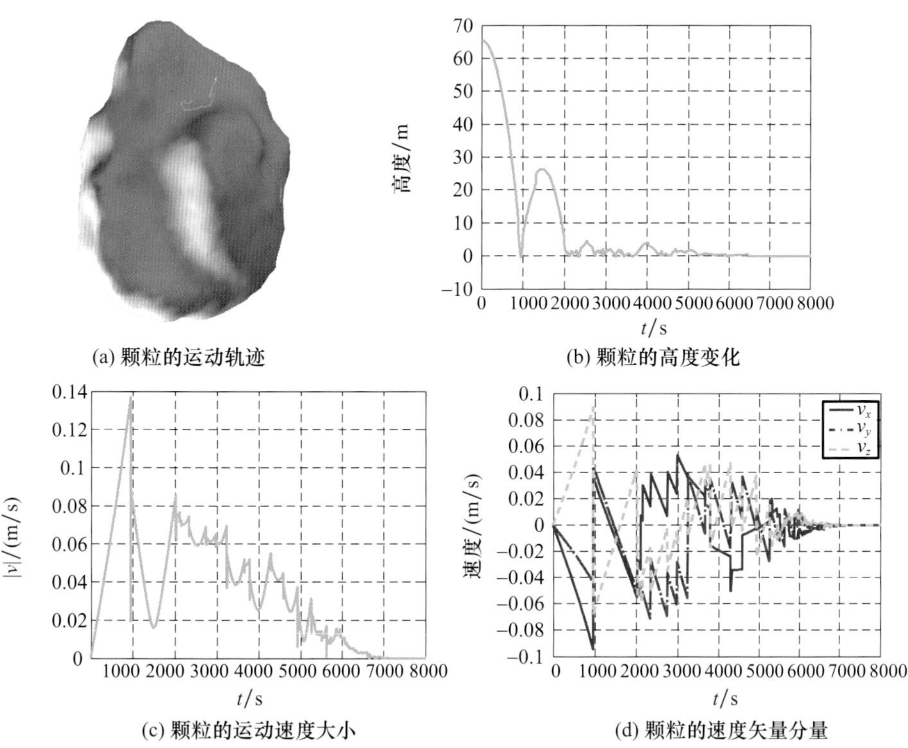

(a) 颗粒的运动轨迹

(b) 颗粒的高度变化

(c) 颗粒的运动速度大小

(d) 颗粒的速度矢量分量

图5-5 不规则小行星6489 Golevka凹区域上方释放的颗粒的运动计算结果

（颗粒的速度矢量图中红色线、蓝色线、绿色线分别为 x 轴、y 轴、z 轴的速度分量）

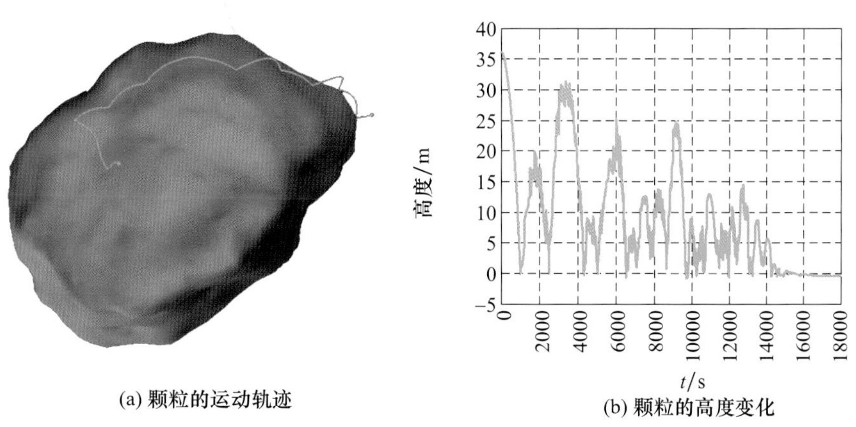

(a) 颗粒的运动轨迹

(b) 颗粒的高度变化

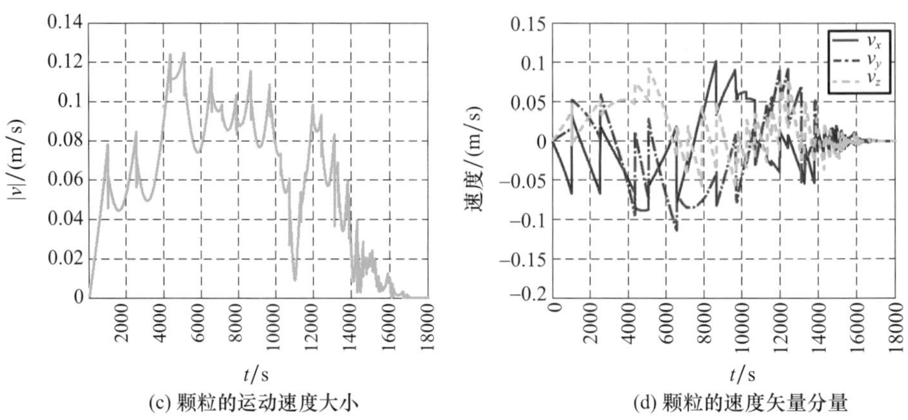

(c) 颗粒的运动速度大小　　(d) 颗粒的速度矢量分量

图 5-6　不规则小行星 6489 Golevka 凸区域上方释放的颗粒的运动计算结果

（颗粒的速度矢量图中红色线、蓝色线、绿色线分别为 x 轴、y 轴、z 轴的速度分量）

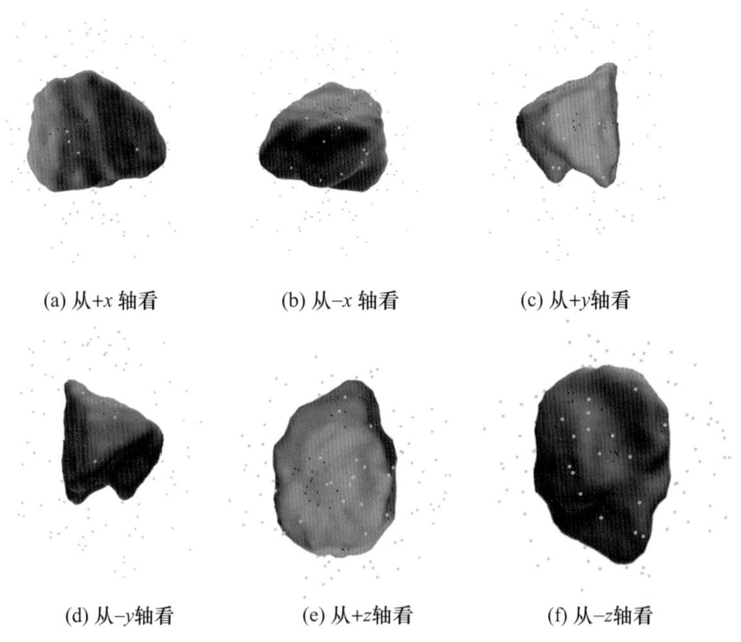

(a) 从+x 轴看　　(b) 从−x 轴看　　(c) 从+y轴看

(d) 从−y轴看　　(e) 从+z轴看　　(f) 从−z轴看

图 5-7　小行星 6489 Golevka 表面静止释放颗粒的蒙特卡罗模拟

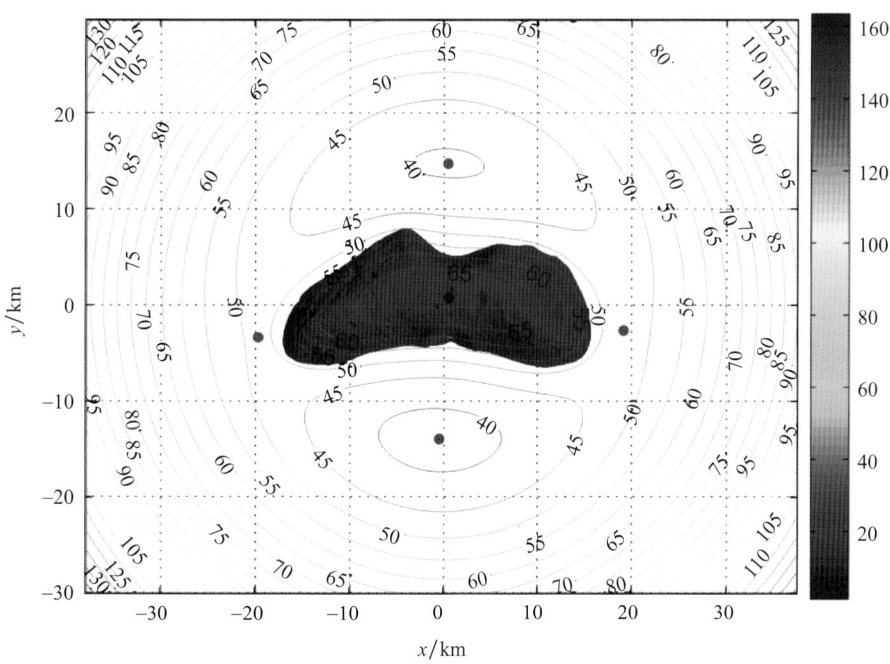

图 5-8　小行星 433 Eros 的 xOy 平面内有效势的等高线图(有效势的单位为 $1.0\text{m}^2/\text{s}^2$)

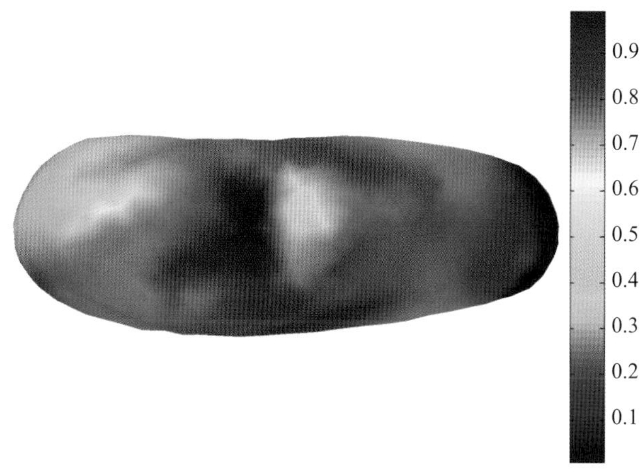

图 5-9　小行星 433 Eros 表面毛细管中液体的高度
(从小行星本体坐标系 $+x$ 轴方向来看,毛细管的
方向与毛细管处的局部表面垂直,液体高度的单位为 0.24737427cm)

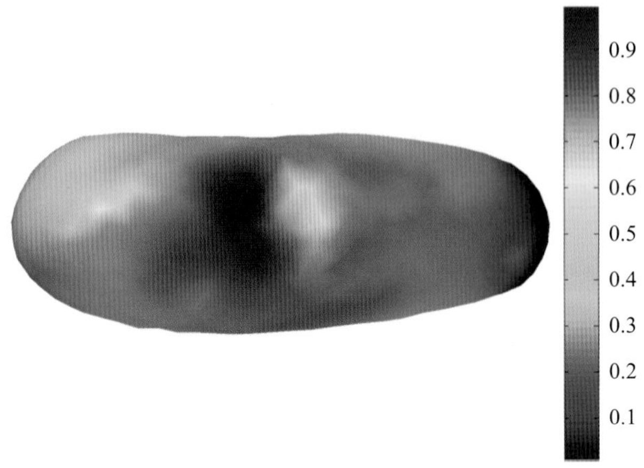

图 5-10　小行星 433 Eros 表面毛细管中液体的高度
（从小行星本体坐标系 $+x$ 轴方向来看，毛细管的方向与小行星质心至毛细管位置连线矢量平行，液体高度的单位为 0.23498122cm）

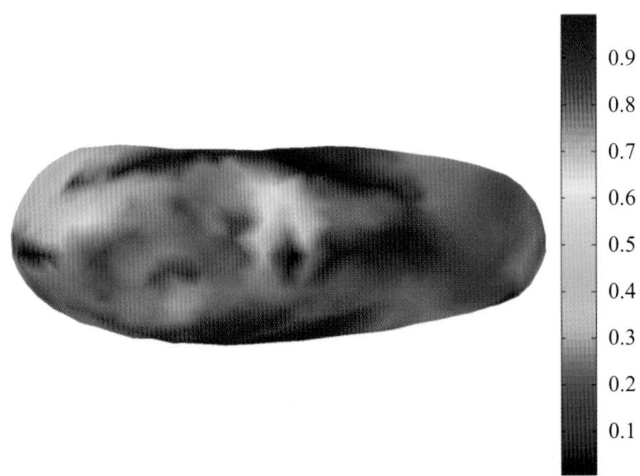

图 5-11　小行星 433 Eros 表面毛细管中液体的高度的投影
（从小行星本体坐标系 $+x$ 轴方向来看，毛细管的方向与小行星质心至毛细管位置连线矢量平行，液体高度的单位为 0.12138046cm）

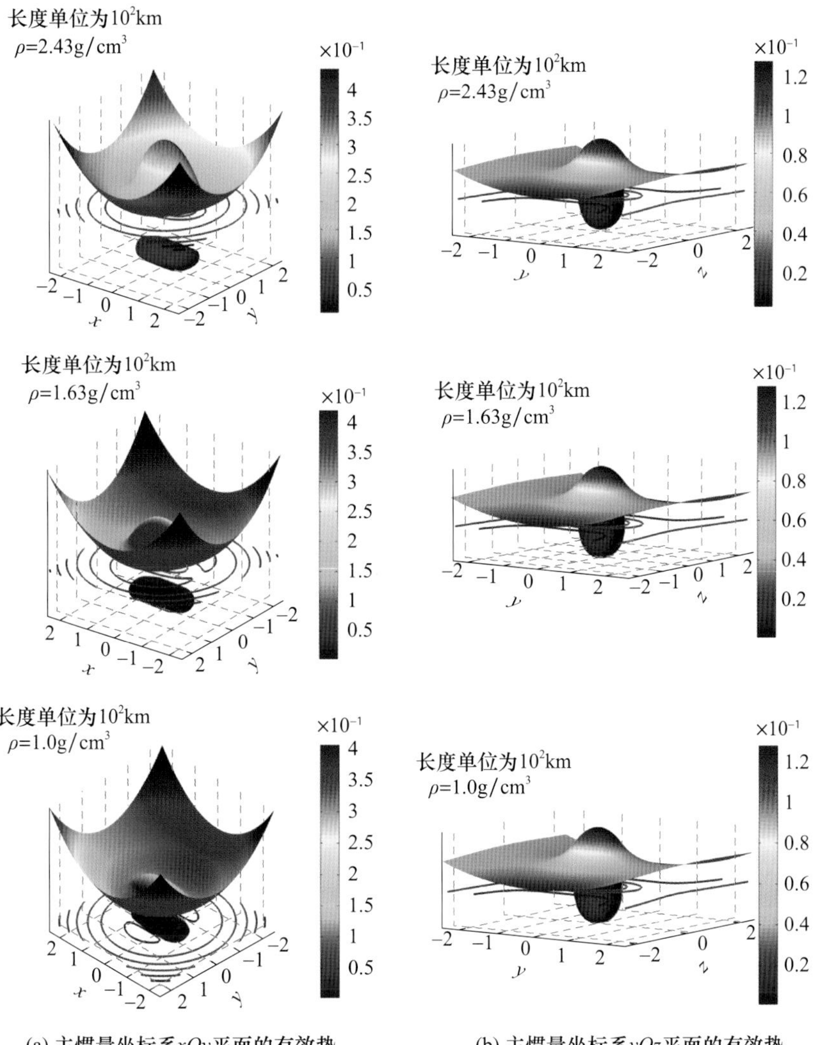

(a) 主惯量坐标系xOy平面的有效势　　(b) 主惯量坐标系yOz平面的有效势

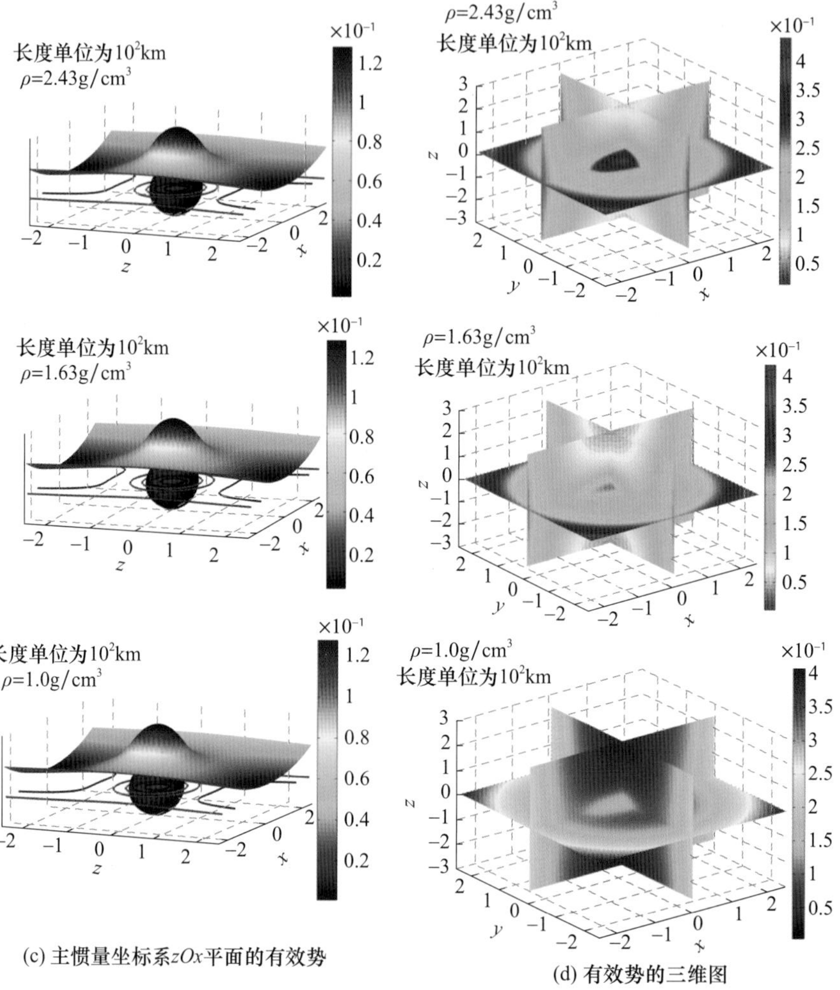

(c) 主惯量坐标系zOx平面的有效势

(d) 有效势的三维图

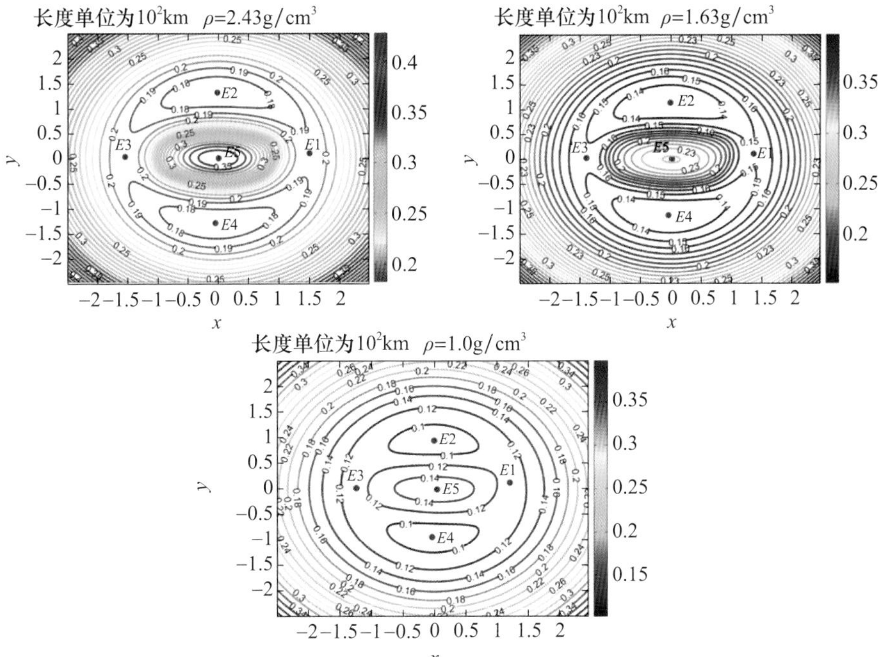

(e) 有效势的在xOy平面的等高线图和平衡点在xOy平的投影

图 6-1　小行星 624 Hektor 在不同密度值ρ为 6～43g/cm^3、1.63g/cm^{3}和 1.0g/cm^{3}下的引力场参数(有效势的单位为 10^4m^2/s^2,(a)(b)和(c)中的长度单位为 100km)

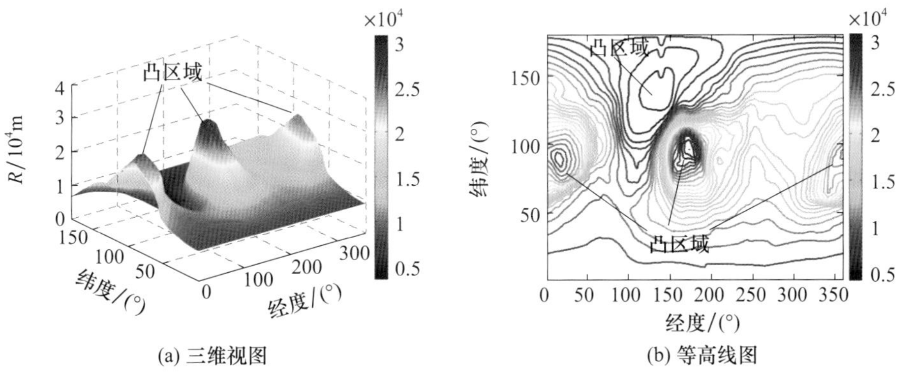

(a) 三维视图　　(b) 等高线图

图 7-2　小行星 243 Ida 的表面高度,图中右侧彩条的单位为 m

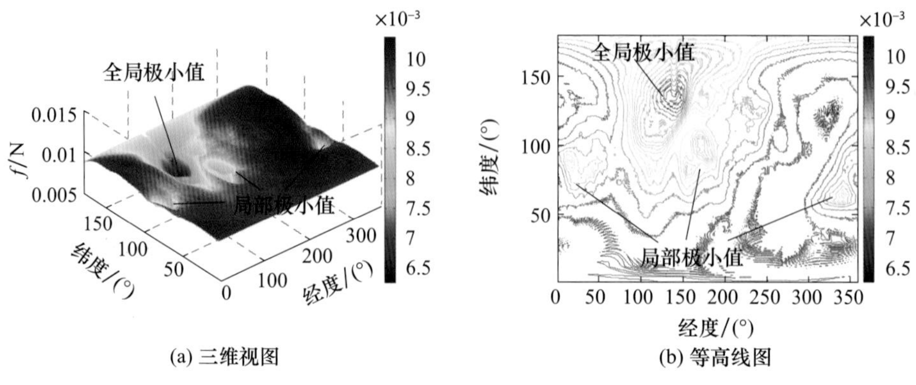

(a) 三维视图　　(b) 等高线图

图 7-3　小行星 243 Ida 表面引力加速度(m/s²)

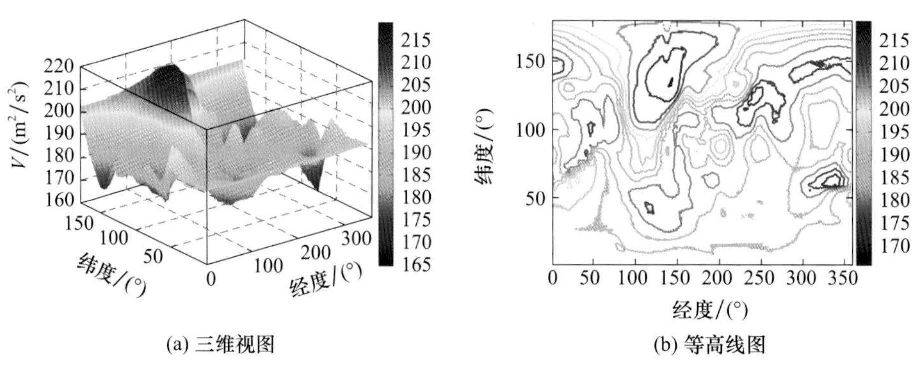

(a) 三维视图　　(b) 等高线图

图 7-4　小行星 243 Ida 表面有效势

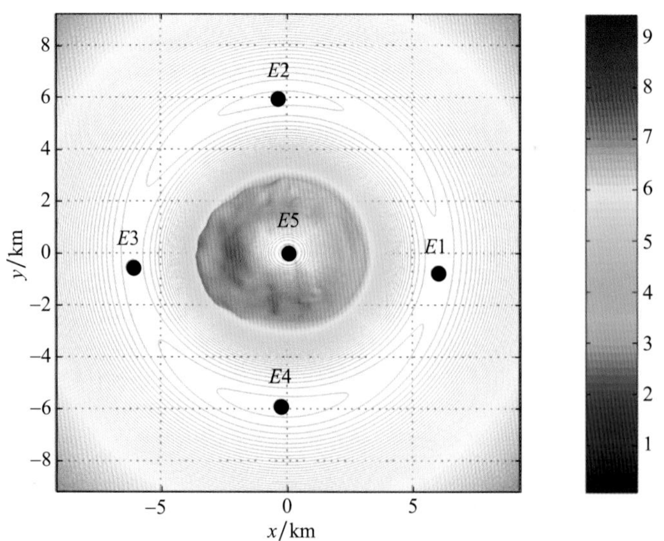

图 9-1　小行星 2867 Steins 的有效势在赤道面的等高线图与平衡点在赤道面的投影

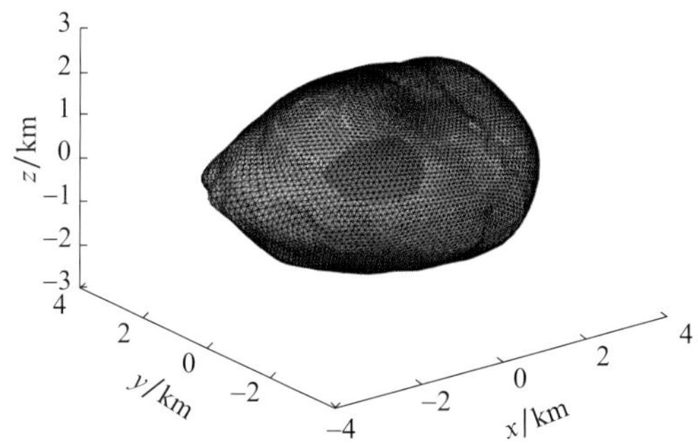

图 9－2　小行星 2867 Steins 具有相似外形的质量瘤模型示意图

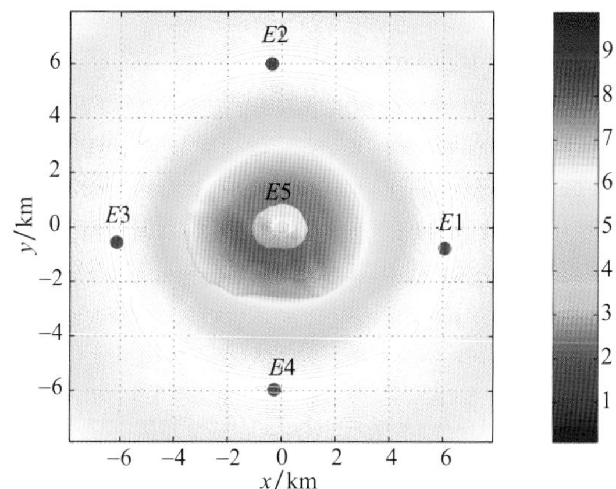

图 9－4　小行星 2867 Steins 含单层相似质量瘤情形下，
有效势在赤道面的等高线图与平衡点在赤道面的投影

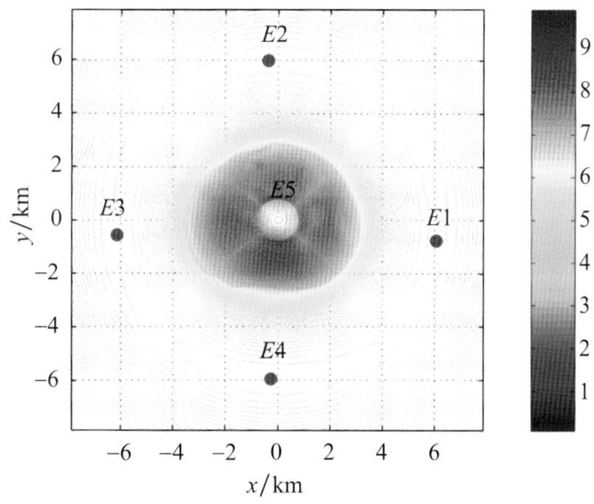

图 9－6　小行星 2867 Steins 单层球形质量瘤模型下有效势在
赤道面的等高线图与平衡点在赤道面的投影

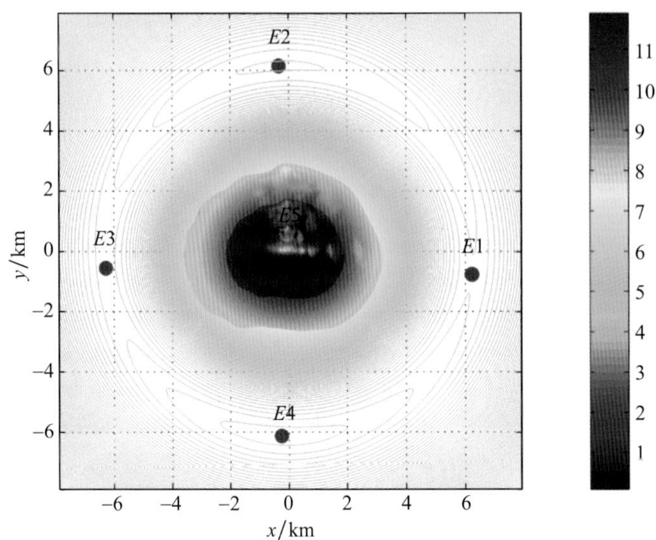

图 9 - 8　小行星 2867 Steins 多层相似质量瘤模型下有效势在赤道面的等高线图与平衡点在赤道面的投影

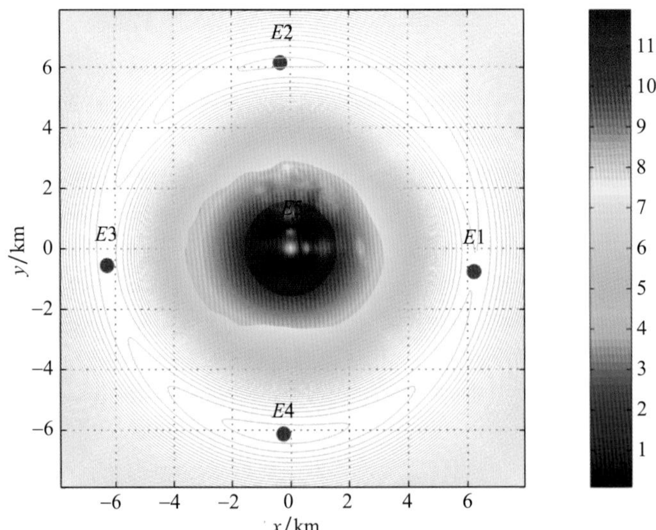

图 9 - 10　小行星 2867 Steins 的 2 层球形质量瘤模型下有效势在赤道面的等高线图与平衡点在赤道面的投影